新工科建设之路·计算机类创新教材

# PHP 实用教程

## （第 4 版）

郑阿奇　主编

U0178352

电子工业出版社

**Publishing House of Electronics Industry**

北京·BEIJING

## 内 容 简 介

本书以 PHP 7 为平台。全书由 4 部分组成，涵盖理论和实践教学的全过程。第 1 部分"实用教程"介绍 PHP、HTML+CSS 基础知识、PHP 环境与开发入门、PHP 基础语法、PHP 数组与字符串、PHP 常用功能模块、PHP 面向对象程序设计、构建 PHP 互动网页、数据库基础、使用 PHP 扩展函数库操作数据库、使用 PDO 通用接口操作数据库、PHP 与 AJAX 等内容；第 2 部分"实训"选择教程中有代表性的实例让读者先试做，然后提出要求，让读者参照书中的例子自己设计开发新功能，循序渐进地训练、增强读者的动手能力；第 3 部分"综合应用实训——PHP/MySQL 学生成绩管理系统"介绍一个基于流行 ThinkPHP 框架开发的学生成绩管理系统，以培养读者运用 PHP 解决实际问题的能力；第 4 部分"附录"由附录 A"PHP 程序调试与异常处理"和附录 B"PHP+HTML 混合非框架学生成绩管理系统"组成。

本书配有电子课件、书中所有实例程序源代码、综合应用实训项目工程源文件，读者均可从华信教育资源网免费下载。书中所有实例程序均已上机调试通过。

本书既可作为大学本科和高职高专相关课程教材与教学参考书，也可供从事 PHP 应用系统开发的人员学习和参考。

**图书在版编目（CIP）数据**

PHP 实用教程 / 郑阿奇主编. —4 版. —北京：电子工业出版社，2024.3

ISBN 978-7-121-47413-2

Ⅰ. ①P… Ⅱ. ①郑… Ⅲ. ①PHP 语言－程序设计－高等学校－教材 Ⅳ. ①TP312

中国国家版本馆 CIP 数据核字（2024）第 040156 号

责任编辑：戴晨辰　　　特约编辑：张燕虹

印　　刷：三河市鑫金马印装有限公司

装　　订：三河市鑫金马印装有限公司

出版发行：电子工业出版社

　　　　　北京市海淀区万寿路 173 信箱　　邮编：100036

开　　本：787×1 092　1/16　印张：20.75　字数：630 千字

版　　次：2009 年 8 月第 1 版

　　　　　2024 年 3 月第 4 版

印　　次：2024 年 3 月第 1 次印刷

定　　价：69.90 元

# 前　　言

党的二十大报告指出："教育、科技、人才是全面建设社会主义现代化国家的基础性、战略性支撑。必须坚持科技是第一生产力、人才是第一资源、创新是第一动力，深入实施科教兴国战略、人才强国战略、创新驱动发展战略，开辟发展新领域新赛道，不断塑造发展新动能新优势。"

PHP 语言具有简单、开放、安全、成本低和开源免费等优点，适用于 Linux 和 Windows 平台，是当今最流行的 Web 开发语言。

2009 年，我们出版了《PHP 实用教程》；2014 年，针对当时的 PHP 5 对第 1 版进行了系统的修改和完善，推出了第 2 版，出版后受到读者的广泛好评；2018 年，随着 PHP 升级至 PHP 7，我们也与时俱进地推出了第 3 版，出版后持续畅销至今。

PHP 7 是当前最稳定的流行版本，其用户数量和开发者数量最多；从 PHP 7.0 推出到现在的 PHP 7.4，官方一直在不遗余力地对 PHP 进行维护和完善。为了满足广大读者和开发者的迫切需求，我们对第 3 版进行了再版修订，对原书的体例进行了系统修改和完善，并加入了一些新内容以反映新时代 PHP 的崭新面貌。

本书以 PHP 7 为平台。全书由 4 部分组成，涵盖理论和实践教学的全过程。第 1 部分"实用教程"介绍了 PHP、HTML+CSS 基础知识、PHP 环境与开发入门、PHP 基础语法、PHP 数组与字符串、PHP 常用功能模块、PHP 面向对象程序设计、构建 PHP 互动网页、数据库基础、使用 PHP 扩展函数库操作数据库、使用 PDO 通用接口操作数据库、PHP 与 AJAX 等内容；第 2 部分"实训"选择了教程中有代表性的实例让读者先试做，然后提出要求，让读者参照书中的例子自己设计开发新功能，循序渐进地训练、增强读者的动手能力；第 3 部分"综合应用实训——PHP/MySQL 学生成绩管理系统"介绍了一个基于流行 ThinkPHP 框架开发的学生成绩管理系统，以培养读者运用 PHP 解决实际问题的能力；第 4 部分"附录"由附录 A"PHP 程序调试与异常处理"和附录 B"PHP+HTML 混合非框架学生成绩管理系统"组成。

与上一版相比，本书在下列方面进行了修改。

（1）开篇突出介绍了 HTML 5+CSS 3 这种目前在前端开发中的主流模式，增加了对应的内容和实例，删去了网页开发中一些陈旧、不太重要的内容。

（2）开发环境以基于 WAMP（Windows+Apache+MySQL+PHP）并配以 Eclipse（Eclipse IDE for PHP Developers）开发工具的组合为主，详细地介绍了如何搭建这种组合环境，总结了在这种环境下 PHP 程序的三种不同运行方式及几种典型结构的简单 PHP 程序。

（3）增加了基于 Smarty 模板开发 PHP 程序的内容。模板的应用能够将 PHP 代码与 HTML 分离开来，便于开发者分工协作及程序的维护，是实际 PHP 开发中普遍采用的方式。

（4）PHP 集成环境增加了对目前更为流行的 phpStudy 的介绍，另外还介绍了通过变更工作区和导入项目的方式将 PHP 程序在原生 WAMP 环境与集成环境（如 phpStudy、WampServer 等）之间迁移，以方便使用不同开发环境的读者轻松地转换平台和运行、试做本书的实例程序。

（5）当前 PHP 7 对数据库的操作技术路线已基本明朗，即两种方式：扩展函数库和 PDO 通用接口。为此，本书重新编排和组织了这方面的内容，在实例的设计上尽可能方便读者对比学习。例如，以第一种方式分别操作 MySQL、SQL Server 和 Oracle 等不同的 DBMS，实现完全相同的功能，注重代码之间的差异；以第二种方式编写的同一个程序切换操作后台不同的数据库，展现 PDO 的神奇魅力。使读者不仅能学会使用 PHP 连接、操作数据库，更能深刻理解 PHP 数据库技术的实质及其发展的理念。

（6）综合应用实训采用了当前最流行的 ThinkPHP 框架开发学生成绩管理系统，旨在培养读者运用 PHP 开发大型项目的实战能力。全书所用数据库统一为简化了的学生成绩管理数据库 pxscj。

（7）实训选择教程中有代表性的实例让读者先试做，然后提出要求，让读者参照书中例子自己设计开发新的功能，循序渐进地进行训练以增强读者的动手能力。

（8）对每章习题进行了丰富和完善，便于自学者练习，巩固基本知识点。

（9）网络文档为传统 PHP+HTML 混合非框架的开发学生成绩管理系统。

书中的所有实例程序均已上机调试通过。通过阅读本书，结合实训和综合应用实训，读者能在较短的时间内基本掌握 PHP 及其应用技术。

本书配有电子课件，书中的所有实例程序源代码、综合应用实训项目工程源文件等，均可从华信教育资源网（www.hxedu.com.cn）免费注册下载。

本书由郑阿奇（南京师范大学）担任主编，还有许多同志对本书提供了帮助，在此一并表示感谢！

由于我们的水平有限，疏漏和错误在所难免，敬请广大师生、读者批评指正。

作者邮箱：easybooks@163.com。

编　者

# 目 录

## 第 1 部分 实 用 教 程

## 第 2 部分　实　　训

## 第 3 部分　综合应用实训——PHP/MySQL 学生成绩管理系统

# 第 4 部分　附　录

# 第1部分 实用教程

# 第1章 PHP、HTML+CSS 基础知识

## 1.1 PHP 和 HTML 简介

### 1.1.1 PHP

PHP 语法与 C 语言相似，可运行在 Apache、Microsoft Internet Information Server（IIS，Internet 信息服务器）和 iPlanet 等 Web 服务器上。PHP 作为一种工具，可以创建动态 Web 页面。

#### 1. PHP 发展

PHP 是一个拥有众多开发者的开源软件项目，最初是 Personal Home Page 的缩写，现已正式更名为"PHP：Hypertext Preprocessor"。PHP 是在 1994 年由 Rasmus Lerdorf 创建的，最初只是一个简单的用 Perl 语言编写的统计他自己网站访问者数量的程序；后来重新用 C 语言编写，同时可以访问数据库。1995 年，PHP 对外发布第一个版本 PHP 1。PHP 2 加入了对 MySQL 的支持。PHP 3 是类似于现代 PHP 语法结构的第一个版本，增加了新功能和支持访问广泛的第三方数据库。PHP 4 于 2000 年 5 月正式发布，除具有更高的性能以外，还包含支持更多的 Web 服务器、支持 HTTP Sessions、输出缓冲、更安全的用户输入和一些新语言结构等。PHP 5 于 2004 年 7 月正式发布，它的核心是 Zend 引擎 2 代（PHP 7 是 Zend 加强版 3 代），引入了新的对象模型和大量新功能，开始支持面向对象编程。在 PHP 6 经历了长时间的开发后流产，PHP 5 发布了 6 个版本顽强地支撑着开源社区的发展，直到在 2015 年 12 月 3 日迎来了 PHP 7.0 的发布，其实 PHP 5.6 已经包含了很多 PHP 6 想实现的特性，它为 PHP 7 的研发争取了宝贵的时间。不负众望，PHP 7.0 对比 PHP 5.6，成倍地提高了性能，让很多核心开发成员又回归到 PHP 社区，并且在 2020 年 11 月发布了 PHP 8。和 PHP 7 系列相比，PHP 8 对各种变量判断和运算采用更严格的验证判断模式，这有利于后续版本对 JIT 的性能优化。

PHP 作为一种高级语言，其特点是开源，在设计体系上属于 C 语言体系，它让很多接受过高等教育的初学者能很快地接受并完成入门学习。如果数据量大或访问压力大，可以集成 Redis、MySQL 分表分区分库、Elasticsearch 搜索引擎、消息队列写保护和 PHP 系统分布式集群部署等技术方案，以缓解数据存储、服务访问和数据检索带来的巨大压力。

对于大、中、小型项目，PHP 都是一个十分合适的高级编程语言。经过二十多年的发展，随着 php-cli 相关组件的快速发展和完善，PHP 已经可以应用于 TCP/UDP 服务、高性能 Web、WebSocket 服务、物联网、实时通信、游戏、微服务等非 Web 领域的系统研发。根据 W3Techs 于 2019 年 12 月 6 日发布的统计数据，PHP 在 Web 网站服务器端编程语言中所占的份额高达 78.9%。在内容管理系统的网站中，有 58.7%的网站使用 WordPress（PHP 开发的 CMS 系统），这占所有网站的 25.0%。

**2．PHP 语言功能**

PHP 作为一种被广泛使用的开放源代码多用途脚本语言，尤其适用于 Web 开发，并可以嵌入 HTML 中。其语法类似 C、Java 和 Perl，非常容易学习。该语言的主要目标是让 Web 开发人员可以很快地写出动态生成的网页，但 PHP 的功能远不止如此。

PHP 与 HTML 语言具有非常好的兼容性，用户可以直接在 PHP 脚本代码中加入 HTML 标记（也称标签），或者在 HTML 语言中嵌入 PHP 代码，从而更好地实现页面控制。PHP 提供了标准的数据接口，数据库连接十分方便，兼容性和扩展性好，可以进行面向对象编程。

PHP 脚本主要用于以下三个领域。

（1）服务端脚本。这是 PHP 最传统、最主要的目标领域。开展这项工作需要具备以下三个设备：PHP 解析器（CGI 或服务器模块）、Web 服务器和 Web 浏览器。在运行 Web 服务器时，先安装并配置 PHP，然后可以用 Web 浏览器来访问 PHP 程序的输出，即浏览服务端的 PHP 页面。

（2）命令行脚本。用户可以编写一段 PHP 脚本，并且不需要用任何服务器或浏览器来运行它。通过这种方式，只需要用 PHP 解析器来执行命令行脚本。这种用法对于依赖 cron（UNIX 或 Linux 环境）或者 Task Scheduler（Windows 环境）的脚本来说是理想的选择。这些命令行脚本也可以处理简单的文本。

（3）编写桌面应用程序。对于有着图形界面的桌面应用程序来说，PHP 或许不是一种最好的语言，但是如果用户非常精通 PHP，并且希望在客户端应用程序中使用 PHP 的一些高级特性，则可以利用 PHP-GTK 来编写这些程序。用这种方法还可以编写跨平台的应用程序。PHP-GTK 是 PHP 的一个扩展，在通常发布的 PHP 包中并不包含它。

**3．PHP 语言特点**

PHP 作为一种服务器端的脚本语言，它主要有以下特点。

（1）开放源代码。

PHP 属于自由软件，是完全免费的，用户可以从 PHP 官方站点（http://php.net/）自由下载它，而且可以不受限制地获得源码，甚至可以从中加进自己需要的特色。

（2）基于服务端。

PHP 是运行在服务器上的，充分利用了服务器的性能，PHP 的运行速度只与服务器的速度有关，因此它的运行速度可以非常快；PHP 执行引擎还会将用户经常访问的 PHP 程序驻留在内存中，其他用户再一次访问这个程序时就不需要重新编译了，只需要直接执行内存中的代码即可，这也是 PHP 高效性的体现之一。

（3）数据库支持。

PHP 支持目前绝大多数数据库，如 MySQL、Microsoft SQL Server、Oracle、PostgreSQL 等，并完全支持 ODBC（Open Database Connection Standard，开放数据库连接标准），因此可以连接任何支持该标准的数据库。其中，PHP 与 MySQL 是绝佳的组合，它们的组合可以跨平台运行。

（4）跨平台。

PHP 可以在目前所有主流的操作系统（包括 Linux、UNIX 的各种变种、Microsoft Windows、Mac OS X、RISC OS 等）上运行。这个特点使 UNIX/Linux 操作系统上有了一种与 ASP 媲美的开发语言。另外，PHP 支持大多数 Web 服务器，包括 Apache、IIS、iPlanet、Personal Web Server（PWS）、Oreilly Website Pro Server 等。对于大多数服务器，PHP 均提供了一个相应模块。

（5）易于学习。

PHP 的语法接近 C、Java 和 Perl，学习起来非常简单，而且拥有很多学习资料。PHP 还提供数量巨大的系统函数集，用户只要调用一个函数就可以完成很复杂的功能，编程十分方便。因此，用户只需要具有很少的编程知识就能够使用 PHP 建立一个交互的 Web 站点。

（6）网络应用。

PHP 提供强大的网络应用功能，支持 LDAP、IMAP、SNMP、NNTP、POP3、HTTP、COM（Windows 环境）等协议服务。它还可以开放原始端口，使任何其他协议能够协同工作，PHP 也可以编写发送电子邮件、FTP 上传/下载等网络应用程序。

（7）安全性。

由于 PHP 本身的代码开放，所以它的代码由许多工程师进行了测试，同时它与 Apache 编译在一起的方式也让它具有灵活的安全设定。因此，到现在为止，PHP 具有公认的安全性。

（8）其他特性。

PHP 也提供其他编程语言所能提供的功能，如数字运算、时间处理、文件系统、字符串处理等。除此之外，PHP 还提供更多的支持，包括高精度计算、公历转换、图形处理、编码与解码、压缩文件处理及有效的文本处理（如正则表达式、XML 解析等）。

## 1.1.2　HTML+CSS+JavaScript

HTML（Hypertext Marked Language，超文本标记语言）与一般文本不同的是，一个 HTML 文件不仅包含文本内容，还包含一些 Tag（称为"标记"）。标记是描述性的，用一对中间包含若干字符的"<>"表示，通常是成对出现的，前一个是起始标记，后一个是结束标记。一个 HTML 文件的后缀名是.htm 或者.html。用文本编辑器就可以编写 HTML 文件。

一个 HTML 文件就是一个网页，网站由若干个网页构成，这些网页可以通过 CSS（Cascading Style Sheets，层叠样式表）进行集中样式管理。

JavaScript 是一种网络高级脚本语言，已经被广泛用于 Web 应用开发，常用来为网页添加各式各样的交互和动态功能，为用户提供更流畅美观的浏览效果。通常，JavaScript 脚本是通过嵌入在 HTML 中来实现自身功能的。

由 HTML、CSS 和 JavaScript 构成的网页在浏览器中可以直接解析执行。

## 1.1.3　HTML 基本结构

HTML 文档包括文档头和文档主体，其基本结构如下：

```
<html>
    <head>
        文档头部分
    </head>
    <body>
        文档主体部分
    </body>
</html>
```

基本 HTML 页面从<html>标记开始，到</html>标记结束。它们之间是文档头部分和文档主体部分。文档头部分用<head>…</head>标记界定，一般包含网页标题、文档属性参数等不在页面上显示的元素。文档主体部分是网页的主体，内容均会反映在页面上，用<body>…</body>标记来界定，主要包括描述网页的文字、表格、图像、动画、超链接等内容。

说明：本书有些实例便于排版前部<head></head>、<body></body>等标记没有缩进。

【例 1.1】　使用 HTML 设计一个简单的网页。

（1）打开 Windows 附件中的记事本，输入下列内容，以 hello.htm 作为文件名保存。

```
<html>
    <head>
        <title>一个 Hello 网页</title>
        <script   language="JavaScript">
```

```
                function myp()
                {
                    alert("大家好!");
                }
            </script>
        </head>
        <body   bgcolor="#8080FF" onload="myp()">
            <div   align=center>
                <img   src="image\njnu.jpg" width=300   height=60><br/><br/>
                <h2>
                学生成绩管理系统
                </h2>
            </div>
        </body>
    </html>
```

（2）在 hello.htm 所在目录下新建一个名为 image 的文件夹，放入图片资源 njnu.jpg（南京师范大学 LOGO）。

（3）运行 hello.htm，将显示如图 1.1 所示的页面。

图 1.1　浏览显示结果

说明：运行 hello.htm 的操作方法为：鼠标右击文件，从"打开方式"菜单项下选择在本地计算机上安装的某个浏览器。本章所有实例运行网页都是这样操作，不再赘述。

在 HTML 的所有标记中，许多标记还有若干属性，通过设置属性值，可对标记内的内容（如上例中的<script>、<body>、<div>、<img>标记）进行控制。如果不设置这些标记的属性值（如上例中的<h2>标记），则使用系统的默认值。

有些标记（如上例中的<body>标记）还有一些事件，通过设置事件代码，当该事件产生时，事件代码便被执行。事件代码用脚本语言编写，目前，常用的脚本语言为 JavaScript。用脚本语言编写的程序以<script>标记括起，language 属性告知浏览器以<script>标记括起的脚本是用什么脚本语言编写的。

1．文档头描述

文档头部分处于<head>与</head>标记之间，在文档头部分一般可以使用以下几种标记。

（1）指定网页的标题：<title>和</title>。

指定的网页标题在浏览器顶端的标题栏中显示，搜索引擎通过标题能够搜索到该网页。

（2）指定文档内容的样式表：<style>和</style>。

样式包括字体、颜色、格式等。在文档头部分定义了样式表后，就可以在文档主体部分引用样式表。

（3）注释：<!--和-->。

这两个标记之间的内容为 HTML 的注释部分，是网页设计人员的说明内容，浏览器不做任何处理。

（4）描述网页文档的属性：<meta>。

描述标记的格式为<meta 属性="值"…>，常用的属性有 name、content 和 http-equiv。

name 为 meta 的名字；content 为页面的内容；http-equiv 为 content 属性的类别，http-equiv 取不同值时，content 表示的内容也不一样。

（5）脚本语言程序：<script>和</script>。

在这两个标记之间可以插入客户端脚本语言程序，例如：

```
<script language="JavaScript">
    alert("大家好!");
</script>
```

以上代码表示插入的是 JavaScript 脚本语言。

### 2．文档正文标记

<body>和</body>是文档正文标记，文档的主体部分就处于这两个标记之间。<body>标记中还可以定义文档主体的一些属性，格式如下：

```
<body 属性="值"… 事件="执行的程序"…>
```

（1）<body>标记属性。

<body>标记常用的属性如下。

● 文档背景图片：background。

例如：

```
<body background="back-ground.gif">
```

表示文档背景图片名称为 back-ground.gif，如果这句代码没有给出图片所在的位置，则表示图片和文档文件在同一文件夹下；如果图片和文档文件不在同一位置，则需要给出图片的路径，例如：

```
<body background="C:/Program Files/Php/Apache24/htdocs/Practice/image/back-ground.gif">
```

说明：在指定文件位置时，为防止与转义符 "\" 混淆，一般使用 "/" 来代替 "\"。

● 文档的背景颜色：bgcolor。

例如：

```
<body bgcolor="red">
```

表示文档的背景颜色为红色。

● 文档中文本的颜色：text。

例如：

```
<body text="blue">
```

表示文档中文字的颜色都为蓝色。

● 文档中链接的颜色：link。

● 文档中已被访问过的链接的颜色：vlink。

● 文档中正在被选中的链接的颜色：alink。

（2）<body>标记事件。

<body>标记中常用事件有 onload 和 onunload。

● onload 表示文档首次加载时调用的事件处理程序。

● onunload 表示文档卸载时调用的事件处理程序。

# 1.2　HTML 基础

　　HTML 页面中显示的内容都是在文档的主体部分即<body>和</body>标记之间定义的。文档主体部分能够定义文本、图像、表格、表单、超链接和框架等。目前，HTML 流行的版本为 HTML 5，其功能很强。

　　下面分别介绍 HTML 基本内容。

### 1.2.1 基本描述

在 HTML 中常用下列描述。

**1. 颜色**

许多标记也用到了颜色属性，颜色值一般用颜色名称或十六进制数表示。

（1）使用颜色名称来表示。例如，红色、绿色和蓝色分别用 red、green 和 blue 表示。

（2）使用十六进制数#RRGGBB 表示，RR、GG 和 BB 分别是表示颜色中的红、绿、蓝三原色的 2 位十六进制数。例如，红色、绿色和蓝色分别用#FF0000、#00FF00 和#0000FF 表示。16 种标准颜色的名称及其十六进制数如表 1.1 所示。

表 1.1　16 种标准颜色的名称及其十六进制数

| 颜　色 | 名　　称 | 十六进制数 | 颜　色 | 名　　称 | 十六进制数 |
|---|---|---|---|---|---|
| 淡蓝 | aqua(cyan) | #00FFFF | 海蓝 | navy | #000080 |
| 黑 | black | #000000 | 橄榄色 | olive | #808000 |
| 蓝 | blue | #0000FF | 紫 | purple | #800080 |
| 紫红 | fuchsia(magenta) | #FF00FF | 红 | red | #FF0000 |
| 灰 | gray | #808080 | 银色 | silver | #C0C0C0 |
| 绿 | green | #008000 | 淡青 | teal | #008080 |
| 橙 | lime | #00FF00 | 白 | white | #FFFFFF |
| 褐红 | maroon | #800000 | 黄 | yellow | #FFFF00 |

**2. 字符实体**

有些字符在 HTML 里有特别的含义，如小于号（<）表示 HTML 标记的开始，这个小于号是不显示在网页中的。如果希望在网页中显示一个小于号，则涉及 HTML 字符实体。

一个字符实体以&符号打头后跟实体名字或者是#加上实体编号，最后是一个分号。最常用的字符实体如表 1.2 所示。

表 1.2　最常用的字符实体

| 显 示 结 果 | 说　明 | 实 体 名 | 实 体 号 |
|---|---|---|---|
| | 显示一个空格 |   |   |
| < | 小于 | &lt; | &#60; |
| > | 大于 | &gt; | &#62; |
| & | &符号 | &amp; | &#38; |
| " | 双引号 | &quot; | &#34; |
| © | 版权 | &copy; | &#169; |
| ® | 注册商标 | &reg; | &#174; |
| × | 乘号 | &times; | &#215; |
| ÷ | 除号 | &divide; | &#247; |

**👀注意：**

并不是所有的浏览器都支持最新的字符实体名字，而采用字符实体编号后，能被各种浏览器处理。字符实体是区分大小写的。

更多字符实体请参见 ISO Latin-1 字符集。

### 3．常用属性

有些属性在 HTML 许多标记中出现，下面分别说明。

（1）类名：class。

（2）唯一标志：id。

（3）内样式：style。

（4）提示信息：title。

### 4．常用事件

事件处理描述是一个或一系列以分号隔开的 JavaScript 表达式、方法和函数调用，并用引号引起来。当事件发生时，浏览器会执行这些代码。

事件包括窗口事件、表单及其元素事件、键盘事件、鼠标事件。

## 1.2.2 设置文本格式

文本是 HTML 网页的重要内容。编写 HTML 文档时，可以将文本放在标记之间来设置文本的格式。文本格式包括分段与换行、段落对齐方式、字体、字号、文本颜色及字符样式等。

### 1．分段标记

格式如下：

```
<p 属性="值"...>...</p>
```

段落是文档的基本信息单位，在 HTML 文档中原有的回车和换行均被忽略，利用段落标记可以定义一个新段落，或换行并插入一个空格。

单独用<p>标记时会空一行，使后续内容隔行显示。同时使用<p>和</p>标记则将段落包围起来，表示一个分段的块。

align 属性定义段落的水平对齐方式。其取值可以是 left（左对齐）、center（居中）、right（右对齐）和 justify（两端对齐）。当该属性省略时则使用默认值 left。例如：

```
<p align="center">分段标记演示</p>
```

在下面的标记中也会经常使用到 align 属性。

### 2．换行标记

换行标记为<br/>，该标记将强行中断当前行，使后续内容在下一行显示。

### 3．标题标记

格式如下：

```
<hi 属性="值">...</hn>
```

其中，hi 可以是 h1、h2、h3、h4、h5 和 h6，都表示黑体，h1 表示字号最大，h6 表示字号最小。标题标记的常用属性也是 align，与分段标记类似。

### 4．对中标记

格式如下：

```
<center>...</center>
```

对中标记的作用是将标记中间的内容全部居中。

### 5．块标记

格式如下：

```
<div 属性="值"...>...</div>
```

块标记的作用是定义文档块，常用属性也是 align。

【例 1.2】 文本格式标记测试。

新建 tag.htm 文件，输入以下代码：

```
<html>
<head>
    <title>标记应用</title>
```

```
</head>
<body>
    <p align="center">分段标记</p>
    换行标记<br/>
    <center>对中标记</center><br/><br/>
    <div align="center">下面使用了 div 标记
        <h1>标题标记 1</h1>
        <h2>标题标记 2</h2>
        <h3 align="left">标题标记 3</h3>
    </div>
</body>
</html>
```

运行 tag.htm，网页显示如图 1.2 所示。

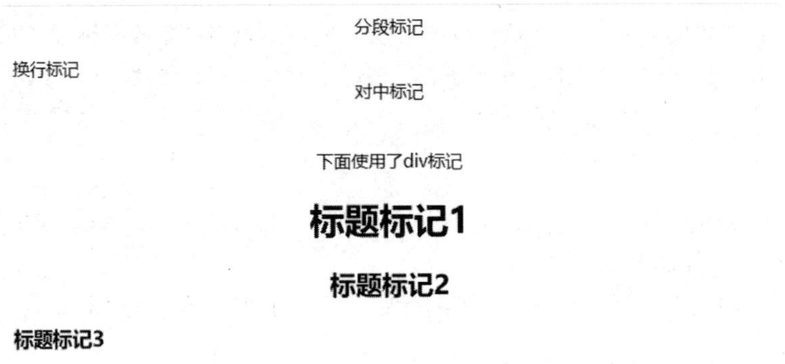

分段标记

换行标记

对中标记

下面使用了div标记

# 标题标记1

## 标题标记2

标题标记3

图 1.2　网页显示

### 6．水平线标记

水平线标记用于在文档中添加一条水平线，以分隔文档。格式如下：

```
<hr 属性="值"...>
```

该标记的常用属性有 align、color、noshade、size 和 width。color 表示线的颜色；noshade 没有值，显示一条无阴影的实线；size 是线的宽度（以像素为单位）；width 是线的长度（像素或百分比）。例如：

```
<hr>
<hr size="2" width="300" noshade>
<hr size="6" width="60%" color="red">
```

### 7．字体标记

格式如下：

```
<b>粗体</b>
<i>斜体</i>
<big>大字号</big>
<small>小字号</small>
<tt>固定宽度字体</tt>
<font>字体、字号和颜色<font>
```

其中，<font>标记的常用属性包括 face：字体名表，size：字号值，color：字体的颜色。

### 8．样式标记

格式如下：

```
<sup>上标</sup>
<sub>下标</sub>
```

#### 9．列表标记

列表标记可分为有序列表标记、无序列表标记和描述性列表标记。

1）有序列表标记。

有序列表是在各列表项前面显示数字或字母的缩进列表，可以使用有序列表标记<ol>和列表项标记<li>来创建。有序列表标记的格式如下：

```
<ol 属性="值"...>
    <li>列表项 1
    <li>列表项 2
    …
    <li>列表项 n
</ol>
```

说明：

（1）<ol>标记。控制有序列表的样式和起始值，它通常有两个常用属性：start 和 type。start 是数字序列的起始值；type 是数字序列的列样式，type 值有 1、A、a、I、i。1 表示阿拉伯数字 1、2、3 等；A 表示大写字母 A、B、C 等；a 表示小写字母 a、b、c 等；I 表示大写罗马数字 I、II、III等；i 表示小写罗马数字 i、ii、iii 等。

（2）<li>标记。用于定义列表项，位于<ol>和</ol>标记之间。<li>有两个常用属性：type 和 value。type 是数字样式，取值与<ol>标记的 type 属性相同；value 指定新的数字序列起始值以获得非连续性数字序列。

2）无序列表标记

无序列表是在各列表项前面显示特殊项目符号的缩进列表，可以使用标记<ul>和<li>来创建，其格式如下：

```
<ul 属性="值"...>
    <li>列表项 1
    <li>列表项 2
    …
    <li>列表项 n
</ul>
```

说明：无序列表标记<ul>的常用属性是 type，其取值为 disc、circle 和 square。它们分别表示用实心圆、空心圆和方块作为项目符号。

3）描述性列表标记

格式如下：

```
<dl>
    <dt>列表描述项
        <dd>列表项
        <dd>列表项
        …
    <dt>列表描述项
        <dd>列表项
        …
</dl>
```

【例 1.3】 创建一个有序列表，要求列表描述项字体为黑体、斜体，颜色为红色，字号为 4。列表项序列从 B 开始。

新建 li.htm 文件，输入以下代码：

```
<html>
<head>
    <title>有序列表</title>
```

```
    </head>
    <body>
        <font face="黑体" color="red" size="4"><i>计算机课程</i></font>
        <ol type="A" start="2">
            <li>计算机导论
            <li>操作系统
            <li>计算机原理
            <li>数据结构
        </ol>
    </body>
</html>
```

运行 li.htm 文件，网页显示如图 1.3 所示。

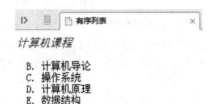

图 1.3　网页显示

## 1.2.3　多媒体标记

### 1. 图像标记

利用图像标记可以向网页中插入图像或在网页中播放视频文件。格式如下：

<img 属性="值"...>

图像标记的属性如下：

- src。图像文件的 URL 地址，图像可以是 jpg、gif 或 png 文件。
- alt。图像的简单说明，在浏览器不能显示图像或加载时间过长时显示。
- height。所显示图像的高度（像素或百分比）。
- width。所显示图像的宽度。
- hspace。与左右相邻对象的间隔。
- vspace。与上下相邻对象的间隔。
- align。图像达不到显示区域大小时的对齐方式，当页面中有图像与文本混排时，可以使用此属性。取值为 top（顶部对齐）、middle（中央对齐）、bottom（底部对齐）、left（图像居左）、right（图像居右）。
- border。图像边框像素数。
- controls。指定该选项后，若有多媒体文件则显示一套视频控件。
- dynsrc。指定要播放的多媒体文件。在<img>标记中，dynsrc 属性优先于 src 属性，如果计算机具有多媒体功能且指定的多媒体文件存在，则播放该文件，否则显示 src 指定的图像。
- start。指定何时开始播放多媒体文件。
- loop。指定多媒体文件播放次数。
- loopdelay。指定多媒体文件播放之间的延迟（以 ms 为单位）。

例如：

<img src="image/bj2022.jpg" alt="北京 2022" height="400" width="500" align="right" >

说明：src="image/bj2022.jpg"是图像的相对路径，如果页面文件处于 www 文件夹，则说明该图像

文件在 www 文件夹的 image 文件夹下。

**2．字幕标记**

在 HTML 语言中，可以在页面中插入字幕，水平或垂直滚动显示文本信息。字幕标记格式如下：

`<marquee 属性="值"…>滚动的文本信息</marquee>`

说明：

`<marquee>`标记的主要属性如下：

- align。指定字幕与周围主要属性的对齐方式。取值是 top、middle、bottom。
- behavior。指定文本动画的类型。取值是 scroll（滚动）、slide（滑行）、alternate（交替）。
- bgcolor。指定字幕的背景颜色。
- direction。指定文本的移动方向。取值是 down、left、right、up。
- height。指定字幕的高度。
- hspace。指定字幕的外部边缘与浏览器窗口之间的左右边距。
- vspace。指定字幕的外部边缘与浏览器窗口之间的上下边距。
- loop。指定字幕的滚动次数，其值是整数，默认为 infinite，即重复显示。
- scrollamount。指定字幕文本每次移动的距离。
- scrolldelay。指定前段字幕文本延迟多少毫秒后重新开始移动文本。

例如：

`<marquee bgcolor="red" direction="left">滚动字幕</marquee>`

**3．背景音乐标记**

背景音乐标记只能放在文档头部分，也就是`<head>`与`</head>`标记之间，格式如下：

`<bgsound 属性="值"…>`

背景音乐标记的主要属性如下：

- balance。指定将声音分成左声道和右声道，取值为–10 000～10 000，默认值为 0。
- loop。指定声音播放的次数。设置为 0，表示播放一次；设置为大于 0 的整数，则播放指定的次数；设置为–1 表示反复播放。
- src。指定播放的声音文件的 URL。
- volume。指定音量高低，取值为–10 000～0，默认值为 0。

## 1.2.4  表格的设置

一个表格由表头、行和单元格组成，常用于组织、显示信息或安排页面布局。一个表格通常由`<table>`标记开始，到`</table>`标记结束。表格的内容由`<tr>`、`<th>`和`<td>`标记定义。`<tr>`说明表的一个行，`<th>`说明表的列数和相应栏目的名称，`<td>`用来填充由`<tr>`和`<th>`标记组成的表格。一个典型的表格样式如图 1.4 所示（为了让读者看清楚，图中特别标示出了各 HTML 标记所对应的位置，实际运行时，这些标记是不可见的）。

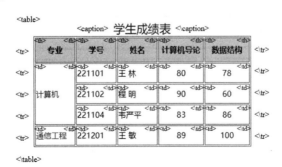

图 1.4  典型的表格样式

## 1. 表格标记

用<table>标记创建表格时可以设置如下属性：

- align。指定表格的对齐方式，取值为 left（左对齐）、right（右对齐）、center（居中对齐），默认值为 left。
- background。指定表格背景图片的 URL 地址。
- bgcolor。指定表格的背景颜色。
- border。指定表格边框的宽度（像素），默认值为 0。
- bordercolor。指定表格边框的颜色，在 border 不等于 0 时起作用。
- bordercolordark。指定 3D 边框的阴影颜色。
- bordercolorlight。指定 3D 边框的高亮显示颜色。
- cellpadding。指定单元格内数据与单元格边框之间的间距。
- cellspacing。指定单元格之间的间距。
- width。指定表格的宽度。

## 2. 表格行标记

表格中的每一行都是由<tr>标记来定义的，它有如下属性：

- align。指定行中单元格的水平对齐方式。
- background。指定行的背景图像文件的 URL 地址。
- bgcolor。指定行的背景颜色。
- bordercolor。指定行的边框颜色，只有在<table>标记的 border 属性不等于 0 时起作用。
- bordercolordark。指定行的 3D 边框的阴影颜色。
- bordercolorlight。指定行的 3D 边框的高亮显示颜色。
- valign。指定行中单元格内容的垂直对齐方式，取值为 top、middle、bottom、baseline（基线对齐）。

## 3. 表格标题和表格列标记

表格的单元格通过<td>标记来定义，标题单元格可以使用<th>标记来定义，<th>和<td>标记的属性如下：

- align。指定单元格的水平对齐方式。
- bgcolor。指定单元格的背景颜色。
- bordercolor。指定单元格的边框颜色，只有在<table>标记的 border 属性不等于 0 时起作用。
- bordercolordark。指定单元格的 3D 边框的阴影颜色。
- bordercolorlight。指定单元格的 3D 边框的高亮显示颜色。
- colspan。指定合并单元格时一个单元格跨越的表格列数。
- rowspan。指定合并单元格时一个单元格跨越的表格行数。
- valign。指定单元格中文本的垂直对齐方式。
- nowrap。若指定该属性，则要避免 Web 浏览器将单元格里的文本换行。

【例 1.4】 创建一个统计学生课程成绩的表格。

新建 table.htm 文件，输入以下代码：

```
<html>
<head>
    <title>学生成绩显示</title>
</head>
<body>
    <table align=center border=1 bordercolor=red>
        <caption><font size=5 color=blue>学生成绩表</font></caption>
        <tr bgcolor=#CCCCCC>
            <th width=80>专业</th>
```

```
                    <th width=80>学号</th>
                    <th width=80>姓名</th>
                    <th width=90>计算机导论</th>
                    <th width=90>数据结构</th>
                </tr><tr>
                    <td rowspan=3><font color=blue>计算机</font></td>
                    <td>221101</td>
                    <td>王 林</td>
                    <td align=center>80</td>
                    <td align=center>78</td>
                </tr><tr>
                    <td>221102</td>
                    <td>程 明</td>
                    <td align=center>90</td>
                    <td align=center>60</td>
                </tr> <tr>
                    <td>221104</td>
                    <td>韦严平</td>
                    <td align=center>83</td>
                    <td align=center>86</td>
                </tr><tr>
                    <td><font color=green>通信工程</font></td>
                    <td>221201</td>
                    <td>王 敏</td>
                    <td align=center>89</td>
                    <td align=center>100</td>
                </tr>
            </table>
    </body>
</html>
```

网页显示如图 1.5 所示。

## 学生成绩表

| 专业 | 学号 | 姓名 | 计算机导论 | 数据结构 |
|------|------|------|-----------|---------|
| 计算机 | 221101 | 王 林 | 80 | 78 |
| | 221102 | 程 明 | 90 | 60 |
| | 221104 | 韦严平 | 83 | 86 |
| 通信工程 | 221201 | 王 敏 | 89 | 100 |

图 1.5　网页显示

## 1.2.5　画布

HTML <canvas>标记用于通过脚本（通常是 JavaScript）动态绘制图形。作为 HTML 5 内容完整性，这里仅简单介绍下列内容。

Canvas 对象表示一个 HTML 画布元素<canvas>。它没有自己的行为，但是定义了一个 API 支持脚本化客户端绘图操作。

可以直接在该对象上指定宽度和高度，但是，其大多数功能都可以通过 CanvasRenderingContext2D 对象获得。这是通过 Canvas 对象的 getContext()方法并把标记"2d"作为唯一的参数传递给它而获得的。

Canvas 对象的属性如下。

- height 属性：画布的高度。和一个图像一样，这个属性可以指定为一个整数像素值或者窗口高度的百分比。当这个值改变时，在该画布上已经完成的任何绘图都会被擦除掉。默认值是 300。
- width 属性：画布的宽度。和一个图像一样，这个属性可以指定为一个整数像素值或者窗口宽度的百分比。当这个值改变时，在该画布上已经完成的任何绘图都会被擦除掉。默认值是 300。

Canvas 对象的方法如下。

- getContext()：返回一个用于在画布上绘图的环境。

HTML Canvas 参考手册内容请参考有关文档。

大多数 Canvas 绘图 API 都没有定义在<canvas>标记本身上，而是定义在通过画布的 getContext() 方法获得的一个"绘图环境"对象上。Canvas API 也使用了路径的表示法。但是，路径由一系列的方法调用来定义，而不是描述为字母和数字的字符串，比如调用 beginPath()和 arc()方法。一旦定义了路径，其他的方法，如 fill()方法，都是对此路径操作。绘图环境的各种属性，比如 fillStyle，说明了这些操作如何使用。

Canvas API 非常紧凑的一个原因是，它没有对绘制文本提供任何支持。要想把文本加入一个<canvas>标记图形，就必须自己绘制它后再用位图图像合并它，或者在<canvas>标记图形上方使用 CSS 定位来覆盖 HTML 文本。

【例 1.5】 <canvas>标记图像处理。

输入下列内容，文件命名为 mytest_can1.html。

```html
<!DOCTYPE html>
<html>
<body>
    <p>&lt;img 图片显示:&gt;</p>
    <img id="myimg" width="224" height="162"
    style="border:1px solid #d3d3d3;"
    src="image/flower.png" alt="图片没有找到!">

    <p>&lt;Canvas 图片:&gt;</p>
    <canvas id="myCanvas" width="224" height="162"
        style="border:1px solid #d3d3d3;">
    你的浏览器 HTML5 &lt;canvas&gt;标记!
    </canvas>

    <script>
        window.onload = function() {
            var canvas = document.getElementById("myCanvas");
            var ctx = canvas.getContext("2d");
            var img = document.getElementById("myimg");
        ctx.drawImage(img, 0, 0);
        };
    </script>
</body>
</html>
```

浏览效果如图 1.6 所示。

【例 1.6】 <canvas>标记图形处理。

输入下列内容，文件命名为 mytest_can2.html。

```html
<!DOCTYPE html>
<html>
```

```
<body>
    <canvas id="myCanvas" width="120" height="140"
            style="border:1px solid #d3d3d3;">
    </canvas>

    <script type="text/javascript">
        var canvas1=document.getElementById("myCanvas");
        var cxt=canvas1.getContext("2d");

        cxt.moveTo(20,20);
        cxt.lineTo(100,60);
        cxt.lineTo(20,60);
        cxt.lineTo(20,20);
        cxt.stroke();
        cxt.fillStyle="#FF0000";
        cxt.fillRect(20,80,80,40);
    </script>
</body>
</html>
```

浏览效果如图 1.7 所示。

&lt;img图片显示:&gt;

&lt;Canvas图片:&gt;

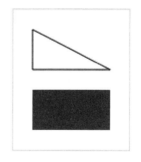

图 1.6  &lt;canvas&gt;标记图像          图 1.7  &lt;canvas&gt;标记图形

# 1.3  表单

## 1.3.1  表单标记

　　表单用来从用户（站点访问者）处收集信息，然后将这些信息提交给服务器处理。表单中可以包含各种交互的控件，如文本框、列表框、复选框和单选按钮等。用户在表单中输入或选择数据后提交，该数据就会提交到相应的表单处理程序，以各种不同的方式进行处理。表单定义格式如下：

```
<form 定义>
    [<input 定义>]
```

```
    [<textarea 定义>]
    [<select 定义>]
    [<button 定义>]
</form>
```

在 HTML 语言中，表单内容用<form>标记来定义，<form>标记的格式如下：

<form 属性="值"…事件="代码">…</form>

#### 1．表单标记<form>属性

<form>标记的常用属性如下。

（1）指定表单的名称：name。

命名表单后，可以使用脚本语言引用或控制该表单。

（2）指定唯一标识码：id。

（3）指定表单数据传输到服务器的方法：method。

取值是 POST 或 GET。POST 表示在 HTTP 请求中嵌入表单数据；GET 表示将表单数据附加到请求该页的 URL 中。例如，某表单提交一个文本数据 id 值至 page.php 页面。如果以 POST 方法提交，新页面的 URL 为 "http://localhost/page.php"；而如果以 GET 方法提交相同表单，则新页面的 URL 为 "http://localhost/page.php?id=..."。

（4）指定接收表单数据的服务器端程序或动态网页的 URL 地址：action。

当提交表单之后，即运行该 URL 地址所指向的页面。

（5）指定目标窗口：target。

target 属性取值有_blank、_parent、_self 和_top，分别表示：在未命名的新窗口中打开目标文档；在显示当前文档的窗口的父窗口打开目标文档；在提交表单所使用的窗口打开目标文档；在当前窗口打开目标文档。

#### 2．表单标记<form>事件

<form>标记的主要事件如下。

● onsubmit：当表单被提交时执行脚本。

● onreset：当表单被重置时执行脚本。

### 1.3.2　表单输入控件

表单输入控件的格式如下：

<input 属性="值"…事件="代码">

为了让用户通过表单输入数据，在表单中可以使用<input>标记来创建各种输入型表单控件。表单控件通过<input>标记的 type 属性设置成不同的类型，包括单行文本框、密码框、复选框、单选按钮、文件域和按钮等。

#### 1．单行文本框

在表单中添加单行文本框可以获取站点访问者提供的一行信息，格式如下：

<input type="text" 属性="值"…事件="代码">

（1）单行文本框的属性。

● name。指定单行文本框的名称，通过它可以在脚本中引用该文本框控件。

● id。指定表示该标记的唯一标识码。通过 id 值就可以获取该标记对象。

● value。指定文本框的值。

● defaultvalue。指定文本框的初始值。

● size。指定文本框的宽度。

● maxlength。指定允许在文本框内输入的最大字符数。

● form。指定所属的表单名称（只读）。

例如，要设置如下文本框：

姓名：王小明

可以使用以下代码：

姓名：<input type=text size=10 value="王小明">

（2）单行文本框的方法。

● Click()。单击该文本框。
● Focus()。得到焦点。
● Blur()。失去焦点。
● Select()。选择文本框的内容。

（3）单行文本框的事件。

● onclick。单击该文本框执行的代码。
● onblur。失去焦点执行的代码。
● onchange。内容变化执行的代码。
● onfocus。得到焦点执行的代码。
● onselect。选择内容执行的代码。

## 2．密码框

密码框也是一个文本框，当访问者输入数据时，大部分浏览器会以星号显示密码，使别人无法看到输入内容，格式如下：

<input type= "password" 属性="值"…事件="代码" >

其中，属性、方法和事件与单行文本框基本相同，只是密码框没有 onclick 事件。

## 3．隐藏域

在表单中添加隐藏域是为了使访问者看不到隐藏域的信息。每个隐藏域都有自己的名称和值。当提交表单时，隐藏域的名称和值就会与可见表单域的名称和值一起包含在表单的结果中。格式如下：

<input type= "hidden" 属性="值"…>

隐藏域的属性、方法和事件与单行文本框的设置基本相同，只是没有 defaultvalue 属性。

## 4．复选框

在表单中添加复选框是为了让站点访问者选择一个或多个选项，格式如下：

<input type="checkbox" 属性="值"…事件="代码">选项文本

（1）复选框的属性。

● name。指定复选框的名称。
● id。指定表示该标记的唯一标识码。
● value。指定选中时提交的值。
● checked。如果设置该属性，则第一次打开表单时，该复选框处于选中状态。若被选中则值为 TRUE，否则为 FALSE。
● defaultchecked。判断复选框是否定义了 checked 属性，若已定义则 defaultchecked 值为 TRUE，否则为 FALSE。

例如，要创建如下复选框：

兴趣爱好：☑旅游　☑篮球　☐上网

可以使用如下代码：

兴趣爱好：

<input name=box type=checkbox checked>旅游
<input name=box type=checkbox checked>篮球
<input name=box type=checkbox>上网

（2）复选框的方法。
- Click()。单击该复选框。
- Focus()。得到焦点。
- Blur()。失去焦点。

（3）复选框的事件。
- onclick。单击该复选框执行的代码。
- onblur。失去焦点执行的代码。
- onfocus。得到焦点执行的代码。

**5．单选按钮**

在表单中添加单选按钮是为了让站点访问者从一组单选按钮中一次只能选择其中一个单选按钮。格式如下：

```
<input type="radio" 属性="值" 事件="代码"...>选项文本
```

单选按钮的属性如下：
- name。指定单选按钮的名称，若干名称相同的单选按钮构成一个控件组，在该组中只能选择一个单选按钮。
- value。指定提交时的值。
- checked。如果设置了该属性，当第一次打开表单时，该单选按钮处于选中状态。

单选按钮的方法和事件与复选框相同。

当提交表单时，该单选按钮组名称和所选取的单选按钮指定值都会包含在表单结果中。

例如，要创建如下单选按钮：

◉男　◯女

可以使用如下代码：

```
<input name=rad type=radio value=1 checked>男
<input name=rad type=radio value=0>女
```

**6．按钮**

使用<input>标记可以在表单中添加三种类型的按钮："提交"按钮、"重置"按钮和"自定义"按钮，格式如下：

```
<input type="按钮类型" 属性="值" onclick="代码">
```

根据 type 值的不同，按钮的类型也不一样。
- type=submit。创建一个"提交"按钮。单击该按钮，表单数据（包括"提交"按钮的名称和值）会以 ASCII 文本形式传送到由表单的 action 属性指定的表单处理程序中。一般来说，一个表单必须有一个"提交"按钮。
- type=reset。创建一个"重置"按钮。单击该按钮，将删除任何已经输入到表单中的文本并清除任何选择。如果表单中有默认文本或选项，将会恢复这些值。
- type=button。创建一个"自定义"按钮。在表单中添加自定义按钮时，必须为该按钮编写脚本以使按钮执行某种指定的操作。

按钮的其他属性还有 name（按钮的名称）、value（显示在按钮上的标题文本）。

事件 oncilck 的值是单击按钮后执行的脚本代码。

例如：

```
<input type=submit name=bt1 value="提交按钮">
<input type=reset name=bt2 value="重置按钮">
<input type=button name=bt1 value="自定义按钮">
```

**7．文件域**

文件域由一个文本框和一个"浏览"按钮组成，用户可以在文本框中直接输入文件的路径和文件名，或单击"浏览"按钮从磁盘上查找、选择所需文件。格式如下：

```
<input type="file" 属性="值"...>
```

文件域的属性有 name（文件域的名称）、value（初始文件名）和 size（文件名输入框的宽度）。

例如，要创建如下文件域：

可以使用如下代码：

```
<input type="file" name=fl size="20">
```

## 1.3.3　其他表单控件

### 1. 滚动文本框

在表单中添加滚动文本框是为了使访问者可以输入多行文本，格式如下：

```
<textarea 属性="值"...事件="代码"...>初始值</textarea>
```

说明：<textarea>标记的属性有 name（滚动文本框控件的名称）、rows（控件的高度，以行为单位）、cols（控件的宽度，以字符为单位）和 readonly（滚动文本框内容不能被修改）。滚动文本框的其他属性、方法和事件与单行文本框基本相同。

例如，要创建如下滚动文本框：

可以使用如下代码：

```
<textarea name=ta rows=8 cols=20 readonly>
这是本文本框的初始内容，是只读的，用户无法修改
</textarea>
```

### 2. 选项选单

表单中选项选单（下拉菜单）的作用是使访问者从列表或选单中选择选项，格式如下：

```
<select name="值" size="值" [multiple]>
    <option [selected] value="值">选项 1</option>
    <option [selected] value="值">选项 2</option>
    …
</select>
```

其中，

● name。指定选项选单控件的名称。

● size。指定在列表中一次可看到的选项数目。

● multiple。指定允许做多项选择。

● selected。指定该选项的初始状态为选中。

例如，要创建如下选项选单：

可以使用如下代码：

```
学历：<select name=se size=1 >
    <option>研究生</option>
    <option selected>大学</option>
```

```
            <option>高中</option>
            <option>初中</option>
            <option>小学</option>
        </select>
```

【例 1.7】 制作一个学生个人信息的表单，包括姓名、学号、性别、出生日期、所学专业、毕业去向、备注和爱好信息。访问者输入新的信息或修改原信息后，使用 PHP 在另外一个页面中接收表单数据中的姓名、性别、所学专业和备注，并显示在页面上。

新建 stu.php，输入以下代码：

```html
<html>
<head>
    <title>学生个人信息</title>
</head>
<body>
    <form name="form1" method="post" action="info.php">
    <table width="400" border="0" align="center" bgcolor="#CCFFCC">
        <tr>
            <td colspan="2" bgcolor="#999999"><div align="center">学生个人信息</div></td>
        </tr>
        <tr>
            <td width="120">学号：</td>
            <td><input name="XH" type="text" value="201101"></td>
        </tr>
        <tr>
            <td>姓名：</td>
            <td><input name="XM" type="text" value="赵日升"></td>
        </tr>
        <tr>
            <td>性别：</td><td>
            <input name="SEX" type="radio" value="男" checked="checked">男
            <input name="SEX" type="radio" value="女">女</td>
        </tr>
        <tr>
            <td>出生日期：</td>
            <td><input name="Birthday" type="text" value="2002-03-18"></td>
        </tr>
        <tr>
            <td>所学专业：</td>
            <td><select name="ZY">
            <option>计算机</option>
            <option>通信工程</option>
            <option>软件工程</option>
            </select></td>
        </tr>
        <tr>
            <td>毕业去向：</td>
            <td><select name="QX" size="3" multiple>
            <option selected>考研</option>
            <option selected>出国留学</option>
            <option>考公务员</option>
```

```
                <option>直接就业</option>
                <option>创业</option>
                </select></td>
        </tr>
        <tr>
          <td>备注：</td>
          <td><textarea name="BZ">与澳洲联合培养</textarea></td>
        </tr>
        <tr>
          <td>兴趣：</td>
          <td><input name="AH" type="checkbox" value="书法" checked="checked" >书法
            <input name="AH" type="checkbox" value="运动">运动
            <input name="AH" type="checkbox" value="音乐">音乐
            <input name="AH" type="checkbox" value="绘画" checked="checked">绘画</td>
        </tr>
        <tr>
          <td><input type="submit" name="BUTTON1" value="提交"></td>
          <td><input type="reset" name="BUTTON2" value="重置"></td>
        </tr>
      </table>
      </form>
  </body>
</html>
```

新建 info.php，输入以下代码：

```php
<?php
    $XM=$_POST["XM"];
    $SEX=$_POST["SEX"];
    $ZY=$_POST["ZY"];
    $BZ=$_POST["BZ"];
    echo "姓名："." ".$XM."<br/>";
    echo "性别："." ".$SEX."<br/>";
    echo "专业："." ".$ZY."<br/>";
    echo "备注："." ".$BZ."<br/>";
?>
```

运行 stu.php 文件，结果如图 1.8 所示，将姓名修改为"王燕"，性别修改为"女"，专业修改为"软件工程"，备注修改为"参加校女子足球队"，单击"提交"按钮，表单提交至 info.php 页面，显示结果如图 1.9 所示。

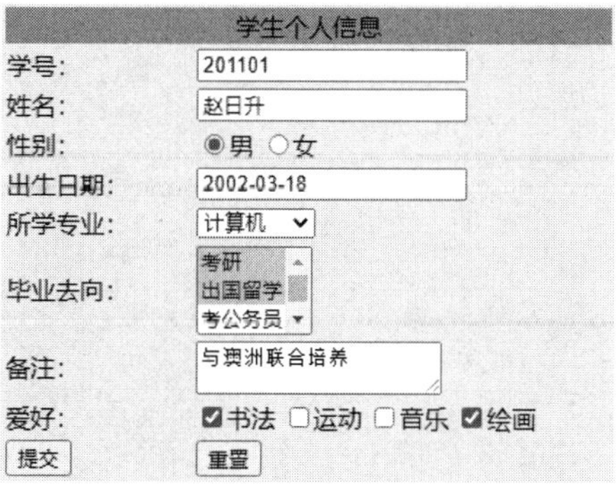

图 1.8 stu.php 运行结果

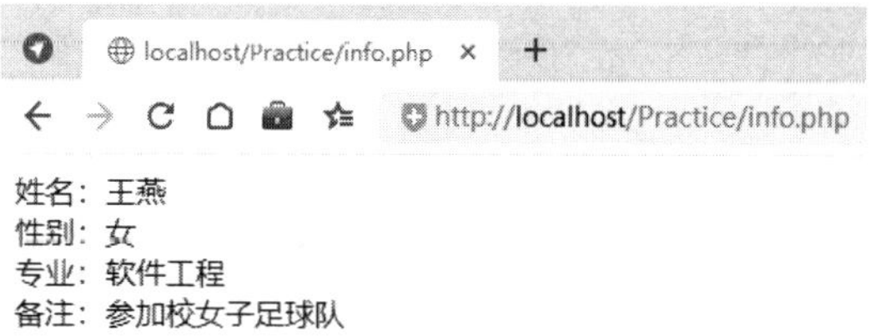

图 1.9 info.php 页面显示结果

说明：表单使用 POST 方法提交数据，PHP 代码中使用$_POST 变量来接收表单数据，输出变量时使用连接符"."连接 HTML 内容和 PHP 变量内容。本例代码需要在 PHP 环境中使用集成开发工具（如 Eclipse）编辑和运行，有关该环境的搭建和使用方法将在第 2 章详细介绍。

# 1.4　超链接

在网页中存在超链接，鼠标指针指向网页中的超链接时，鼠标指针会变成手的形状。单击超链接时，浏览器会按照超链接所指示的目标载入另一个网页，或者跳转到同一网页指定位置。构建超链接格式如下：

```
<a 属性="值"...>超链接内容</a>
```

在网页中，超链接内容通常以文本或图像形式表示。如果超链接内容是图像，则应该用图像标记描述图像。

```
<a 属性="值"...><img 属性="值"...></a>
```

超链接目标地址由<a href=URL...>描述。按照目标地址的不同，超链接分为文件链接、锚点链接和邮件链接。

## 1．文件链接

文件链接的目标地址是网页文件，目标网页文件可以位于当前服务器或其他服务器上。超链接使用<a>标记来创建，其常用的属性如下。

（1）href。指定目标地址的 URL，这是必选项。

（2）target。指定窗口或框架的名称。该属性指定将目标文档在指定的窗口或框架中打开。如果省略该属性，则在当前窗口中打开。target 属性的取值既可以是窗口或框架的名称，也可以是如下保留字。

● _blank。未命名的新浏览器窗口。

● _parent。父框架或窗口。

● _self。所在的同一窗口或框架。

● _top。整个浏览器窗口，并删除所有框架。

（3）title。指向超链接时所显示的标题文字。例如：

```
<a href="http://www.qq.com">腾讯</a>
<a href="stu.php">链接到本文件夹中的 stu.php 文件</a>
<a href="../index.html">链接到上一级文件夹中的 index.html 文件</a>
<a href="image/tp.jpeg">链接到图片</a>
<a href="http://www.163.com" title="图片链接"><img src="image/tp.jpg"></a>
```

【例 1.8】 使用 A 标记创建超链接。

（1）输入下列代码，以 a.htm 作为文件名保存：

```
<html>
<head>
    <title>创建超链接</title>
</head>
<body>
    <h2 >下面是超链接示例</h2>
    <br><hr size="1" color="red">
    <a href="http://www.nju.edu.cn">南京大学</A>   
    <a href ="image/seu.jpg">东南大学</a></p>
    <p><a href ="njnu.htm"><img src="image/njnu.jpg"></a></p>
</body>
</html>
```

（2）将所用的图片资源（seu.jpg、njnu.jpg）放到与 a.htm 文档同目录的 image 文件夹下。
用浏览器打开文档，将显示如图 1.10 所示的页面。

**下面是超链接示例**

---

南京大学　东南大学

图 1.10　超链接显示页面

### 2. 锚点链接

锚点链接的目标地址是当前网页中的指定位置。创建锚点链接时，要在页面的某一处设置一个位置标记（锚点），并给该位置指定一个名称，以便在同一页面或其他页面中引用。

创建锚点用<a>"位置名"</a>表示。

例如，在 XXX.php 页面中进行如下设置：

```
<a name="xlxq"></a>
```

创建锚点后，如果在同一页面中要跳转到名为"xlxq"的锚点处，则使用如下代码：

```
<a href="#xlxq">去本页面的锚点处</a>
```

如果要从其他页面跳转到该页面的锚点处，则使用如下代码：

```
<a href="XXX.php#xlxq">去该页面的锚点处</a>
```

### 3. 邮件链接

通过邮件链接可以启动电子邮件客户端程序，并由访问者向指定地址发送邮件。

创建邮件链接也使用<a>标记，该标记的 href 属性由三部分组成：电子邮件协议名称 mailto；电子邮件地址；可选的邮件主题，其形式为"subject=主题"。前两部分之间用冒号分隔，后两部分之间用问号分隔。例如：

```
<a href="mailto:easybooks@163.com?subject=PHP 实用教程">当前教程答复</a>
```

当访问者在浏览器窗口中单击邮件链接时，会自动启动电子邮件客户端程序，并将指定的主题填入主题栏中。

# 1.5　框架

框架可以将文档划分为若干窗格，在每个窗格中显示一个网页，从而得到在同一个浏览器窗口中显示不同网页的效果。因为内容多的网页不宜采用框架式结构，所以大网站几乎所有的网页都不是框架式网页。框架网页是通过一个框架集（<frameset>）和多个框架（<frame>）标记来定义的。在框架网页中将<frameset>标记放在<head>标记之后取代<body>的位置，还可以使用<noframes>标记指出框架不能被浏览器显示时的替换内容。

框架网页的基本结构如下：

```
<html>
<head>
<title>框架网页的基本结构</title>
</head>
<frameset 属性="值"...>
```

```
        <frame 属性="值"...>
        <frame 属性="值"...>
        ...
</frameset>
</html>
```

**1. 框架集**

框架集包括如何组织各个框架的信息，可以用<frameset>标记定义。框架是按照行、列组织的，可以用<frameset>标记的下列属性对框架结构进行设置。

（1）cols。创建纵向分隔框架时指定各个框架的列宽。取值有三种形式，即像素、百分比和相对尺寸。例如：

- cols=" *, *, *"。表示将窗口划分为三个等宽的框架。
- cols=" 30%, 200, *"。表示将浏览器窗口划分为 3 列框架，其中第 1 列占窗口宽度的 30%，第 2 列为 200 像素，第 3 列为窗口的剩余部分。
- cols=" *, 3 *, 2 *"。表示左边的框架占窗口的 1/6，中间的占 1/2，右边的占 1/3。

（2）rows。指定横向分隔框架时各个框架的行高，取值与 cols 属性类似。但 rows 属性不能与 cols 属性同时使用，若要创建既有纵向分隔又有横向分隔的框架，则应使用嵌套框架。

（3）frameborder。指定框架周围是否显示 3D 边框。若取值为 1（默认值）则显示，若为 0 则显示平面边框。

（4）framespacing。指定框架之间的间隔（以像素为单位，默认为 0）。

要创建一个嵌套框架集，可以使用如下代码：

```
<html>
<head>
        <title>框架网页</title>
</head>
<frameset rows="20%,400,*">
        <frame>
        <frameset cols="300, *">
            <frame>
                <frame>
        </frameset>
        <frame>
</frameset>
</html>
```

**2. 框架**

框架使用<frame>标记来创建，主要属性如下。

- name。指定框架的名称。
- frameborder。指定框架周围是否显示 3D 边框。
- marginheight。指定框架的高度（以像素为单位）。
- marginwidth。指定框架的宽度（以像素为单位）。
- noresize。指定不能调整框架的大小。
- scrolling。指定框架是否可以滚动。取值是 yes、no 和 auto。
- src。指定在框架中显示的网页文件。

【例 1.9】 设计一个框架网页，并在各框架中显示一个网页。

frame.htm（框架主网页）：

```
<html>
<head>
<title>框架中显示网页</title></head>
```

```
<frameset rows="80, *">
    <frame src="top.htm" name="frmtop">
    <frameset cols="25%,*">
        <frame src="left.htm" name="frmleft">
        <frame src="content.htm" name="frmmain">
    </frameset>
</frameset>
</html>
```

top.htm（框架上部网页）：

```
<html>
<body bgcolor="#8888FF">
    <marquee behavior=alternate direction=right>
        <font size=5 color=blue>欢迎登录学生成绩管理系统</font>
    </marquee>
</body>
</html>
```

content.htm（框架下部右边网页）：

```
<html>
<head>
    <title>content 网页</title></head>
<body>
    <h2 align=center>这里是 content 网页。</h2>
</body>
</html>
```

left.htm（框架下部左边网页）：

```
<html>
<head>
    <title>left 网页</title></head>
<body>
    <a href="table.htm" target="frmmain">学生成绩表</a><br/><br/>
    <a href="stu.php" target="frmmain">学生信息显示</a><br/><br/>
    <a href="content.htm" target="frmmain">返回主页</a><br/>
</body>
</html>
```

完成后运行 frame.htm，显示效果如图 1.11 所示。

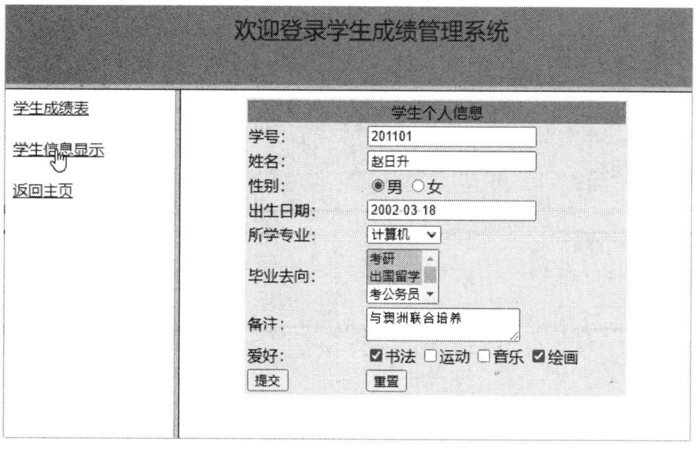

图 1.11　框架网页显示效果

## 1.6 HTML 5 高级功能

除了以上各节介绍的 HTML 基础功能，当前的 HTML 5 还包含下列高级功能，它们通过 JavaScript 实现。

**1. Web 存储**

HTML 5 提供 Web 存储功能。如果存储复杂数据则使用 Web SQL 数据库，通过 SQL 操作本地数据库；如果存储简单键值对信息，则使用 Web Storage。当然，也可以同时使用这两者。

**2. 离线应用**

HTML 5 离线功能在用户没有与 Internet（因特网）连接时依然能够访问站点或者应用，在用户与 Internet 连接时，自动更新缓存数据。

**3. Workers 多线程处理**

HTML 5 Web Workers 支持多线程处理功能，它可以创建一个不影响前台处理的后台线程，并且在这个后台线程中创建多个子线程。使得基于它的 JavaScript 应用程序可以充分利用多核 CPU 的优势，将耗时长的任务分配给 Web Workers 执行，这样就避免了页面有时反应迟钝甚至假死现象。

**4. Geolocation 地理位置**

HTML 5 Geolocation API 允许用户在 Web 应用程序中共享位置信息，使其能够享受位置感知服务。Geolocation 位置信息来源包括纬度、经度和其他特性，以及获取这些数据的途径（如 GPS、Wi-Fi 和蜂窝站点）。

## 1.7 层叠样式表 CSS

CSS 是 W3C 协会为弥补 HTML 在显示方面的不足而制定的一套扩展样式标准。CSS 标准重新定义了 HTML 中的文字显示样式，并增加了一些新概念（如类、层等），提供了更为丰富的显示样式。同时，CSS 还可进行集中样式管理，允许将样式定义单独存储于样式文件中，这样可以把显示的内容和显示样式定义分离，使多个 HTML 文件共享样式定义。另外，一个 HTML 文件也可以引用多个 CSS 文件、多种样式定义。

### 1.7.1 样式表定义

样式表定义是 CSS 的基础。定义样式表后，就可以在 HTML 文档中引用该样式表。

**1. 内联样式**

在标记中直接使用 style 属性可以对用该标记括起的内容应用该样式显示。例如：

```
<p style="font-family: "宋体"; color: green; background-color: yellow; font-size: 9pt">
演示 p 的 style 样式的效果
</p>
```

使用 style 属性定义时，内容与值之间用冒号 ":" 分隔。用户可以定义多项内容，各项内容之间以分号 ";" 分隔。

其中，"font-family"表示字体，"color"表示字体颜色，"font-size"表示字号大小，"background-color"表示背景颜色。

由于这种方式是在 HTML 标记内部使用的样式，故称为内联样式。

> ◎◎◎ 注意：
>
> 若要在 HTML 文件中使用内联样式，则必须在该文件的头部对整个文档进行单独的样式语言声明：
> `<meta http-equiv="Content-type" content="text/css">`
>
> 因为内联样式将样式和展示的内容混在一起，自然会失去一些样式表的优点，所以这种方式应尽量少用。

#### 2. CSS 定义方法

单独 CSS 定义格式如下：

选择符{ 规则表 }

规则表是由一个或多个样式属性组成的样式规则，各个样式属性间由分号隔开，每个样式属性的定义格式为"样式名: 值"。

选择符包括标记符、类选择符、id 选择符或上下文选择符等方法。

（1）标记符定义。

标记符{ 规则表 }

标记符可以是一个或多个，各个标记之间用逗号分开。例如：

p {font-family: "宋体"; color: green; background-color: yellow; font-size: 9pt; }
h1,h2 {font-family: "隶书", "宋体"; color:#FF8800}

（2）类选择符定义。

标记符.类名{ 规则表 }
.类名{ 规则表 }

前者为特定的标记定义的类，标记符和类名之间为"."。该标记的 class 属性设置为该类名，使用该标记的内容才会采用这个样式。

后者为定义的一般类，类名前为"."。只要标记的 class 属性设置为该类名都可采用这个样式。这样，相同的标记使用不同的样式，不同的标记使用相同的样式。例如：

p.back{font-family: "隶书", "宋体"; color:#FF8800}
.heti {font-family: "黑体"; font-size: 20pt; color: #000000; }

伪类是特殊的类，可区别标记的不同状态，能自动地被支持 CSS 的浏览器所识别。伪类定义格式为：

选择符: 伪类{ 规则表 }

例如：

a:visited{color: #0000FF; text-decoration: none}
a:link{font-family: "宋体"; font-size: 9Pt; color:#0000FF; text-decoration: none}
a:hover{font-family: "宋体"; fora-size: 12pt; color: #008000；background-color: #FF0088; text-decoration: none }

其中，a:link 指定超链接样式；a:visited 指定已访问链接样式；a:hover 指定可激活链接样式。

（3）id 选择符定义。

#id 名{ 规则表 }

id 选择符用于定义一个独有的样式，以"#"打头。例如：

#id1 {color: blue; }

id 选择符与类选择符的区别：id 选择符在一个 HTML 页面（文件）中只能被引用一次，而类选择符可以多次被引用。

因为 id 样式在网页中只能被唯一地引用，所以在设计网页时，一般大的结构使用 id 样式。比如，logo、导航、主体内容、版权等，可分别命名为#logo、#nav、#contenter、#copyright。

因为在 CSS 定义中具有普遍性，所以可以无限次地重复使用，这也体现了 DIV+CSS 布局的优越性。class 常用于结构内部，这样做的好处是有利于网站代码的后期维护与修改。

（4）上下文选择符。

上下文选择符定义嵌套标记的样式。由于应用场合十分特殊，故用得很少。

### 3. CSS 定义

CSS 既可以在同一个 HTML 文档中定义，也可以在独立的 CSS 文件中定义。

（1）在同一个 HTML 文档中定义。

样式表定义的内容可以用<style>标记括起，放在<head>标记范围内。嵌入在 HTML 文档中的样式表的样式只会影响当前的 HTML 文档。

【例 1.10】 CSS 示例。

输入下列代码，以 css1.htm 作为文件名保存：

```
<html>
<head><title>CSS 示例</title>
    <meta http-equiv="Content-Type" content="text/html; charset=utf8">
    <style type="text/css">
        p {font-family: "宋体"; color: green; background-color: yellow; font-size: 9pt; }
        h1,h2 {font-family: "隶书", "宋体"; color:#FF8800}
        .heti {font-family: "黑体"; font-size: 20pt; color: #000000; }
        #id1 {color: blue; }
    </style>
</head>
<body topmargin=4>
    <h1>内容 H1 样式显示</h1>
    <h2>内容 H2 样式显示</h2>
    <h3 id=id1>内容 id1 样式显示</h3>
    <h4>H4 内容默认样式显示</h4>
    <p>内容 P 样式显示</p>
    <p class="heti">内容 heti 样式显示</p>
</body>
</html>
```

用浏览器打开文档，将显示如图 1.12 所示的页面。

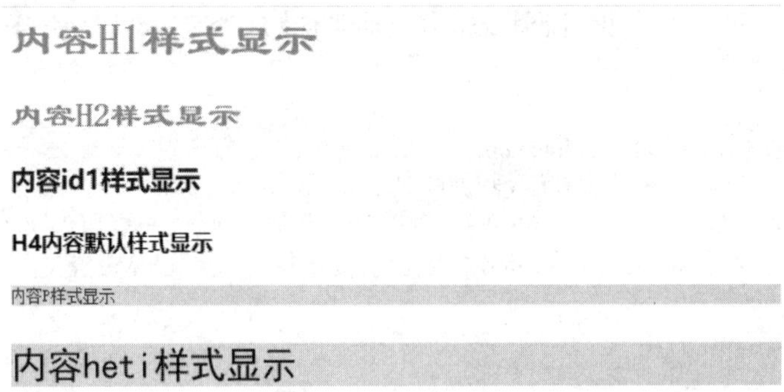

图 1.12　浏览显示页面

（2）在独立的 CSS 文件中定义。

样式表定义的内容一般放在一个独立的 CSS 文件中，注意 CSS 文件中不包含<style>标记，因为<style>标记是 HTML 标记，而不是 CSS。

例如，定义样式表的内容放在 style1.css 文件中：

```
P {font-family: "宋体"; color: green; background-color: yellow; font-size: 9pt; }
h1,h2 {font-family: "隶书", "宋体"; color:#FF8800}
.heti {font-family: "黑体"; font-size: 20pt; color: #000000; }
#id1 {color: blue; }
```

**4．在独立的 CSS 文件中定义的引用**

（1）HTML 文档在头部用<link>标记链接 CSS 文件。

引用样式文件的 HTML 文档在头部用<link>标记链接 CSS 文件，<link>标记主要使用属性 rel、href、type 等。通常，rel=stylesheet，type="text/css"，href 属性指出 CSS 文件的位置和文件名。

**【例 1.11】** HTML 文档链接样式文件 style1.css。

输入下列内容，以 css2.htm 作为文件名保存：

```
<html>
<head><title>链接外部 CSS 文件</title>
    <meta http-equiv="Content-Type" content="text/html; charset=utf8">
    <link rel=stylesheet type="text/css" href="style1.css" >
</head>
<body topmargin=4>
    <h1>内容 H1 样式显示</h1>
    <h2>内容 H2 样式显示</h2>
    <h3 ID=id1>内容 id1 样式显示</h3>
    <h4>H4 内容默认样式显示</h4>
    <p>内容 P 样式显示</p>
    <p class="heti">内容 heti 样式显示</p>
</body>
</html>
```

用浏览器打开文档，显示页面效果同前图 1.12。

（2）导入 CSS 文件。

引用样式文件的 HTML 文档也可以利用 CSS @import 声明导入外部样式表。例如：

```
<html>
<head><title>导入外部 CSS 文件</title>
    <meta http-equiv="Content-Type" content="text/html; charset=utf8">
    <style>
        @import URL("style1.css ");
    </style>
</head>
...
```

导入外部样式表的使用方式与链接到外部样式表很相似，两者的本质区别是：导入方式在浏览器下载 HTML 文件时就将样式文件的全部内容复制到@import 关键字所在位置，以替换该关键字。链接方式在浏览器下载 HTML 文件时并不进行替换，而仅在 HTML 文档需引用 CSS 文件中的某个样式时，浏览器才链接样式文件，读取需要的内容。

**【例 1.12】** CSS 伪类应用示例。

采用 style2.css 文件定义样式，css3.htm 文件应用定义的样式。

● style2.css 文件：

```
a:visited{color: #0000FF; text-decoration: none}
a:link{font-family: "宋体"; font-size: 9Pt; color:#0000FF; text-decoration: none}
a:hover{font-family: "宋体"; font size: 12pt; color: #008000;text decoration: none }
```

● css3.htm 文件：

```
<html>
<head>
    <title>CSS 伪类应用示例</title>
    <style>
        @import URL("style2.css");
    </style>
```

```
</head>
<body><p>超链接应用 CSS 伪类样式</p>
    <a href="http://www.seu.edu.cn">东南大学</A><BR/>
    <a href="http://www.njnu.edu.cn">南京师范大学</A><BR/>
</body>
</html>
```

用浏览器打开文档，将显示如图 1.13 所示的页面。

**超链接应用CSS伪类样式**

东南大学
南京师范大学

图 1.13　浏览显示页面

### 1.7.2　样式的继承和作用顺序

#### 1．样式继承

将包含其他标记的标记称为父标记，被包含的标记就是子标记。子标记将继承父标记的样式，这就是样式的继承。

#### 2．样式的作用顺序

对一个标记来说，可能有多个样式都对标记起作用，但样式表作用到标记上时要遵循一定的优先顺序，如下所示。

（1）内联样式中所定义的样式的优先级最高。

（2）样式表按其在 HTML 文件中出现或被引用的顺序，出现得越晚，优先级越高。

（3）选择符从高到低的顺序为：上下文选择符、类选择符、id 选择符。

未在任何文件中定义的样式将遵循浏览器的默认样式。

样式表的作用顺序较为复杂，特别是同时引用多个样式文件时应十分注意。如果希望一个属性的值不被其他样式定义中相同属性定义覆盖，可用特定参数 important。例如：

```
p{color: red; font-size: 22pt !important; }
```

目前，CSS 常见的属性包括字体属性、颜色属性、背景属性、文本属性、列表属性、方框属性、定位属性等。CSS 属性的详细信息请参考有关文档。灵活运用 CSS 属性可以有效地对页面的布局、字体、颜色、背景和其他效果实现更加精确的控制。只要对相应的代码做一些简单的修改，就可以改变同一页面的不同部分或者不同网页的外观和格式。

### 1.7.3　CSS 3 新特性

当前最新的 CSS 3 规范除了包含 CSS 2.1 的内容，也在其基础上进行了很多增补和修订，而且把复杂的东西模块化。下面列出支持度较好、更流行且更实用的变更。

（1）不依赖图片的视觉效果。CSS 3 包含大量新特性，可以用来创建一些以前只能通过图片（或脚本）实现的视觉效果，如圆角、阴影、半透明背景、渐变及图片边框等。在这些新特性中，多数是属于"背景和边框"模块的，其余则属于"色彩和图像"模块。

（2）盒容器变形。CSS 3 中还有一类视觉效果，可让用户在 2D 或者 3D 空间里操作盒容器的位置和形状，如旋转、缩放或者移动。这些特效称为变形，在"2D 变形"和"3D 变形"模块中都有涉及。

（3）独一无二的字体。"字体"模块引入了@font-face 规则，让用户能够引入一个存放于服务器的字体文件，并使用该字体来显示页面中的文本，这就突破了以往只能使用用户计算机中的字体的限制，可以呈现出更漂亮的页面。

（4）强大的选择器。CSS 3 新增了 10 多个选择器，大部分是伪类和属性选择器。可用它们选取 HTML 结构中的特定片段而无须增加特定的 id 或类，从而精简代码并使之不易出错。这些选择器都描述在"选择器"模块中。

（5）过渡与动画。CSS 3 的过渡在其同名的模块中描述。它是一种简单的动画特效，可以平缓地呈现一个元素的样式变化。例如，当用户将鼠标指针悬停于按钮之上时渐进且平滑地改变其颜色。更复杂的 CSS 3 动画特性也在其同名的模块中有相应描述，它能够实现更复杂的样式变化和元素位移，而不需要使用 Flash 或 JavaScript。

（6）媒体信息查询。"媒体信息查询"模块介绍了如何根据用户的显示终端或设备特征来提供样式，这些特征包括屏幕的可视区域宽度、分辨率及可显示的色彩数等。媒体信息查询是一款非常好的专门针对移动设备来实现优化的工具。

（7）多列布局。CSS 3 引入了几个新模块来帮助用户更方便地创建多列布局。"多列布局"模块描述了如何像报纸布局那样把一个简单的区块拆分成多列，而"弹性盒容器布局"模块则能够让区块在水平或垂直方向上保持对齐，相对于浮动布局或绝对定位布局来说，它显得更为灵活。此外，还有"模板布局"和"网格定位"的实验性布局模块。

## 1.7.4　HTML 5+CSS 3

HTML 5 作为当前最流行的 Web 技术标准，必将被越来越多的 Web 开发人员所使用，各大主流浏览器厂家已经积极更新自己的产品以更好地支持它。HTML 5 围绕的一个核心就是构建一套更加强大的 Web 应用开发平台，因而将 HTML 5 与 CSS 3 结合应用正日渐成为网页开发的主流。

HTML 5+CSS 3 的优势：

（1）更多的描述性标记。HTML 5 引入非常多的描述性标记，如用于定义头部（header）、尾部（footer）、导航区域（nav）、侧边栏（aside）等标记，使开发人员非常方便地构建页面元素。

（2）良好的多媒体支持。对于先前的以插件方式播放音频、视频带来的麻烦，HTML 5 有了解决方案，audio 标记和 video 标记能够方便地实现应变。

（3）更强大的 Web 应用。HTML 5 提供了令人称奇的功能，在某些情况下，甚至可以完全放弃使用第三方技术。

（4）跨文档消息通信。Web 浏览器会组织不同域间的脚本交互，但对于可信任的脚本或许就是麻烦。HTML 5 引入了一套安全且易于实现的应对方案。

（5）Web Sockets。HTML 5 提供了对 Web Sockets 的支持。

（6）客户端存储。HTML 5 的 Web Storage 和 Web SQL Database API 可以在浏览器中构建 Web 应用的客户端持久化数据。

（7）更加精美的界面。HTML 5+CSS 3 组合渲染出来的界面效果有时是无法想象的精美。

（8）更强大的表单。HTML 5 提供了功能更加强大的表单界面控件，使用非常方便。

（9）提升可访问性。内容更加清晰，使用户的操作更加简单方便，体验提升。

（10）先进的选择器。CSS 3 选择器可以方便地识别表格的奇偶行、复选框等，代码标记更少。

（11）视觉效果。是精美界面的一部分，具有阴影、渐变、圆角、旋转等视觉效果。

因为 HTML 5 标准还在演进中，部分浏览器尚未完全支持 HTML 5，针对这种情况，HTML 5 可以在页面中方便地加入兼容自适应备用解决方案的代码，在编写完代码后再用 W3C 验证服务来进行验证。

# 习题 1

**一、选择题**

1. 目前最流行的 HTML 版本是（　　）。

A. HTML 4.0　　　　　B. XHTML 1.0　　C. HTML 5　　　　D. HTML 4.01

2. HTML 5 是指（　　）。

A. HTML 第 5 版　　　B. JavaScript　　　C. A+B　　　　　D. 高于 HTML 4.0 的版本

3. HTML 头部不可以包括（　　）。

A. 网页标题　　　　　B. 网页样式　　　　C. 脚本　　　　　D. 网页链接

4. 网页颜色的表达不可以使用（　　）。

A. rgb(x,y,z)，其中 x、y、z 均为十进制数 0～255

B. #xyz，其中 x、y、z 均为十进制数 0～255

C. 系统定义的名称

D. #xyz，其中 x、y、z 均为十六进制数 00～FF

5. 在下列标记中，（　　）不能实现网页跳转。

A. <a>　　　　　　　B. <img>　　　　　C. <link>　　　　D. <form>

6. 下列说法中不正确的是（　　）。

A. 公共属性在所有标记中均可使用

B. 事件的代码在头部脚本中

C. 属性功能作用于所在的标记

D. 可以在<body>中定义网页背景图片

7. 下列关于网页样式的说法中不正确的是（　　）。

A. 外部导入样式 CSS 文件可以作用于多个网页

B. 可以在头部和标记中同时定义样式，在标记中定义的优先

C. 可以通过 ID 和 class 属性使用定义的样式

D. 每个网页默认的样式都是不能自己定义的

8. 下列关于表格的说法中不正确的是（　　）。

A. 表格列标题定义可以反映在列数据中

B. 部分行和部分列可以合并

C. 单元格可以单独定义样式，可以是图片数据，也可以不包含数据

D. 表格可以用于网页全部或者部分内容布局

9. 下列说法中不正确的是（　　）。

A. 空格符和回车符被忽略需要字符实体表达

B. 同一个网页 name 和 ID 属性值不能相同

C. <div>标记是控制若干行样式的容器

D. 网页被搜索的关键字用<title>描述

10. 下列关于表单的说法中不正确的是（　　）。

A. 可以设置各对象的默认值和控制焦点

B. 表单中各对象的内容可以通过本网页脚本进行验证

C. GET 方法不能用于提交密码但可以通过地址栏直接提交

D. POST 方法可以传递大信息量数据，并且利用普通命令按钮就可以提交

**二、简答题**

1．说明 HTML 的主体结构的特点。

2．写出字体为"黑体"、字号为"5"、颜色为"红色"的 HTML 代码。

3．使用 HTML 绘制一个 5 行 4 列的表格，最后一行各列合并为一列。

4．写出一个登录表单，包含登录名、密码和"登录"按钮。

5．<form>标记中的<input>文本框、密码框类型和<textarea>有什么不同？

6．框架的分隔有哪几种表示方法？

7．设计一个框架，分为左、右两个页面。单击左边页面的超链接后，右边页面将会显示相应的信息。

8．什么是 CSS？如何进行样式表的定义和引用？

# 第 *2* 章 PHP 环境与开发入门

作为一种易学易用的服务器端脚本语言，PHP 得到了广泛应用。学习 PHP 语言基础及其开发技术离不开编程实践，要求读者的计算机上必须有 PHP 程序的开发和运行环境。PHP 环境大致有两类：一类是以分立组件搭建的 Web 工作环境；另一类则是以安装包形式提供的集成环境。本章先以第一类方式搭建 PHP 环境，在其上编写并运行几个简单的 PHP 程序及一个基于 Smarty 模板的实例，引导读者快速入门；然后介绍 phpStudy 等 PHP 集成环境的安装和使用；最后介绍 PHP 项目在不同环境间的迁移。

## 2.1 PHP 环境搭建

### 2.1.1 组件的选择

以分立组件搭建的 PHP 环境涉及操作系统、Web 服务器和数据库，一直以来首选的是 LAMP。LAMP 就是基于 Linux、Apache、MySQL 和 PHP 或其他语言插件的运行环境，LAMP 的名字来源于这四者的首字母。

Linux 是现在应用十分广泛的开源操作系统，由于其高度的稳定性及其他优点，世界上的大部分 Web 服务器都架设在 Linux 上。

Apache 是一款开放源码的 Web 服务器，其平台无关性使得它可以在任何操作系统（包括 Windows）上运行。强大的安全性和其他优势，使得 Apache 服务器即使运行在 Windows 操作系统上也可以与 Microsoft IIS 服务器媲美，甚至在某些功能上远远超过了后者。在目前所有的 Web 服务器软件中，Apache 服务器以绝对优势占据了市场份额的 70%，遥遥领先于排名第二位的 Microsoft IIS 服务器。

MySQL 是一个开放源码的小型关系型数据库管理系统，由于具有体积小、速度快、总体成本低等优点，被广泛应用于 Internet 的中小型网站中。MySQL 是一个真正的多用户、多线程的 SQL 数据库服务器。由于 MySQL 源代码的开放性和稳定性，并且可与 PHP 完美结合，很多站点使用它进行 Web 开发。

LAMP 组合中的所有软件都是开源的，用户不花一分钱就能进行专业的 Web 开发，而且这些软件之间的兼容性也越来越好，这使 LAMP 得到了迅速推广。LAMP 在稳定性和安全性方面的表现也十分突出，很多大型网站的开发也会选择 LAMP 组合。随着开源运动的发展，LAMP 已经与 Java EE、.NET 形成三足鼎立之势。

但是，因考虑到绝大多数初学者使用的是 Windows 操作系统，且 Windows 提供的程序开发工具软件也比 Linux 多，故 Windows 平台的 PHP 环境 WAMP 更适合初学者。WAMP 是指在 Windows 系统下使用 Apache、MySQL 和 PHP 进行 Web 开发的组合。由于 Windows 系统具有易用、界面友好、操作方便等优点，WAMP 成为新手入门的首选。本书作为 PHP 的基础教材，将选用 WAMP 组合搭建 PHP 环境，所用操作系统为 Windows 10。

### 2.1.2 操作系统准备

由于 PHP 环境需要使用操作系统 80 端口，为防止该端口被系统中的其他进程占用，必须预先对操作系统进行如下设置。

打开 Windows 注册表［方法：在 Windows 命令行下输入 "regedit" 后回车（也称按 Enter 键），调出注册表编辑器］，找到 HKEY_LOCAL_MACHINE\SYSTEM\CurrentControlSet\Services\HTTP，找到一个名称为 Start 的项（REG_DWORD 类型），将其值改为 0，如图 2.1 所示。

图 2.1　修改注册表的 Start 项的值

然后，将 Start 项所在的 HTTP 文件夹 SYSTEM 的权限设为拒绝，如图 2.2 所示。

图 2.2　设置 SYSTEM 的权限

经以上设置后，就可以非常顺利地安装 Apache 服务器和 PHP 了。

### 2.1.3 安装 Apache 服务器

#### 1. 获取 Apache 安装包

Apache 是开源软件，可以免费获得。访问 Apache 官网下载页 http://httpd.apache.org/downlodo.cgi，得到 Apache 安装包（文件名为 httpd-2.4.54-o111s-x64-vs16.zip）。

#### 2. 定义 Apache 服务器根目录

将 Apache 安装包解压至 C:\Program Files\Php\Apache24 目录下，进入其下的\conf 子目录，找到 Apache 的配置文件 httpd.conf，用 Windows 记事本打开，在其中定义 Apache 服务器根目录（如图 2.3 所示）：

```
Define SRVROOT "C:/Program Files/Php/Apache24"
```

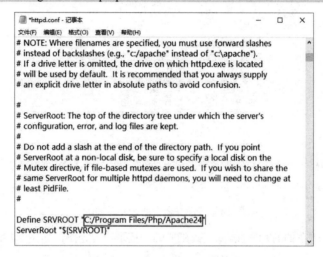

图 2.3  定义 Apache 服务器根目录

#### 3. 安装 Apache 服务

以管理员身份打开 Windows 命令行，进入安装包解压目录下的 bin 子目录，输入以下命令安装 Apache 服务（如图 2.4 所示）：

```
httpd.exe -k install -n apache
```

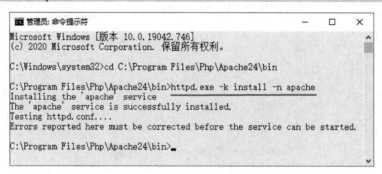

图 2.4  安装 Apache 服务

#### 4. 启动 Apache 服务

进入 C:\Program Files\Php\Apache24\bin，双击其中的 ApacheMonitor.exe，在桌面任务栏右下角出现一个图标，图标内的三角形为绿色时表示 Apache 服务正在运行，为红色时表示 Apache 服务停止。

双击该图标会弹出 Apache 服务管理界面（Apache Service Monitor），如图 2.5 所示，单击该界面右侧的 "Start"、"Stop" 和 "Restart" 按钮可分别启动、停止和重启 Apache 服务。

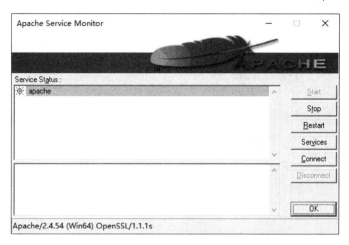

图 2.5　Apache 服务管理界面

这样，Apache 就安装好了。读者可以测试是否安装成功，在浏览器地址栏中输入 http://localhost 或 http://127.0.0.1 后回车。如果安装成功，则出现如图 2.6 所示的页面。

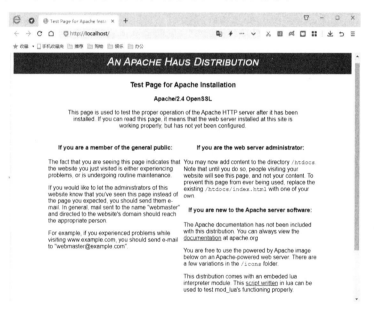

图 2.6　Apache 安装成功

说明：在 Apache 服务器根目录下有一个 htdocs 文件夹，这也是 Apache 的文档根目录，需要访问的页面文件都保存在该目录下才能运行。

## 2.1.4　安装 PHP

Windows 专用的 PHP 官方下载地址为 https://windows.php.net/download/。本书选择的版本为 PHP 7.4，下载得到的文件名为 php-7.4.33-Win32-vc15-x64.zip（线程安全），将其解压至 C:\Program Files\Php\php7 目录下。

### 1．指定 PHP 扩展库目录

进入 C:\Program Files\Php\php7 目录，找到一个名为 php.ini-production 的文件，将其复制一份在原目录下并重命名为 php.ini（作为 PHP 的配置文件使用），用 Windows 记事本打开，在其中指定 PHP

扩展库目录（如图 2.7 所示）：

```
extension_dir = "C:/Program Files/Php/php7"
On windows:
extension_dir = "C:/Program Files/Php/php7/ext"
```

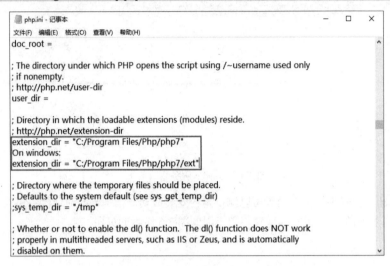

图 2.7　指定 PHP 扩展库目录

## 2．开放 PHP 基本扩展库

接着，在 php.ini 文件中，设置开放（去掉行前分号）以下 PHP 基本扩展库（如图 2.8 所示）：

```
extension=curl
extension=gd2
extension=mbstring
extension=mysqli
extension=pdo_mysql
```

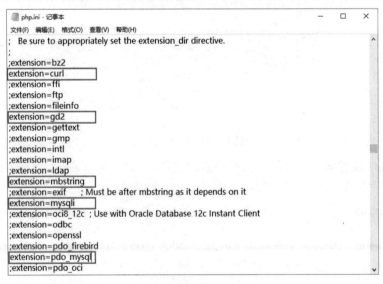

图 2.8　开放 PHP 基本扩展库

## 3．Apache 整合 PHP 配置

进入 C:\Program Files\Php\Apache24\conf 目录，打开 Apache 配置文件 httpd.conf，在其中添加如下

配置（如图 2.9 所示）：

```
LoadModule php7_module "C:/Program Files/Php/php7/php7apache2_4.dll"
AddType application/x-httpd-php .php .html .htm
PHPIniDir "C:/Program Files/Php/php7/"
```

图 2.9  Apache 整合 PHP 配置

将 php 解压文件中的 libssh2.dll 放入 Apache 2.4 解压目录下的 bin 文件夹。

配置完后重启 Apache 服务器，其下方的状态栏会显示 "Apache/2.4.54 (Win64) OpenSSL/1.1.1s PHP/7.4.33"，如图 2.10 所示，这说明 PHP 已经安装成功，Apache 已支持 PHP。

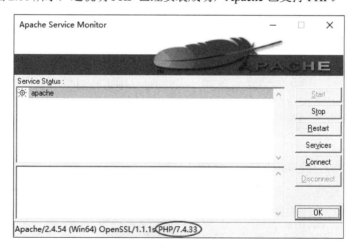

图 2.10  Apache 已支持 PHP

## 2.1.5  安装 MySQL 数据库

### 1. 安装前的准备

MySQL 官方下载地址是 https://dev.mysql.com/downloads/mysql/，MySQL 官方下载页如图 2.11 所示。

本书选用 MySQL 5.7 版，从官网下载的安装包的文件名为 mysql-installer-community-5.7.17.0.msi。双击它启动安装向导，在弹出的界面上勾选"我已阅读并接受许可条款"复选框，单击"安装"

按钮开始安装，如图 2.12 所示。

图 2.11　MySQL 官方下载页

安装完成后重启计算机。

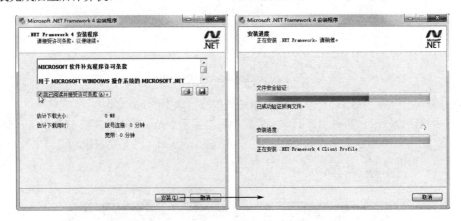

图 2.12　安装 Microsoft .NET Framework 4.0

### 2. 安装过程

（1）双击 MySQL 的安装包文件，启动安装向导，在安装向导的"License Agreement"页中勾选"I accept the license terms"同意许可协议条款，单击"Next"按钮；在安装向导的"Choosing a Setup Type"页中勾选"Custom"，单击"Next"按钮，如图 2.13 所示。

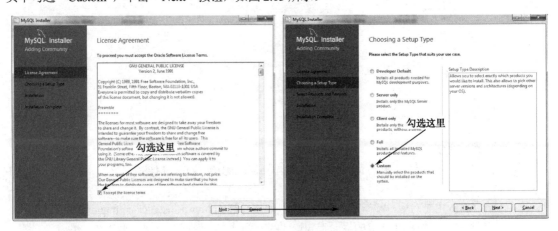

图 2.13　同意许可协议及选择安装类型

（2）进入"Select Products and Features"页，在"Available Products"树状列表中展开"MySQL Servers" → "MySQL Server" → "MySQL Server 5.7"，选中"MySQL Server 5.7.17 - X86"项，单击➡按钮将该项移至右边的"Products/Features To Be Installed"（将要安装的组件）树状列表中，如图 2.14 所示。

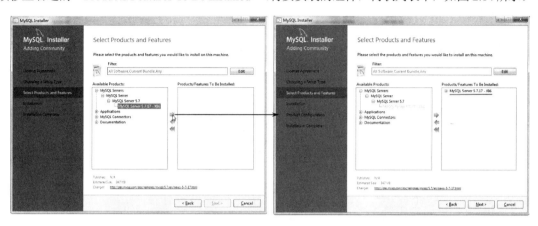

图 2.14　选择安装 MySQL 服务

（3）单击"Next"按钮继续按照安装向导的指引进行操作，每步都保留默认设置，安装完成后，安装向导会自动转入配置阶段，在"Product Configuration"页中直接单击"Next"按钮，每步也都保留默认配置，只是注意在"Accounts and Roles"页中设置登录密码时要记住密码。笔者安装时设置的登录密码为 123456，系统默认用户名为 root，关键两处操作如图 2.15 所示。

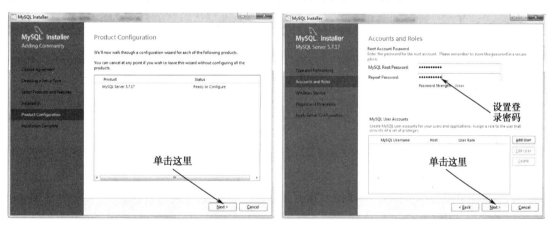

图 2.15　设置 MySQL 登录密码

（4）"Apply Server Configuration"页列出了向导即将执行的配置步骤，单击下方"Execute"按钮执行这些步骤，完成后单击"Finish"按钮结束配置，如图 2.16 所示。在"Product Configuration"页单击"Next"按钮，最后在"Installation Complete"页单击"Finish"按钮结束安装。

### 3．启动和登录 MySQL

（1）打开"Windows 任务管理器"，可以看到 MySQL 服务进程 mysqld.exe 已经启动，如图 2.17 所示。该进程对于 MySQL 数据库的正常运行至关重要，在使用 MySQL 前必须确保 mysqld.cxc 已经启动。但在用户关机后重新开机进入系统时，这个进程有可能并不是默认启动的，这时就要靠用户自己手动开启，方法是：进入 MySQL 安装目录 C:\Program Files\MySQL\MySQL Server 5.7\bin（读者应进入自己安装 MySQL 的 bin 目录），双击 mysqld.exe 即可。

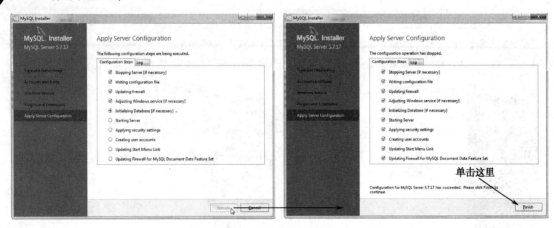

图 2.16　执行和结束配置

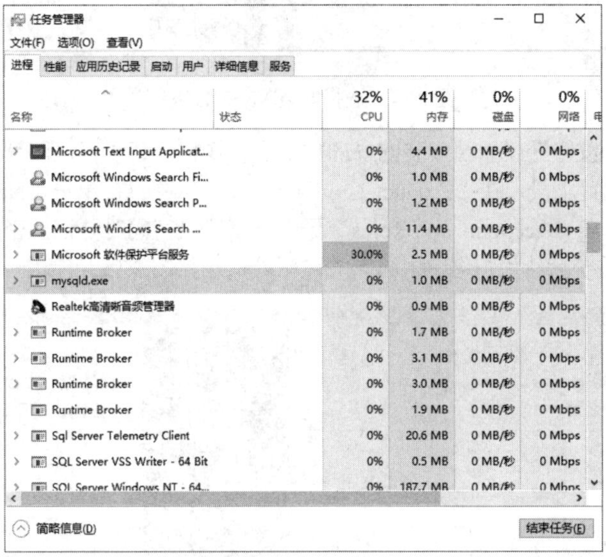

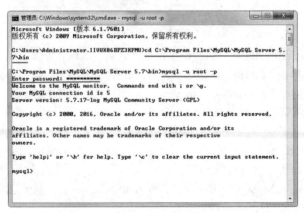

图 2.17　MySQL 服务进程已经启动

（2）以管理员身份进入 Windows 命令行，输入"mysql -u root -p"后回车，输入密码 123456（读者应输入在图 2.15 中设置的密码），将显示如图 2.18 所示的 MySQL 登录欢迎屏。

图 2.18　MySQL 登录欢迎屏

图 2.18 进入的是 MySQL 的命令行模式，在提示符"mysql>"后输入"quit"后回车，可退出命令行模式。

### 4. 设置字符集和权限

在 MySQL 命令行模式下输入：

```
set character_set_database='gbk';
set character_set_server='gbk';
```

将数据库和服务器的字符集均设为 gbk（中文）。可用命令"status"查看设置的结果，如图 2.19 所示。从该图中框出的部分可见，系统 Server（服务器）、Db（数据库）、Client（客户端）及 Conn.（连接）的字符集都已设为"gbk"，这样，整个 MySQL 系统就能彻底地支持汉字字符了。

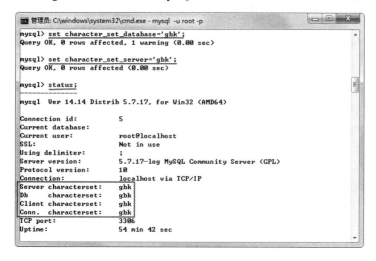

图 2.19　查看当前系统字符集

最后，给 MySQL 系统的根用户（默认名为 root 的用户）赋予最高权限，依次输入并执行如下命令：

```
USE mysql;
GRANT ALL PRIVILEGES ON *.* TO 'root'@'%' IDENTIFIED BY '123456' WITH GRANT OPTION;
FLUSH PRIVILEGES;
```

## 2.1.6　安装 Eclipse 开发工具

PHP 的开发工具有很多，本书选择 Eclipse 作为开发工具。

### 1. 安装 JDK

因 Eclipse 运行需要 JRE 的支持，而 JRE 包含在 JDK 中，故先要安装 JDK。

（1）下载 JDK。

可以从 Oracle 官网下载得到最新版本的 JDK，网址为 https://www.oracle.com/java/technologies/downloads，选择适合自己操作系统的 JDK。笔者下载 JDK 17，得到的文件名为"jdk-17_windows-x64_bin.exe"，这个文件的大小为 152MB（Oracle 经常会发布 JDK 的更新版本，到本书出版的时候，JDK 应该有了更新的版本，可试用最新版本）。

（2）安装 JDK。

导航到浏览器下载安装文件的位置，并双击执行该文件。一旦安装开始，将会看到 JDK 安装向导，如图 2.20 所示。单击"下一步"按钮，系统进入指定安装目录的对话框。在 Windows 中，JDK 安装程序的默认路径为 C:\Program Files\Java\。要更改安装目录的位置，可单击"更改"按钮。本书安装到默认路径，如图 2.21 所示。

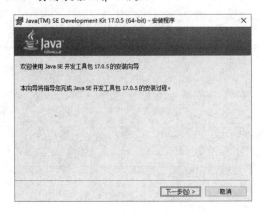

图 2.20　JDK 安装向导　　　　　　　　　图 2.21　选择 JDK 的安装目录

按照安装向导的指引往下操作，直到安装完毕显示安装完成对话框，单击"关闭"按钮，结束安装。

**2．安装 Eclipse**

目前，Eclipse 官方只提供安装器的下载，地址为 https://www.eclipse.org/downloads/，获取文件名为 eclipse-inst-jre-win64.exe。

（1）实际安装时必须先确保计算机处于联网状态，然后启动 eclipse-inst-jre-win64.exe，选择要安装的 Eclipse IDE 类型为"Eclipse IDE for PHP Developers"（PHP 版），如图 2.22 所示，安装全过程要始终确保联网以实时下载所需的文件。

（2）单击"INSTALL"开始安装 Eclipse，如图 2.23 所示。

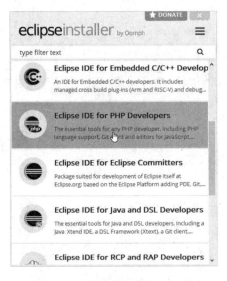

图 2.22　选择安装 PHP 版 Eclipse　　　　　　图 2.23　开始安装 Eclipse

（3）安装过程中会出现确认接受许可协议条款的对话框，如图 2.24 所示，单击"Accept Now"按钮。

（4）安装完成后单击"LAUNCH"启动并设置工作区，如图 2.25 所示。

**3．更改工作区**

启动后首先出现 Eclipse 主界面欢迎页，关闭该欢迎页可进入 Eclipse 开发环境，如图 2.26 所示。

Apache 服务器默认的网页路径是"C:\Program Files\Php\Apache24\htdocs"，为了方便后面开发和运行程序，这里将 Eclipse 工作区更改为与此路径一致，操作方法：选择菜单"File"→"Switch Workspace"→"Other"选项，在弹出对话框中单击"Workspace"栏右端的"Browse"按钮选取新的工作区为"C:\Program Files\Php\Apache24\htdocs"，如图 2.27 所示，单击"Launch"按钮重启 Eclipse 使设置生效。

图 2.24　确认接受许可协议条款

图 2.25　启动并设置工作区

主界面欢迎页　　　　　　　　　　　开发环境

图 2.26　Eclipse 主界面欢迎页及开发环境

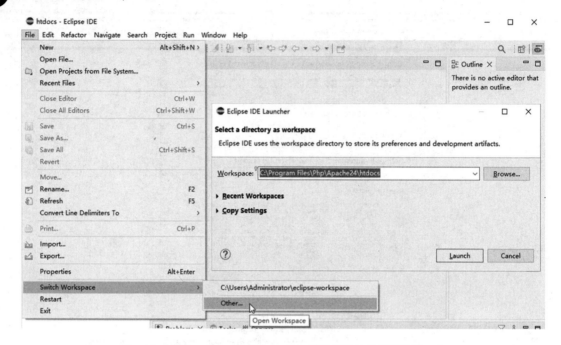

图 2.27　设置 Eclipse 工作区与 Apache 服务器默认的网页路径一致

至此，一个完整的 PHP 程序开发和运行的环境就搭建好了。

# 2.2　PHP 运行环境测试

在环境搭建完成后，就可以使用 Eclipse 来开发 PHP 程序了。Eclipse 以"项目"（Project）为单位管理用户编写的 PHP 程序，在编程之前首先要创建一个 PHP 项目，然后根据需要在项目中创建一个或多个 PHP（.php）源文件，再在源文件中编写 PHP 代码，最后通过运行源文件来启动程序。

## 2.2.1　PHP 项目与程序运行

**1. 创建 PHP 项目**

在 Eclipse 开发环境中创建一个 PHP 项目的操作步骤如下。

（1）选择菜单"File"→"New"→"PHP Project"选项。

（2）在弹出的"New PHP Project"对话框的"Project name"栏中输入项目名"Practice"，在"PHP Version"下勾选"Use project specific settings: PHP Version"单选按钮，选择所用 PHP 版本，这里选"7.4(arrow functions, spread operator in arrays,…)"，如图 2.28 所示。

（3）单击"Finish"按钮，Eclipse 会在 Apache 安装目录的 htdocs 文件夹下自动创建一个名为"Practice"的文件夹，并创建项目设置和缓存文件。

（4）项目创建完成后，工作界面"Project Explorer"区域会出现一个"Practice"项目树，右击后选择菜单"New"→"PHP File"选项，如图 2.29 所示，在弹出的对话框中输入文件名就可以创建 PHP 源文件。

系统默认创建的源文件名为 newfile.php，可在其中输入代码测试 PHP 程序能否正常运行。

**2. 运行 PHP 程序**

运行 PHP 程序的实质就是运行其 PHP 源文件。下面以 Eclipse 默认创建的源文件 newfile.php 进行演示，运行显示当前环境所用 PHP 的版本信息页。

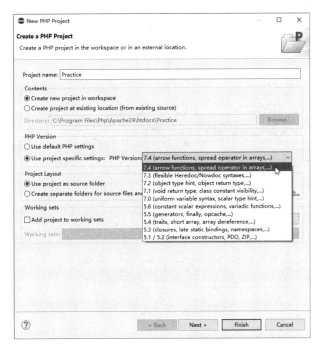

图 2.28　"New PHP Project"对话框

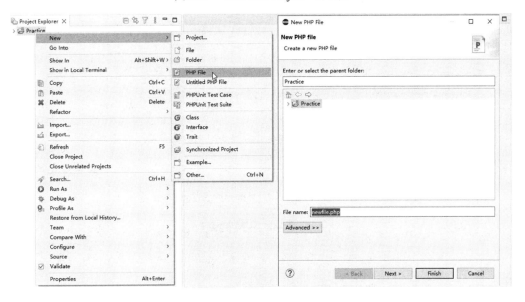

图 2.29　创建 PHP 源文件

在 Eclipse 开发环境中打开创建的 newfile.php，输入代码：

```php
<?php
    phpinfo();
?>
```

其中，phpinfo()是 PHP 的系统函数，可以显示出当前版本 PHP 的所有相关信息，这在实际应用中是排查配置 PHP 是否出错或遗漏配置模块的主要方式之一。

单击工具栏上的图标 🔲 保存 newfile.php。

然后修改 PHP 的配置文件 php.ini，在其中找到如下一句：

short_open_tag = **Off**

　　将这里的 Off 改为 On，如图 2.30 所示，以使 PHP 能支持<??>和<%%>标记方式。确认修改后，保存配置文件，重启 Apache 服务。

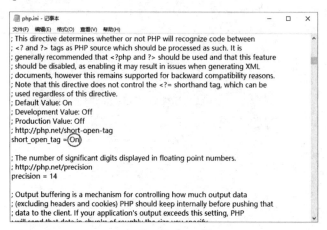

图 2.30　修改配置文件

　　运行 PHP 程序有以下三种不同的操作方式。

　　（1）方式一。

　　在与运行程序对应的源文件已打开且是当前文件的状态下，单击工具栏 ⊙▾ 按钮右侧的下箭头，选择菜单的"Run As"→"3 PHP Web Application"选项，若是初次操作则弹出对话框显示程序即将启动的 URL，如图 2.31 所示。

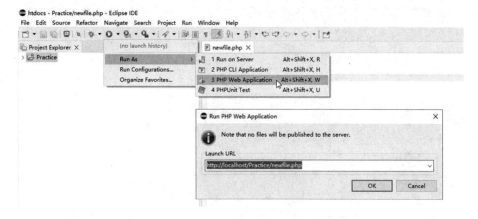

图 2.31　使用工具栏按钮的菜单运行 PHP 程序

　　单击"OK"按钮后，Eclipse 会自动启动本地计算机上的浏览器，显示如图 2.32 所示的 PHP 版本信息页。

　　（2）方式二。

　　在"Project Explorer"区域展开项目树，直接右击源文件后选择"Run As"→"3 PHP Web Application"选项，Eclipse 会自行启动浏览器，显示 PHP 版本信息页。

　　（3）方式三。

　　离开 Eclipse 开发环境，手动打开浏览器，在地址栏中输入"http://localhost/项目名/源文件名.php"后回车，显示 PHP 版本信息页。

　　采用以上三种方式分别运行 newfile.php 文件，都会显示 PHP 版本信息页。

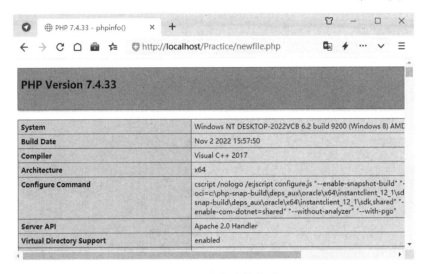

图 2.32　PHP 版本信息页

在后面的学习中，读者可以依个人习惯采用上述任一种方式运行书中的程序代码。

## 2.2.2　最简单的 PHP 程序

最简单的 PHP 程序只有一个源文件且与用户无交互，仅能在 HTML 页上显示静态的信息。

在项目中新建 PHP 源文件 first.php，编写以下代码：

```
<!DOCTYPE html>
<html>
<head>
    <title>PHP 程序</title>
</head>
<body>
    <?php
        echo "<h1>你好，这是第一个 PHP 程序！</h1>";
    ?>
</body>
</html>
```

说明：程序中的"<?php"和"?>"分别是 PHP 语言的开始符与结束符，在这两个符号之间的代码为 PHP 代码，其余的是 HTML 代码，这里将 PHP 嵌入了 HTML 代码中。而"<h1>"和"</h1>"是在 PHP 代码中加入的 HTML 标记，这里采用最新的 HTML 5，有关这部分内容的基础知识见第 1 章。

代码编写完成后保存，运行 first.php 文件，显示页面中将会出现第一个 PHP 程序的运行结果，如图 2.33 所示。

## 你好，这是第一个PHP程序！

图 2.33　第一个 PHP 程序的运行结果

### 2.2.3 同一页面上的 PHP 交互

PHP 代码可与 HTML 写在一起，提供同一页面上的交互功能。

这里举一个 PHP 处理 HTML 表单数据的例子，页面的主要功能是接收用户输入的边长值，计算出正方形的面积并显示在当前页上。

新建 second.php 文件，在其中输入以下代码：

```
<!DOCTYPE html>
<html>
<head>
    <title>PHP 交互页面演示</title>
</head>
<body>
    <form method="post">
        请输入边长：<input type="text" name="Rad"/>
        <input type="submit" name="button" value="提交"/>
    </form>
</body>
</html>
<?php
    if (isset($_POST["button"]))
    {
        $Rad = $_POST["Rad"];
        $Area = $Rad * $Rad;
        echo "正方形的面积为".$Area;
    }
?>
```

运行 second.php 文件，在页面的文本框中输入一个数值"12"，单击"提交"按钮，下方显示以此值为边长的正方形的面积，如图 2.34 所示。

图 2.34　在同一页面上显示正方形的面积

说明：在上述代码中，HTML 代码部分是一个表单，它包含一个文本框和一个"提交"按钮。由于表单中没有指定提交页面，单击"提交"按钮后，表单就以 POST 方法提交给本页面。PHP 代码部分使用 isset()函数判断"提交"按钮是否被按下，如果被按下，使用$_POST["Rad"]变量将文本框中的值赋给变量$Rad，之后计算正方形的面积并使用 echo 函数输出到页面上。

PHP 中使用一个美元符 "$" 开头，后面跟一个变量名来表示一个变量，变量赋值前不需要声明数据类型，这将在以后的内容中介绍。

## 2.2.4　不同页面上的 PHP 交互

一个 PHP 程序也可以包含两个或多个源文件，每个源文件都对应有各自的页面，不同页面上的 PHP 代码可以交互，各司其职地实现一个完整的功能。例如，可对上例稍加改动，将表单提交到另一个页面处理并显示结果。

新建一个 third.php 文件，代码如下：

```
<!DOCTYPE html>
<html>
<head>
    <title>PHP 交互页面演示</title>
</head>
<body>
    <form method="post" action="third_result.php">
        请输入边长： <input type="text" name="Rad"/>
        <input type="submit" name="button" value="提交"/>
    </form>
</body>
</html>
```

◉◉注意:

加黑部分指定了表单要提交给的另一个页面名为 third_result.php。

新建 third_result.php 文件，输入代码：

```
<?php
if (isset($_POST["button"]))
{
    $Rad = $_POST["Rad"];
    $Area = $Rad * $Rad;
    echo "正方形的面积为".$Area;
}
?>
```

运行 third.php 文件，在页面的文本框中输入一个数值 "12"，单击 "提交" 按钮，在另一个页面上显示正方形的面积，如图 2.35 所示。

图 2.35　在另一个页面上显示正方形的面积

# ▽ 2.3  基于模板的程序开发

上一节的几个程序都很小，PHP 代码与 HTML 写在一起。但是，在程序规模稍大时，这种简单的开发方式是非常不利于开发者分工合作的，因为程序员对 PHP 代码的修改可能影响页面效果，而网站美工人员在对页面进行重新设计或改动时也会影响程序逻辑，并且将大量的 PHP 代码包含在页面中也不利于维护。因此，实际的开发往往都是基于模板的，通过模板引擎将 PHP 代码从页面 HTML 代码中分离出来。

用于 PHP 开发的模板有很多，Smarty 是其中最优秀（也是最著名）的一个，它发展最早、功能完善，尤其在运行速度上相较于其他模板有绝对的优势，故成为目前 PHP 前端开发的主流。本节就采用 Smarty 模板，通过开发一个学生成绩录入页面来演示基于模板的 PHP 程序开发。

## 2.3.1  安装配置 Smarty

若使用 Smarty 开发程序，则必须在自己的 PHP 项目中安装配置 Smarty 类库，步骤如下。

（1）下载 Smarty。

Smarty 下载地址为 https://github.com/smarty-php/smarty/releases，下载得到压缩包 smarty-2.6.32.zip，将其解压，打开后可看到一个 libs 目录，将该目录复制到 PHP 项目目录（Practice）下并更名为 smarty。

（2）创建子目录。

在 Eclipse 的 "Project Explorer" 区域中右击项目名 "Practice" 后，选择 "Refresh" 选项刷新项目树，可看到新加的 smarty 目录，右击该目录后选择 "New" → "Folder" 选项，在弹出的对话框中输入目录名，在 smarty 目录下创建子目录，一共建 4 个子目录：cache、configs、templates、templates_c。其中，cache 存储项目的缓存文件，configs 存储项目的配置文件，templates 存储开发的页面，templates_c 存储页面编译生成的临时文件。

（3）编写配置文件。

在 configs 子目录下创建一个 config.php 文件，用于配置模板，其中编写内容如下：

```php
<?php
    define('BASE_PATH', $_SERVER['DOCUMENT_ROOT']);
    define('SMARTY_PATH', '\Practice\smarty\\');
    require BASE_PATH.SMARTY_PATH.'Smarty.class.php';
    $smarty = new Smarty();
    $smarty->template_dir = BASE_PATH.SMARTY_PATH.'templates/';
    $smarty->compile_dir = BASE_PATH.SMARTY_PATH.'templates_c/';
    $smarty->config_dir = BASE_PATH.SMARTY_PATH.'configs/';
    $smarty->cache_dir = BASE_PATH.SMARTY_PATH.'cache/';
?>
```

说明：第 1 句 BASE_PATH 指定 Web 服务器的绝对路径（笔者的绝对路径就是 "C:\Program Files\Php\ Apache24\htdocs"），但因考虑到程序运行的服务器环境可能改变，故这里使用全局变量 $_SERVER ['DOCUMENT_ROOT'] 来动态获取路径；第 2 句 SMARTY_PATH 指定 Smarty 库目录的路径，这样 BASE_PATH.SMARTY_PATH 连起来就表示 Smarty 模板引擎所安装的完整绝对路径，运行程序时，系统由第 3 句先通过这个路径找到并加载 Smarty.class.php 文件，就可以启动模板引擎开始工作，然后用 new 实例化一个模板对象，再由最后 4 句分别定位到上面创建的 4 个子目录。

经以上 3 步，Smarty 模板就安装配置好并可以使用了，此时的项目树结构如图 2.36 所示。

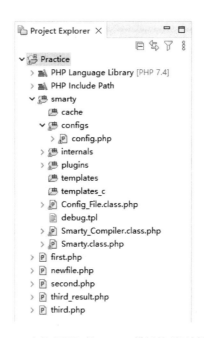

图 2.36　安装配置好的 Smarty 模板的项目树结构

## 2.3.2　实例——显示和录入学生成绩

【例 2.1】　使用 Smarty 模板开发一个页面以表格显示学生成绩，在表单栏中输入姓名和成绩提交后录入成绩。

Smarty 模板开发的程序分前端和后台，可分别由网页开发人员和 PHP 程序员先各自独立完成，再彼此协作一起联合调试。

（1）前端开发。

在项目 smarty 目录的 templates 子目录下创建 inputscore.html 文件，输入以下代码：

```html
<html>
<head>
        <meta http-equiv="Content-Type" content="text/html;charset=utf8"/>
        <title>Smarty 模板演示</title>
</head>
<body>
        <form method="post" action="/Practice/index.php">          <!-- 页面提交给后台 index.php 处理 -->
        <table>
            <tr>
                <td>
                    课程名：{$cname}
                </td>
            </tr>
            <tr>
                <td>
                    姓   名：
                    <input type="text" name="xm" size="8" value={$sname}>
                </td>
            </tr>
            <tr>
                <td>
```

```
                成   绩：
                <input type="text" name="cj" size="8" value={$score}>
                <input name="btn" type="submit" value="录入">
            </td>
        </tr>
        <tr>
            <td align="left" width="400">
                <table border=1 cellpadding="0" cellspacing="0" width="260">
                    <tr bgcolor=#CCCCC0>
                        <td align="center">姓名</td>
                        <td align="center">成绩</td>
                    </tr>
                    {foreach key = xm item = cj from = $xmcj}
                    <tr>
                        <td align=center>{$xm} </td>
                        <td align=center>{$cj}</td>
                    </tr>
                    {/foreach}
                </table>
            </td>
        </tr>
    </table>
    </form>
</body>
</html>
```

说明：Smarty 模板以"{$变量}"标记向页面输出显示后台传回的变量。foreach 语句可以循环输出数组，特别适用于对简单"键-值"形式记录集的处理，其中，key 属性指定当前记录的键，item 属性指定当前记录项的值，from 属性指定待遍历的数组。本例中记录的键就是学生姓名，值为成绩，待遍历的数组为后台返回存有成绩记录的结果集，在页面上直接在 foreach 语句内写{$键}、{$值}即可循环输出结果集的所有记录。

（2）后台开发。

在项目目录（Practice）下新建 PHP 源文件 index.php，编写以下代码：

```php
<?php
    include_once 'smarty/configs/config.php';              //载入配置文件
    $smarty->assign('cname', 'Java');                      //赋值课程名
    $scores = array('周何骏'=>70, '徐鹤'=>80, '林雪'=>50);
    $smarty->assign('xmcj', $scores);                      //赋值成绩记录（数组形式的结果集）
    if (isset($_POST["btn"]))
    {
        $sname = @$_POST['xm'];                            //获取表单提交的姓名
        $score = @$_POST['cj'];                            //获取表单提交的成绩
        $smarty->assign('sname', $sname);                  //赋值姓名（表单栏保留回显）
        $smarty->assign('score', $score);                  //赋值成绩（表单栏保留回显）
        if ($sname != '' && $score != '')
        {
            $input = array($sname=>$score);                //新录入的成绩记录（"键-值"形式）
            $smarty->append('xmcj', $input, TRUE);         //添加进数组
        }
    }
    $smarty->display('inputscore.html');                   //显示指定的前端页面
```

```
?>
```

说明：Smarty 最常用的两个方法是 assign 和 display。assign 方法用于为模板变量赋值，调用格式"$模板实例->assign('变量', 值)"，注意这里的变量名要与前端页面上"{$变量}"标记所写的变量名一致；display 方法用于显示模板，需要通过参数指定使用这个模板的前端页面。

（3）运行测试。

运行 index.php 文件，显示学生成绩页面，在页面的表单中录入一个新的学生姓名和成绩，单击"录入"按钮，新录入的学生成绩马上增加显示在下方的表格中，如图 2.37 所示。

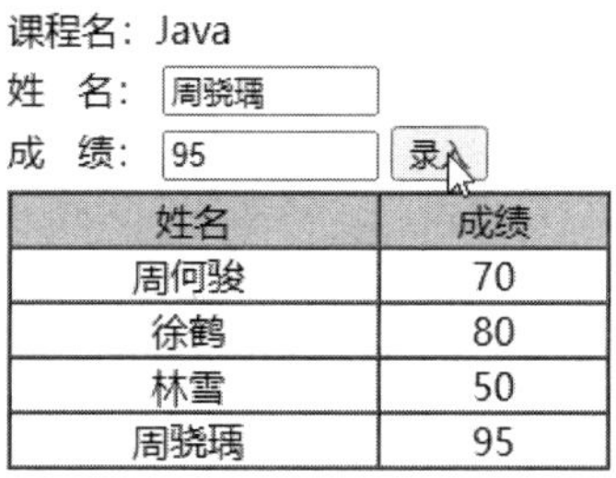

课程名：Java

| 姓　名： | 周骁瑀 | |
| 成　绩： | 95 | 录入 |

| 姓名 | 成绩 |
| --- | --- |
| 周何骏 | 70 |
| 徐鹤 | 80 |
| 林雪 | 50 |
| 周骁瑀 | 95 |

图 2.37　显示新录入的学生成绩

可见，使用 Smarty 模板开发的程序，前端页面上完全没有 PHP 代码，后台程序代码中也不含 HTML 标记，前端页面和后台程序可分别由不同的人员开发，双方只需要事先约定好要在页面上显示的变量名及含义，保持一致即可。因此，基于模板开发的 PHP 程序结构清晰、易于修改甚至重构，维护起来十分方便。

需要说明的是，本书中其他实例由于结构简单且代码量不大，为着重讲解演示 PHP 语言本身的功能特性，并未使用模板开发，但在实际工作和应用中，基于模板的开发方式是主流且必须掌握的，所以本节以此例演示让读者有所了解，对 Smarty 模板的更为详细的技术和高级应用有兴趣的读者可查看官方文档或相关的专业书，本书就不展开了。

# 2.4　PHP 集成环境

为帮助初学者快速建立环境以便将主要精力放在 PHP 语言本身的学习上，有些公司推出了 PHP 集成环境，它们实质上就是将原属于 PHP 环境的各独立组件（Apache、PHP、MySQL）及常用工具等加以包装而成的单一软件产品，直接安装后就可以在其上开发和运行 PHP 程序。目前，在网上可以免费下载很多这类软件，如 phpStudy、WampServer、XAMPP、AppServ 和 PHPnow 等。

## 2.4.1　phpStudy 集成环境

phpStudy 是当前最为流行的一个 PHP 调试环境的程序包，它不仅集成了 PHP 环境所必需的 Apache、PHP 和 MySQL，还包含 phpMyAdmin、ZendOptimizer 等配套的开发工具和手册，且内置 FTP、Nginx、IIS 等服务器组件，以便用户测试 PHP 程序在不同服务器平台上的表现。可一次性安装 phpStudy，无须配置即可使用，学习 PHP 只需一个包，正如它的名字一样，非常适合初学者。

### 1. 安装 phpStudy

phpStudy 的下载地址为 https://www.xp.cn/download.html，下载得到压缩包 phpStudy_64.zip，解压后进入目录，双击 phpStudy_x64_8.1.1.3.exe 启动 phpStudy 安装向导，如图 2.38 所示。

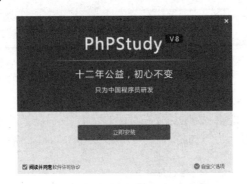

图 2.38    phpStudy 安装向导

勾选"阅读并同意软件许可协议"，单击"立即安装"按钮开始安装，安装向导界面底部显示进度条和状态信息，稍候片刻，待过程结束后单击"安装完成"按钮。

安装后，phpStudy 会在 D 盘生成一个名为 phpstudy_pro 的目录，该目录下面的 WWW 子目录就是 phpStudy 的 Web 网站根目录，其地位作用类同于 Apache 服务器默认的网页路径（笔者计算机上是"C:\Program Files\Php\Apache24\htdocs"）。

**2. 启动 phpStudy 网站**

双击计算机桌面上的 ![P] (phpstudy_pro) 图标打开 phpStudy 的控制面板（XP.小皮 CN），如图 2.39 所示，可以看到其首页列出了 phpStudy 内含的套件及"启动"、"重启"和"配置"等控制按钮，用户可单独启动其中任一组件并进行配置。

不过，最简便的方式还是使用"一键启动"功能。单击"一键启动"下"WNMP"栏右边的"启动"按钮，在弹出的"一键启动选项"对话框中可选择启动的组件，如图 2.40 所示。这里选 MySQL 为"MySQL5.7.26"、Web 为"Apache2.4.39"，其余默认，单击"确认"按钮。

图 2.39    phpStudy 的控制面板                    图 2.40    选择启动的组件

所选组件启动后，切换到控制面板的"网站"页，可看到有一个默认域名为"localhost"的网站，单击其右端的"操作"下的"管理"，在弹出的下拉菜单中选择"打开网站"选项。如果网站启动成功，phpStudy 会自动打开浏览器访问 http://localhost/，显示"站点创建成功"页面，如图 2.41 所示。

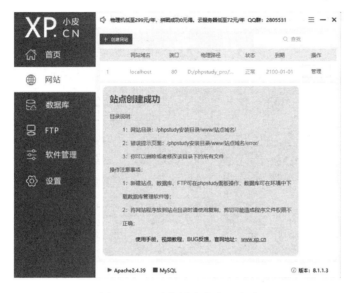

图 2.41　"站点创建成功"页面

> **注意:**
>
> phpStudy 默认 localhost 网站也使用操作系统 80 端口，如果读者的计算机在先前已经按照 2.1 节搭建了 PHP 环境，那么 80 端口就被 Apache 占用了，在使用"一键启动"功能时，phpStudy 会弹出提示框显示"80 端口被占用，是否尝试关闭"，若单击"是"，则系统会自动关闭原 PHP 环境的 80 端口，改用 phpStudy 内置的 Apache 使用这个端口。当然，读者也可以在安装 phpStudy 之前就手动停止原 PHP 环境的 Apache 服务，操作方法是右击桌面的"此电脑"图标后选择"管理"选项，从服务列表中找到名称为 apache 的服务，右击后选择"停止"，这样在启动 phpStudy 组件时就不会再提示端口被占用了。

phpStudy 网站启动后，将所开发的 PHP 程序放到 D:\phpstudy_pro\WWW 就可以正常运行了。

## 2.4.2　WampServer 集成环境

WampServer 是一款由法国人开发的 Apache Web 服务器、PHP 解释器及 MySQL 数据库的整合软件包，在 Windows 下将 Apache+PHP+MySQL 集成为一个统一的开发环境，拥有简单的图形与菜单，用鼠标单击就能开启/关闭 PHP 扩展、Apache 模块，免去了用户直接修改配置文件的麻烦，WampServer 会自动去做。这个软件是完全免费的，下面就来尝试安装和体验它，过程如下。

（1）从网上下载 WampServer 安装包，文件名为 wampserver3.0.6_x64.exe，双击它进入对话框界面，选择向导界面语言为英文"English"，如图 2.42 所示。单击"OK"按钮后在弹出的如图 2.43 所示的对话框中选择"I accept the agreement（我接受协议）"单选按钮，单击"Next"按钮。

（2）在如图 2.44 所示的对话框中选择安装路径，这里取默认 c:\wamp64，单击"Next"按钮，在接下来的步骤中都取默认值，直到在如图 2.45 所示的对话框中单击"Install"按钮开启安装进程。

（3）在安装过程中可能会弹出提示，要求用户选择默认浏览器，如图 2.46 所示，这里选择系统 Windows 目录下的 explorer.exe。接着又出现对话框要求指定 WampServer 所用的文本编辑器，这里保持默认选择，单击"否"按钮，在出现的对话框中单击"Next"按钮，如图 2.47 所示。

（4）安装完成后，出现如图 2.48 所示的窗口，单击"Finish"按钮结束安装。安装后，可在 Windows "开始"菜单的"所有程序"列表中看到一个名为"Wampserver64"的文件夹，如图 2.49 所示，单击其下的"Wampserver64"项即可启动 WampServer。此时，在 Windows 任务栏右下角出现一个 █ 图标，单击该图标弹出 WampServer 菜单。

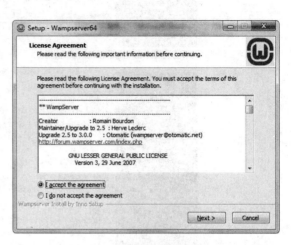

图 2.42 选择向导界面语言　　　　　　　图 2.43 接受软件协议

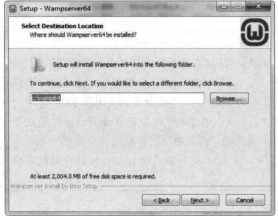

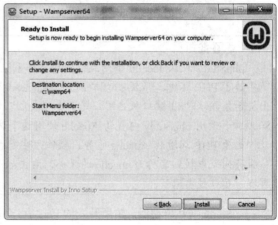

图 2.44 选择安装路径　　　　　　　图 2.45 开启安装进程

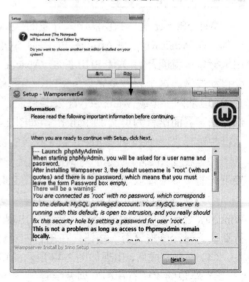

图 2.46 选择默认浏览器　　　　　　　图 2.47 使用默认的文本编辑器

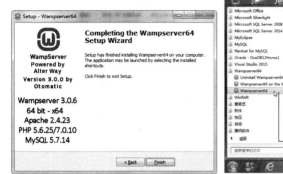

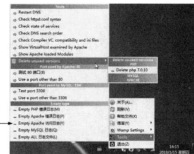

图 2.48 结束安装                图 2.49 启动 WampServer

（5）打开浏览器，在地址栏中输入 http://localhost/index.php 后回车，出现如图 2.50 所示的页面表明安装成功，该页面显示 WampServer 的系统信息，用户可单击链接后查看。

图 2.50 显示 WampServer 的系统信息

WampServer 的 Web 网站根目录是其安装路径的 www 目录（同样，也类同于 Apache 服务器默认的网页路径），在这里就是 C:\wamp64\www，将开发的 PHP 程序放到其中就能正常运行。

# 2.5 PHP 项目迁移

在实际开发中出于某些考量，常常需要将 PHP 项目从一个服务器换到另一个服务器的环境下继续开发，这称为"项目迁移"。在 Eclipse 中，这种操作实际上就是工作区的变更，Eclipse 本身在这方面的功能就比较完善。下面将前面开发的"Practice"项目由本地计算机 Apache 服务器迁移进 phpStudy 集成环境，演示基本的操作。

### 1. 变更工作区

打开 Eclipse，选择菜单"File"→"Switch Workspace"→"Other..."选项，在弹出的对话框中更改 Workspace（工作区）路径为 phpStudy 的 Web 网站根目录（D:\phpstudy_pro\WWW），如图 2.51 所示，单击"Launch"按钮，重启 Eclipse。

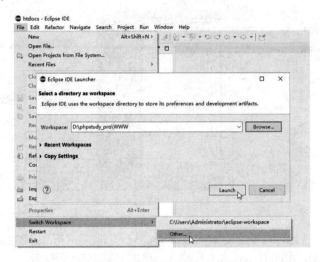

图 2.51　变更 Eclipse 工作区

**2．导入项目**

（1）在 Eclipse 下选择菜单"File"→"Import"选项，弹出如图 2.52 所示的对话框，展开"General"项目树后选择"Existing Projects into Workspace"节点，单击"Next"按钮。

（2）进入"Import Projects"向导界面，如图 2.53 所示，单击"Browse..."按钮，到本机 Apache 服务器默认网页路径下找到并选中原项目的文件夹（C:\Program Files\Php\Apache24\htdocs\Practice）。

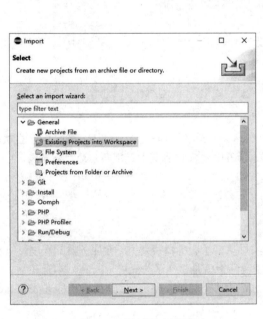

图 2.52　导入 PHP 项目

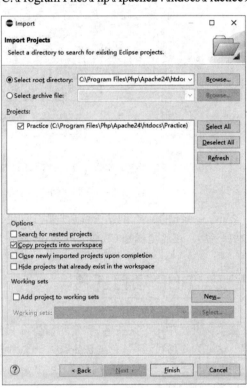

图 2.53　"Import Projects"向导界面

（3）在"Import Projects"向导界面中勾选"Options"下的"Copy projects into workspace"（复制项目到工作区）复选框以将该项目复制到 phpStudy 的 Web 网站根目录中。

（4）最后单击"Finish"按钮，系统可能会弹出"Question"对话框提示"Overwrite '.settings' in folder

'Practice'?"（需要重写覆盖原项目的设置和缓存文件），单击"Yes To All"按钮同意将项目导入 Eclipse 新的工作区，之后就变成在 phpStudy 集成环境下开发程序了，即改换了项目的 PHP 环境。

# 习题 2

**一、选择题**

1. 以下不属于 WAMP 组合的组件是（　　　）。

A．Apache    B．PHP    C．WampServer    D．Windows

2. 以下关于 PHP 环境的说法中不正确的是（　　　）。

A．需要访问的 PHP 页面文件直接存放在 Apache 服务器根目录下就能运行

B．PHP 环境所安装的 Eclipse IDE 类型为"Eclipse IDE for PHP Developers"

C．MySQL 5.7 要求操作系统必须预装.NET 4.0

D．在安装 Eclipse 前先要安装 JDK

3. 访问本地服务器上 PHP 程序的正确地址形式是（　　　）。

A．http://localhost:8080/项目名/源文件名.php

B．http://localhost/项目名/源文件名.php

C．http://localhost/源文件名.php

D．http://localhost/htdocs/项目名/源文件名.php

4. 基于 Smarty 模板开发的 PHP 代码通常存放在（　　　）目录下。

A．smarty    B．templates    C．templates_c    D．以上都不对

**二、简答题**

1. PHP 环境由哪些组件构成？为什么选用这些组件？

2. 在搭建 PHP 环境之前要对操作系统进行怎样的设置？为什么？

3. 如何查看 PHP 的配置文件？要想使 PHP 能支持 ODBC，需要对配置文件进行怎样的修改？

4. 在 Eclipse 下运行 PHP 程序有哪几种方式？分别简述其操作。

5. PHP 的版本信息页有什么作用？如何编程将它显示出来？

6. 简单 PHP 程序有哪几种不同的类型？它们分别适用于什么地方？

7. 开发 PHP 程序使用与不使用模板有什么不一样？实际开发中必须使用模板吗？试在网上找两个实现完全相同功能的程序实例，通过分析对比它们的代码加以说明。

8. 将 phpStudy 集成环境下开发的 PHP 项目迁移到本地 Apache 服务器上，分几步操作？需要注意什么细节？

# 第3章 PHP 基础语法

语法是学习一门语言的基础，PHP 语法与 C 语言的语法相似。如果读者有 C 语言的编程经验，则学习 PHP 就很容易了。本章学习的重点是 PHP 基础语法。

## 3.1 PHP 语法入门

### 3.1.1 PHP 标记风格

在 PHP 程序中出现的"<?php"和"?>"标志符就是 PHP 标记。PHP 标记告诉 Web 服务器 PHP 代码何时开始、结束。这两个标记之间的代码都将被解释成 PHP 代码，PHP 标记用来隔离 PHP 和 HTML 代码。

PHP 的标记风格如下。

（1）以"<?php"开始，以"?>"结束。

```
<?php
    //PHP 代码
?>
```

这是本书使用的标记风格，也是最常见的一种风格。它在所有的服务器环境中都能使用，而在 XML（Extensible Markup Language，可扩展标记语言）中嵌入 PHP 代码时就必须使用这种标记以适应 XML 的标准，所以推荐用户都使用这种标记风格。

（2）以"<?"开始，以"?>"结束。

```
<?
    //PHP 代码
?>
```

这种风格是最简单的标记风格，默认是禁用的，配置 php.ini 文件通过修改 short_open_tag 选项来允许使用这种风格。由于它可能会干扰 XML 文档的声明，所以不推荐使用这种风格的标记。

（3）script 标记风格。

```
<script language="php"
    //PHP 代码
</script>
```

长风格标记，这是类似 JavaScript 的编写方式。

（4）以"<%"开始，以"%>"结束。

```
<%
    //PHP 代码
%>
```

这与 ASP 的标记风格相同。与第（2）种风格一样，这种风格默认是禁止的。通过修改 php.ini 文件的 asp_tags 选项可以支持使用这种风格，当 PHP 代码与 ASP 源代码混在一起时建议不要使用这种风格。

将 PHP 语句放置在开始和结束标记之间，可以告诉 PHP 解释器进行何种操作。每条 PHP 语句都是以分号结尾的。在 PHP 中，分号用于分隔 PHP 语句，丢失分号是最容易出现的语法错误，读者在编写时一定要注意。

## 3.1.2　PHP 程序注释

在 PHP 程序中，间隔字符，如换行（回车）、空格和 tab（制表符），都被认为是空格。在 HTML 中，空格字符将被忽略，在 PHP 中同样如此。多个空格显示时只显示一个空格，例如：

```php
<?php
    echo "Hello            ";
    echo "World";
?>
```

上面代码输出的结果为"Hello World"。

注释是对 PHP 代码的解释和说明，PHP 解释器将忽略注释中的所有文本。事实上，PHP 分析器将跳过等同于空格的注释。

PHP 注释一般分为多行注释和单行注释。

● 多行注释。一般是 C 语言风格的注释，以"/*"开始，以"*/"结束。如下注释是一个多行注释：

```php
<?php
/* 作者：周何骏
   完成时间：2024.04
   内容：PHP 程序
*/
?>
```

说明：和 C 语言风格的注释一样，PHP 的多行注释是不能嵌套的。

● 单行注释。可以使用 C++风格或 shell 脚本风格的注释，C++风格是以"//"开始的，所在行结束时结束；shell 脚本风格与 C++类似，使用的符号是"#"。例如：

```php
<?php
    echo "Hello";              //这是 C++风格的注释
    echo "World!";             #这是 shell 脚本风格的注释
?>
```

## 3.1.3　PHP 页面输出

PHP 代码作为服务器脚本在后台运行，运行得出的数据通过 PHP 自带的显示函数输出到浏览器页面中，一般使用 echo()和 print()函数。

echo()函数在前面的内容中已经使用过，print()函数的用法与 echo()函数类似。下面是一个使用 echo()函数和 print()函数的例子：

```php
<?php
    echo("hello");             //使用带括号的 echo()函数
    echo "world";              //使用不带括号的 echo()函数
    print("hello");            //使用带括号的 print()函数
    print "world";             //使用不带括号的 print()函数
?>
```

说明：显示函数在输出字符串时一般使用双引号将字符串引起来，也可以使用单引号。echo()和 print()函数其实都不是真正的函数，而是一种语言结构，所以调用时不必加括号，在实际编程中也推荐使用这种方法。

## 3.1.4　HTML 嵌入 PHP

在 HTML 中嵌入 PHP 代码相对来说比较简单，下面是一个在 HTML 中嵌入 PHP 代码的例子：

```
<!DOCTYPE html>
<html>
<head>
    <title>在 HTML 中嵌入 PHP</title>
</head>
<body>
    HTML 文本框
    <input type="text" value="<?php echo '这是 PHP 的输出内容'?>">
</body>
</html>
```

说明：服务器在解析 PHP 文件时，如果遇到"<?php"和"?>"符号，就把这两个符号内的代码作为 PHP 代码进行解析。在 HTML 中插入 PHP 代码正是使用这种方法来完成的。上面代码的运行效果：

HTML文本框 [这是PHP的输出内容]

网络服务器解析 HTML 代码的速度要比解析 PHP 代码快很多，所以在实际应用中为了节省服务器资源，构建 PHP 程序时如果有大量的 HTML，则应该在 HTML 中嵌入 PHP 程序来显示内容。

## 3.1.5 PHP 使用 JavaScript

在 PHP 代码中嵌入 JavaScript 能够与客户端建立起良好的用户交互界面，强化 PHP 的功能，其应用十分广泛。在 PHP 中生成 JavaScript 脚本的方法与普通页面输出的方法一样，可以使用显示函数。例如：

```
<?php
    echo "<script>";
    echo "alert('我是 JavaScript! ');";
    echo "</script>";
?>
```

说明：alert()函数生成一个弹出的 JavaScript 对话框（如图 3.1 所示），其内容就是函数的参数。有关 JavaScript 的内容在后面还会介绍。

图 3.1　JavaScript 对话框

【例 3.1】　综合之前学习的内容，制作一个 PHP 和 HTML、JavaScript 结合的网页。

新建 phpjs.php 文件，输入以下代码：

```
<!DOCTYPE html>
<html>
<head>
    <title>标记应用</title>
    <style type="text/css">
    p{
        text-align:center;
        font-family:"黑体";
        font-size:24px;
    }
    </style>
</head>
<body>
    <p>HTML5 页面</p>
    <?php
        $str1="PHP 变量 1";                //在弹出框中显示
        $str2="PHP 变量 2";                //在文本框中显示
        echo "<script>";
        echo "alert('".$str1."');";        //在 JavaScript 中使用$str1 变量
        echo "</script>";
```

```
    ?>
    <input type="text" name="tx" size=20><br/>
    <input type="button" name="bt" value="单击" onclick="tx.value='<?php echo $str2;?>'">
</body>
</html>
```

保存后运行该文件，弹出如图 3.2 所示的对话框。单击"确定"按钮后，页面中出现一个文本框和一个"单击"按钮，单击"单击"按钮，文本框中会显示"PHP 变量 2"，如图 3.3 所示。

说明：语句"echo "alert('".$str1."');";"在输出 JavaScript 脚本时使用了连接符"."将 JavaScript 代码和 PHP 代码串联起来，从而使 JavaScript 能够输出 PHP 变量。

图 3.2　JavaScript 显示 $str1 变量值　　　　图 3.3　文本框中显示"PHP 变量 2"

# 3.2　数据类型

PHP 的数据类型是指变量的数据类型，其变量不需要声明就可以直接赋值，所以值的类型即变量的类型。

PHP 支持 8 种基本的数据类型：整型（integer）、浮点型（float）、字符串（string）、布尔型（boolean）、数组（array）、对象（object）、空类型（NULL）和资源型（resource）。除此之外，为了提高代码的可读性，PHP 还支持一些伪类型变量。

## 3.2.1　整型

整型 integer 的值是整数，表示范围是 –2 147 483 648～2 147 483 647。整型值可以用十进制数、八进制数、十六进制数或二进制数（PHP 5.4.0）的标志符号指定，前面再加上可选符号（-或+）。八进制数符号指定时，数字前必须加 0；十六进制数符号指定时，数字前必须加 0x；二进制数符号指定时，数字前必须加 0b。例如：

```
$n1=656;                          //十进制数
$n2=0;                            //零
$n3=-42;                          //负数
$n4=0123;                         //八进制数（等于十进制数的 83）
$n5=0x1B;                         //十六进制数（等于十进制数的 27）
$n6=0b100101                      //二进制数（等于十进制数的 37）
```

## 3.2.2　浮点型

浮点型 float 也称浮点数、双精度数或实数，浮点型的字长与平台相关，最大值是 1.8e308，并具有 14 位十进制数的精度。例如：

```
$pi=3.1415926;
$length=1.3e4;
$volume=7e-10;
```

### 3.2.3 字符串

字符串 string 的值是一系列字符。在 PHP 中，一共有 256 种不同字符的组合。因为在 PHP 中没有限制字符串的范围，所以不必担心长度过长的问题。其实在前面的章节中，本书已经使用过字符串。一般来说，字符串可以用 4 种方法，即单引号、双引号、heredoc 结构和 nowdoc 结构来定义。

#### 1. 单引号

定义字符串最简单的方法是用单引号 "'" 引起来。如果要在字符串中表示单引号，则需要用转义符 "\" 将单引号转义之后才能输出。和其他语言一样，如果在单引号之前或字符串结尾处出现一个反斜线 "\"，就要使用两个反斜线来表示。例如：

```php
<?php
    echo '输出\'单引号';          //输出：输出'单引号
    echo '反斜线\\';              //输出：反斜线\
?>
```

#### 2. 双引号

使用双引号 """ 将字符串引起来同样可以定义字符串。如果要在定义的字符串中表示双引号，则同样需要用转义符转义。另外，还有一些特殊字符的转义序列，如表 3.1 所示。

表 3.1　特殊字符的转义序列

| 序　　列 | 含　　义 |
| --- | --- |
| \n | 换行（LF 或 ASCII 字符 0x0A(10)） |
| \r | 回车（CR 或 ASCII 字符 0x0D(13)） |
| \t | 水平制表符（HT 或 ASCII 字符 0x09(9)） |
| \v | 垂直制表符（VT 或 ASCII 字符 0x0B (11)） |
| \e | Escape（Esc 或 ASCII 字符 0x1B (27)） |
| \f | 换页（FF 或 ASCII 字符 0x0C (12)） |
| \\ | 反斜线 |
| \$ | 美元符号 |
| \" | 双引号 |
| \[0-7]{1,3} | 此正则表达式序列匹配一个用八进制符号表示的字符 |
| \x[0-9A-Fa-f]{1,2} | 此正则表达式序列匹配一个用十六进制符号表示的字符 |

👀注意：

如果使用 "\" 试图转义其他字符，则反斜线本身也会被显示出来。

使用双引号和单引号的主要区别是，单引号定义的字符串中出现的变量和转义序列不会被变量的值替代，而双引号中使用的变量名在显示时会显示变量的值。例如：

```php
<?php
    $str="加油";
    echo '中国$str!';           //输出：中国$str!
    echo "中国$str!";           //输出：中国加油!
?>
```

字符串的连接：使用字符串连接符 "." 可以将几个文本连接成一个字符串，在前面已经用过。通常，使用 echo 命令向浏览器输出内容时使用这个连接符可以避免编写多个 echo 命令。例如：

```php
<?php
    $str= "PHP 变量";
    echo "连接成"."字符串";                    //字符串与字符串连接
```

```
        echo $str. "连接字符串";                          //变量和字符串连接
    ?>
```

### 3. heredoc 结构

第三种定义字符串的方法是使用 heredoc 结构"<<<"。使用时，应该在"<<<"之后提供一个标志符，然后是字符串，最后用同样的标志符结束字符串。结束标志符必须从行的第一列开始，标志符必须遵循 PHP 中标记的命名规则：只能包含字母、数字、下画线，而且必须以下画线或非数字字符开始。例如：

```
<!DOCTYPE html>
<html>
<head>
    <title>定界符</title>
    <style type="text/css">
    p{font-size:24px;}
    </style>
</head>
<body>
<?php
    $name="周何骏";
    echo <<<EOT
        My name is $name
    EOT;
?>
<p>
<?php
    echo <<<EOD
        <br/>My name is Tom.<br/>
        <br/>How are you.<br/>
    EOD;
?>
</p>
</body>
</html>
```

运行效果如图 3.4 所示。

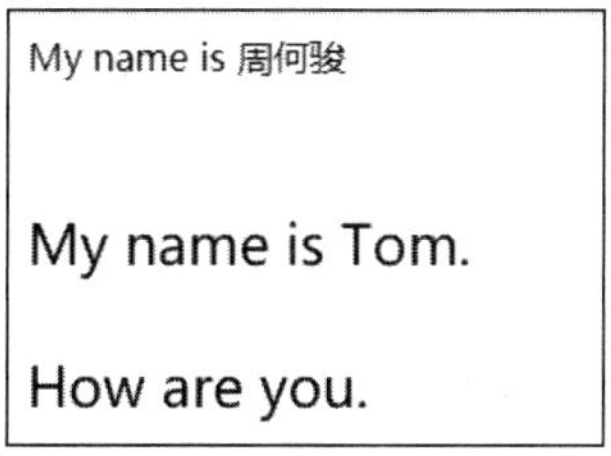

My name is 周何骏

My name is Tom.

How are you.

图 3.4　使用 heredoc 结构输出字符串

说明：代码中的"EOT"和"EOD"都是标志符，可以使用其他符号代替，但开始标志符和结束标志符必须一致。定界符在需要输出大量 HTML 文本时比较适用。

> **注意：**
> 开始标志符所在行，在开始标志符之后不能包含任何字符，包括空格、制表符等。同样，结束标志符所在行，也不能包含任何其他字符，除了一个分号";"。如果破坏了这条规则，结束标志符就不会被视为结束标志符，PHP 将继续向下寻找结束标志符，这会导致在脚本最后一行出现一个语法错误。

**4．nowdoc 结构**

就像 heredoc 结构类似于双引号字符串一样，nowdoc 结构是类似于单引号字符串的。nowdoc 结构很像 heredoc 结构，但在 nowdoc 中不进行解析操作。这种结构很适用于嵌入 PHP 代码或其他大段文本而无须对其中的特殊字符进行转义。

一个 nowdoc 结构也用和 heredoc 结构一样的标记"<<<"，但是跟在后面的标志符要用单引号引起来，即<<<'EOT'。heredoc 结构的所有规则也同样适用于 nowdoc 结构，尤其是结束标志符的规则。例如：

```php
<?php
    $name="周何骏";
    echo <<<'EOT'
        My name is $name
    EOT;
?>
```

输出为：My name is $name（此处不解析）。

## 3.2.4　布尔型

布尔型 boolean 是最简单的一种数据类型，其值可以是 TRUE（真）或 FALSE（假），这两个关键字不区分大小写。要想定义布尔变量，只需要将其值指定为 TRUE 或 FALSE。布尔型变量通常用于流程控制，例如：

```php
<?php
    $a=TRUE;                        //设置变量值为 TRUE
    $b=FALSE;                       //设置变量值为 FALSE
    $username="周何骏";
    //使用字符串进行逻辑控制
    if($username=="周何骏")
    {
        echo "Hello,周何骏!";
    }
    //使用布尔值进行逻辑控制
    if($a==TRUE)
    {
        echo "a 为真";
    }
    //单独使用布尔值进行逻辑控制
    if($b)
    {
        echo "b 为真";
    }
?>
```

说明：定义布尔变量后，使用echo 命令输出 TRUE 值的结果为1，输出 FALSE 值的结果为空。

## 3.2.5　数组和对象

数组 array 是一组由相同数据类型元素组成的一个有序映射。在 PHP 中，映射是一种把 values（值）映射到 keys（键名）的类型。数组通过 array()函数定义（自 PHP 5.4 起可以使用短数组定义语法，用[ ]替代 array()），其值使用"key=>value"的方式设置，多个值通过逗号分隔。当然也可以不使用键名，默认为1，2，3，…。例如：

```php
<?php
    $ar1=array(1,2,3,4,5,6,7,8,9);                              //直接给数组赋值
```

```php
    $ar2=array("animal "=>"tiger", "color"=>"red","numer"=>"12");        //为数组指定键名和值
    //自 PHP 5.4 起支持
    $ar2=["animal "=>"tiger", "color"=>"red","numer"=>"12"];
?>
```

在 PHP 中，是通过关键字"new"把对象实例化到一个变量中的，例如：

```php
<?php
    //定义一个类
    class test
    {
        var $items=0;
        function users()
        {
            $this->items=100;
        }
    }
    $newtest=new test();                       //初始化对象
    echo $newtest->items;                      //访问对象的属性
    $newtest->users();                         //访问对象的方法
    echo $newtest->items;
?>
```

说明：这里只简单介绍了数组和对象，具体内容将在后面的章节中介绍。

## 3.2.6 空类型

特殊的空类型 NULL 的值表示一个变量没有值。空类型唯一可能的值就是 NULL（不区分大小写）。在下列情况下，一个变量被认为是 NULL。

- 被直接赋值为 NULL。
- 尚未被赋值。
- 被 unset()函数销毁。

例如：

```php
<?php
    $var1=NULL;                                //直接赋值为 NULL
    $var2;                                     //未赋值
    $var3="value";
    unset($var3);                              //被销毁
    var_dump($var1);                           //输出 NULL
    var_dump($var2);                           //输出 NULL
    var_dump($var3);                           //输出 NULL
?>
```

## 3.2.7 资源型

资源型 resource 是一种特殊变量，它保存了到外部资源的一个引用。资源是通过专门的函数来建立和使用的。特定的内置函数（如数据库函数）将返回 resource 类型的变量，它们都代表外部资源，如文件、数据库链接等。在操作资源时，可以使用 get_resource_type()函数获得资源的类型信息。

有关资源型的具体应用实例将在后面章节中介绍，此处不赘述。

## 3.2.8 伪类型

伪类型并不是 PHP 语言中的基本数据类型。因为 PHP 是弱类型语言，在一些函数中，一个参数可以接收多种类型的数据，还可以接收其他函数作为回调函数使用，故引入伪类型来确保程序代码的

可读性。常用的伪类型有如下几种。

- mixed：说明一个参数可以接收多种不同的（但不一定是所有的）类型。例如，gettype()可以接收所有的 PHP 类型，str_replace()可以接收字符串和数组。
- number：说明一个参数可以是 integer 或者 float。
- void：作为返回类型意味着函数的返回值是无用的，作为参数列表意味着函数不接收任何参数。
- callback：自 PHP 5.4 起可用 callable 类型指定回调类型。一些函数如 call_user_func() 或 usort()可以接收用户自定义的回调函数作为参数。回调函数不仅可以是简单函数，还可以是对象的方法，包括静态类方法。一个 PHP 的函数以 string 类型传递其名称。可以使用任何内置或用户自定义函数，但语言结构除外。例如，array()、echo、empty()、eval()、exit()、isset()、list()、print 或 unset()。

在函数原型中，"$..."表示"等等"的意思。当一个函数可以接收任意个参数时使用此变量名。

## 3.2.9 类型转换

PHP 在定义变量时不需要明确的类型定义，变量类型是根据赋给变量的值来决定的。也就是说，若把一个字符串赋给变量$var，则$var 的类型就是 string 型；如果又把一个整型赋给$var，则$var 的类型变为整型，这也是 PHP 的特色之一。

PHP 自动类型转换的另一个例子是加号"+"。如果一个数是浮点数，则使用加号后其他的所有数都被作为浮点数，结果也是浮点数。否则，参与"+"运算的运算数都将被解释成整数，结果也是一个整数。例如：

```php
<?php
    echo $str1="1";              //$str1 为字符串
    echo $str2="ab";             //$str2 为字符串
    echo $num1=$str1+$str2;      //$num1 的结果是整型（1）
    echo $num2=$str1+5;          //$num2 的结果是整型（6）
    echo $num3=$str1+2.56;       //$num3 的结果是浮点型（3.56）
    echo $num4=5+"6kb";          //$num4 的结果是整型（11）
?>
```

读者可以运行比照 echo 输出的结果加以理解。

PHP 还可以使用强制类型转换，它将一个变量或值转换为另一种类型，这种转换与 C 语言类型的转换是相同的：在要转换的变量前面加上用括号括起来的目标类型。PHP 允许的强制转换如下。

(int)，(integer)：转换成整型。

(string)：转换成字符串。

(float)，(double)，(real)：转换成浮点型。

(bool)，(boolean)：转换成布尔型。

(array)：转换成数组。

(object)：转换成对象。

(unset)：转换为 NULL。

(binary)，b 前缀：转换为二进制字符串。例如：

```php
<?php
    echo $var=(int)"hello";      //变量为整型（值为 0）
    echo $var=(int)TRUE;         //变量为整型（值为 1）
    echo $var=(int)12.56;        //变量为整型（值为 12）
    echo $var=(string)10.5;      //变量为字符串（值为"10.5"）
    echo $var=(bool)1;           //变量为布尔型（值为 TRUE）
    echo $var=(boolean)0;        //变量为布尔型（值为 FALSE）
```

```
        echo $var=(boolean)"0";                //变量为布尔型（值为 FALSE）
        $string="binary string";
        echo $var=(binary)$string;             //变量为二进制字符串（值为"binary string"）
        echo $var=b"binary string";            //变量为二进制字符串（值为"binary string"）
    ?>
```

说明：

- 强制转换成整型还可以使用 intval()函数，转换成字符串还可以使用 strval()函数。例如：

```
$var=intval("12ab3c");                    //变量为整型（值为 12）
$var=strval(2.3e5);                       //变量为字符串（值为 230 000）
```

- 在将变量强制转换为布尔型时，当被强制转换的值为整型值 0、浮点型 0.0、空白字符或字符串 "0"、没有特殊成员变量的数组、特殊类型 NULL 时都被认为是 FALSE，其他的值都被认为是 TRUE。
- 如果要获得变量或表达式的信息，如类型、值等，可以使用 var_dump()函数。例如：

```
<?php
    $var1=var_dump(123);
    $var2=var_dump((int)FALSE);
    $var3=var_dump((bool)NULL);
    echo $var1;                            //输出结果：int 123
    echo $var2;                            //输出结果：int 0
    echo $var3;                            //输出结果：boolean false
?>
```

结果中，前面是变量的数据类型，后面是变量的值。

- 另外一种强制转换类型的方法是使用 settype()函数，语法格式如下：

```
bool settype(mixed $var, string $type)
```

bool 表示返回值为布尔型。settype()函数将变量$var 的类型设置为$type 类型。若成功则返回 TRUE，若失败则返回 FALSE。例如：

```
<?php
    echo $var="123hello";                 //$var 为字符串
    echo settype($var, "int");            //$var 现在为整型（值为 1）
?>
```

# 3.3 变量与常量

程序运行时，存储在内存中的数据有两种形态：在程序运行中不改变的值称为常量；根据条件发生变化的值称为变量。

## 3.3.1 自定义变量

由前面的内容可知，PHP 变量是由"$"标志的变量名来表示的。自定义变量可以根据用户的需求自己定义，且变量名是区分大小写的。

### 1. 变量名的定义

在定义变量时，变量名与 PHP 中其他标记一样遵循相同的规则：一个有效的变量名由字母或下画线"_"开头，后面跟任意数量的字母、数字或下画线。例如：

```
<?php
    //合法变量名
    $a=1;
    $a12_3=1;
```

```
        $_abc=1;
        //非法变量名
        $123=1;
        $12Ab=1;
        $a.r=1;
        $好=1;
        $*a=1;
    ?>
```

**2. 变量的初始化**

PHP 变量的类型有整型、浮点型、字符串、布尔型、数组、对象、资源型和空类型。对数据类型在前面已经做过介绍。在初始化变量时，使用 "=" 给变量赋值，变量的类型会根据其赋值自动改变。例如：

```
$var="abc";                         //$var 为字符串
$var=TRUE;                          //$var 为布尔型
$var=123;                           //$var 为整型
```

PHP 也可以将一个变量的值赋给另一个变量。例如：

```
<?php
    $height=100;
    $width=$height;                 //$width 的值为 100
?>
```

**3. 变量的引用**

PHP 提供了另一种给变量赋值的方式——引用赋值，即新变量引用原始变量，改动新变量的值将影响原始变量，反之亦然。使用引用赋值的方法是，在待赋值的原始变量前加一个 "&" 符号。例如：

```
<?php
    $var="hello";                   //$var 赋值为 hello
    $bar=&$var;                     //变量$bar 引用$var 的地址
    echo $bar;                      //输出结果：hello
    $bar="world";                   //给变量$bar 赋新值
    echo $var;                      //输出结果：world
?>
```

> ◉◉ **注意：**
> 只有已经命名过的变量才可以引用赋值，下面的用法是错误的：
> ```
> $bar=&(25*5);
> ```

**4. 变量的作用域**

变量的作用域是指变量的作用范围。一个变量被初始化之后，其作用范围就确定了。大多数的 PHP 变量只有一个作用域。按作用域的大小，变量一般分为局部变量和全局变量。

（1）局部变量。

局部变量只是局部有效，它的作用域分为以下两种。

● 在当前文件主程序中定义的变量，其作用域仅限于当前文件的主程序，不能在其他文件或当前文件的局部函数中起作用。

● 在局部函数或方法中定义的变量仅限于局部函数或方法，不能被当前文件中主程序、其他函数、其他文件引用。例如：

```
<?php
    $my_var="test";                     //$my_var 的作用域仅限于当前主程序
    function my_func()
    {
        $local_var=123;                 //$local_var 的作用域仅限于当前函数
```

```php
        echo ' $local_var=' . $local_var ."<br/>";      //调用该函数时，输出结果值为 123
        echo ' $my_var=' . $my_var . "<br/>";            //调用该函数时，输出结果值为空
    }
    my_func();                                            //调用 my_func()函数
    echo '$my_var=' . $my_var . "<br/>";                  //输出结果值为"test"
    echo '$local_var=' . $local_var . "<br/>";            //输出结果值为空
?>
```

说明：自定义函数的内容将在本章后面具体介绍，这里引用函数的例子只是为了解释变量的作用域。

在函数的局部变量里还有一个特殊的例子——静态变量。它也属于函数中的局部变量，只不过一般变量在程序执行时，离开作用域后，其值就会消失或改变；而静态变量在程序执行时，离开作用域后，其值不会消失。静态变量使用"static"关键字来声明。例如：

```php
<?php
    //创建函数 vars()
    function vars()
    {
        $var=0;                              //局部变量$var 初始化为0
        echo $var. "<br/>";
        $var++;                              //加1 操作
    }
    vars();                                  //第一次调用 vars()函数，输出结果为0
    vars();                                  //第二次调用 vars()函数，输出结果仍为0
    //创建函数 static_var()
    function static_var()
    {
        static $var=0;                       //声明静态变量$var
        echo $var. "<br/>";
        $var++;
    }
    static_var();                            //第一次调用 static_var()函数，输出结果为0
    static_var();                            //第二次调用 static_var()函数，输出结果为1
?>
```

说明：程序中的函数 vars()的$var 变量在第一次调用函数时，值为0，将变量加1后，值为1，但在第一次调用后，$var 的值就消失了，所以在第二次调用 vars()函数时输出的$var 的值仍为0。而函数 static_var()中的$var 变量声明为静态变量，调用函数后，$var 的值仍存在，以后每次调用 static_var()函数，都会输出$var 的值并加1。

（2）全局变量。

PHP 的全局变量和 C 语言稍有不同。在 C 语言中，全局变量在函数中自动生效，除非被局部变量覆盖。而在 PHP 中，在函数中使用全局变量时必须使用"global"关键字先声明为全局变量，否则视为局部变量，且对全局变量的个数没有限制。例如：

```php
<?php
    $my_global=1;                            //定义变量$my_global
    function my_func1()                      //函数 my_func1()
    {
        global $my_global;                   //声明$my_global 为全局变量
        global $two_global;                  //声明$two_global 为全局变量
        echo '$my_global=' .$my_global . "<br/>";   //调用该函数时，输出结果值为1
        $two_global=2;                       //将全局变量$two_global 赋值为2
    }
    function my_func2()                      //函数 my_func2()
```

```
        {
            global $two_global;                       //声明$two_global 为全局变量
            echo '$two_global = ' . $two_global . "<br/>";    //调用该函数时，输出结果值为 2
            $two_global=3;
        }
        my_func1();                                   //调用 my_func1()函数，输出 1
        my_func2();                                   //调用 my_func2()函数，输出 2
        echo $two_global;                             //输出结果值为 3
    ?>
```

说明：在函数 my_func1 中声明$my_global 为全局变量后，$my_global 被初始化为 1，若在函数中将其值改为其他值，则外部程序中的$my_global 的值也变为其他值。

> 👀注意：
> 在函数中定义的全局变量只有在函数被调用后才会有效。

### 5. 检查变量是否存在

前面使用过 isset()函数，它的作用是检查变量是否存在，语法格式如下：

```
bool isset ( mixed $var [, mixed $var [, $... ]] )
```

当变量$var 已经存在时，该函数将返回 TRUE，否则返回 FALSE。例如：

```php
<?php
    $var1="";
    $var2=123;
    var_dump(isset($var1));                           //返回 boolean true
    var_dump(isset($var2));                           //返回 boolean true
?>
```

另外，unset()函数释放一个变量。empty()函数检查一个变量是否为空或零值，如果变量值是非空或非零值，则 empty()函数返回 FALSE，否则返回 TRUE。换句话说，""、0、"0"、NULL、FALSE、array()、var $var，以及没有任何属性的对象都将被认为是空的。例如：

```php
<?php
    $var=0;
    if(empty($var))
        echo "变量为空";                              //输出"变量为空"
?>
```

## 3.3.2 可变变量

在不确定一个变量的名称时，可以使用可变变量。可变变量是指一个变量的变量名可被动态地设置和使用。一个普通变量通过声明来设置，而一个可变变量通过获取一个普通变量的值作为它的变量名。可变变量通过两个"$"来设置。例如：

```php
<?php
    $name="Tom";
    $$name=20;
    echo $$name;                                      //输出 20
    echo "${$name}";                                  //输出 20
    echo $Tom;                                        //输出 20
    echo ${"Tom"};                                    //输出 20
    $name=123;                                        //改变$name 的值
?>
```

说明：在程序中使用$$name 定义可变变量后，它的变量名就是它所引用的普通变量$name 的值 "Tom"。在使用该可变变量时，$$name、${$name}、$Tom 和${"Tom"}都可以表示该可变变量。其中，在$$name 用双引号包含时，需要用 "{}" 表示成${$name}后再使用。但是，当$name 变量的值改变时，$$name 变量名就不再适用，变量名为$Tom 和${"Tom"}的变量值仍为 20。

### 3.3.3　预定义变量

预定义变量是指由 PHP 预设的一组数组，其数据包括运行环境、用户输入数据等；因其作用范围全局有效，所以又称为超全局变量或自动全局变量。超全局变量不可作为可变变量。

预定义变量主要有以下几种。

#### 1. 服务器变量$_SERVER

服务器变量是由 Web 服务器创建的数组，其内容包括头信息，路径、脚本位置等信息。不同的 Web 服务器提供的信息不同，本书以 Apache 服务器提供的信息为例。表 3.2 列出了常用的服务器变量及其作用，使用 phpinfo()函数可以查看到这些变量信息。

表 3.2　常用的服务器变量及其作用

| 服务器变量名 | 变量的存储内容 |
| --- | --- |
| $_SERVER["HTTP_ACCEPT"] | 当前 Accept 请求的头信息 |
| $_SERVER["HTTP_ACCEPT_LANGUAGE"] | 当前请求的 Accept-Language 头信息，如 zh-cn |
| $_SERVER["HTTP_ACCEPT_ENCODING"] | 当前请求的 Accept-Encoding 头信息，如 gzip、deflate |
| $_SERVER["HTTP_USER_AGENT"] | 当前用户使用的浏览器信息 |
| $_SERVER["HTTP_HOST"] | 当前请求的 Host 头信息的内容，如 localhost |
| $_SERVER["HTTP_CONNECTION"] | 当前请求的 Connection 头信息，如 Keep-Alive |
| $_SERVER["SERVER_SIGNATURE"] | 包含当前服务器版本和虚拟主机名的字符串 |
| $_SERVER["SERVER_SOFTWARE"] | 服务器标志的字符串，如 Apache/2.4.54 (Win 64) PHP/7.4.33 |
| $_SERVER["SERVER_NAME"] | 当前运行脚本所在服务器主机的名称，如 localhost |
| $_SERVER["SERVER_ADDR"] | 服务器所在的 IP 地址，如 127.0.0.1 |
| $_SERVER["SERVER_PORT"] | 服务器所使用的端口，如 80 |
| $_SERVER["REMOTE_ADDR"] | 正在浏览当前页面用户的 IP 地址 |
| $_SERVER["DOCUMENT_ROOT"] | 当前运行脚本所在的文档根目录，即 htdocs 目录 |
| $_SERVER["SERVER_ADMIN"] | 指明 Apache 服务器配置文件中的 SERVER_ADMIN 参数 |
| $_SERVER["SCRIPT_FILENAME"] | 当前执行脚本的绝对路径名 |
| $_SERVER["REMOTE_PORT"] | 用户连接到服务器时所使用的端口 |
| $_SERVER["GATEWAY_INTERFACE"] | 服务器使用的 CGI 规范版本 |
| $_SERVER["SERVER_PROTOCOL"] | 请求页面时通信协议的名称和版本 |
| $_SERVER["REQUEST_METHOD"] | 访问页面时的请求方法，如 GET、POST |
| $_SERVER["QUERY_STRING"] | 查询的字符串（URL 中第一个问号之后的内容） |
| $_SERVER["REQUEST_URI"] | 访问此页面所需的 URI |
| $_SERVER["SCRIPT_NAME"] | 包含当前脚本的路径 |
| $_SERVER["PHP_SELF"] | 当前正在执行脚本的文件名 |
| $_SERVER["REQUEST_TIME"] | 请求开始时的时间戳 |
| $_SERVER["REQUEST_TIME_FLOAT"] | 请求开始时的时间戳（微秒级别的精确度，自 PHP 5.4.0 起生效） |

PHP 还可以直接使用数组的参数名来定义超全局变量，例如 "$_SERVER["PHP_SELF "]" 可以直接使用$PHP_SELF 变量来代替，但该功能默认为关闭。打开它的方法是，修改 php.ini 配置文件中

"register_globals = Off"所在行，将"Off"改为"On"。但是，全局系统变量的数量非常多，这样做可能导致自定义变量与超全局变量重名，从而发生混乱，所以不建议开启这项功能。例如：

```php
<?php
    echo $_SERVER["SERVER_PORT"];              //输出 80
    echo $_SERVER["SERVER_NAME"];              //输出 localhost
    echo $_SERVER["DOCUMENT_ROOT"];            //输出 C:/Program Files/Php/Apache24/htdocs
?>
```

### 2. 环境变量$_ENV

环境变量记录与 PHP 所运行系统相关的信息，如系统名、系统路径等。单独访问环境变量可以通过"$_ENV['成员变量名']"方式来实现。成员变量名包括 ALLUSERSPROFILE、CommonProgramFiles、COMPUTERNAME、ComSpec、FP_NO_HOST_CHECK、NUMBER_OF_PROCESSORS、OS、Path、PATHEXT、PHPRC、PROCESSOR_ARCHITECTURE、PROCESSOR_IDENTIFIER、PROCESSOR_LEVEL、PROCESSOR_REVISION、ProgramFiles、SystemDrive、SystemRoot、TEMP、TMP、USERPROFILE、Windir、AP_PARENT_PID 等。

如果 PHP 是测试版本，使用环境变量时可能会出现找不到环境变量的问题。解决办法是，打开 php.ini 配置文件，找到"variables_order = "GPCS""所在的行，将该行改成"variables_order = "EGPCS""，然后保存，并重启 Apache。

### 3. GLOBAL 变量$GLOBALS

$GLOBALS 变量以数组形式记录所有已经定义的全局变量。通过"$GLOBALS["变量名"]"的方法来引用全局变量。由于 $GLOBALS 超全局变量可以在程序的任意地方使用，所以它比使用"global"引用全局变量更方便。例如：

```php
<?php
    $a=1;
    $b=2;
    function Sum()                              //创建 Sum()函数
    {
        $GLOBALS['b']=$GLOBALS['a']+$GLOBALS['b'];   //运算全局变量$b 的值
    }
    Sum();
    echo $b;                                    //输出结果为 3
?>
```

另外，PHP 的预定义变量还有下列几种。

- $_COOKIE。它是由 HTTP Cookies 传递的变量组成的数组。
- $_GET。它是由 HTTP GET 方法传递的变量组成的数组。
- $_POST。它是由 HTTP POST 方法传递的变量组成的数组。
- $_FILES。它是由 HTTP POST 方法传递的已上传文件项目组成的数组。
- $_REQUEST。它是所有用户输入的变量数组，包括$_GET、$_POST、$_COOKIE 所包含的输入内容。
- $_SESSION。它是包含当前脚本中会话变量的数组。

在本书后面的内容中，将会陆续介绍这些变量。

## 3.3.4 外部变量

在程序中定义或自动产生的变量叫内部变量，而由 HTML 表单、URL 或外部程序产生的变量叫外部变量。外部变量可以通过预定义变量$_GET、$_POST、$_REQUEST 来获得。表单可以产生两种外部变量：POST 变量和 GET 变量。POST 变量用于提交大量的数据，$_POST 变量从表单中接收 POST 变量，接收方式为"$_POST['表单变量名']"；GET 变量主要用于小数据量的传递，$_GET 变量从提交表单后的 URL 中接收 GET 变量，接收方式为 "$_GET['表单变量名']"。$_REQUEST 变量可以取得包括 POST、GET 和 Cookie 在内的外部变量。

【例 3.2】　分别用 POST 和 GET 方法提交表单，使用$_GET、$_POST、$_REQUEST 变量接收来自表单的外部变量。

新建 postget.php 文件，输入以下代码：

```html
<!DOCTYPE html>
<html>
<head>
    <title>外部变量演示</title>
</head>
<body>
<!-- 产生 POST 外部变量的 HTML5 表单 form1 -->
    <form action="" method="post">
        学号:<input type="text" name="XH"><br/>
        姓名:<input type="text" name="XM"><br/>
        <input type="submit" name="postmethod" value="POST 方法提交">
    </form>
    <!-- 产生 GET 外部变量的 HTML5 表单 form2 -->
    <form action="" method="get">
        性别:<input name="SEX" type="radio" value="男">男
            <input name="SEX" type="radio" value="女">女<br/>
        专业:<select name="ZY">
                <option>计算机</option>
                <option>通信工程</option>
                <option>软件工程</option>
            </select><br/>
        <input type="submit" name="getmethod" value="GET 方法提交">
    </form>
</body>
</html>
<?php
    //使用 isset()函数判断是否以 POST 方法提交
    if(isset($_POST['postmethod']))
    {
        $XH=$_POST['XH'];                      //获取学号值
        $XM=$_POST['XM'];                      //获取姓名值
        echo "接收 POST 变量：<br/>";
        echo "学号：".$XH."<br/>";
        echo "姓名：".$XM."<br/>";
    }
    //使用 isset()函数判断是否以 GET 方法提交
    if(isset($_GET['getmethod']))
    {
        $SEX=$_GET['SEX'];                     //使用 GET 方法获取性别值
        $ZY=$_GET['ZY'];                       //使用 GET 方法获取专业值
        echo "<br/>接收 GET 变量：<br/>";
        echo "性别：".$SEX."<br/>";
        echo "专业：".$ZY."<br/>";
    }
    echo "<br/>接收 REQUEST 变量：<br/>";        //将使用 REQUEST 方法获取的变量列在最后
    echo "学号：".@$_REQUEST['XH']."<br/>";     //使用 REQUEST 方法获取学号
```

```
        echo "姓名: ".@$_REQUEST['XM']."<br/>";        //使用 REQUEST 方法获取姓名
        echo "性别: ".@$_REQUEST['SEX']."<br/>";       //使用 REQUEST 方法获取性别
        echo "专业: ".@$_REQUEST['ZY']."<br/>";        //使用 REQUEST 方法获取专业
    ?>
```

保存后运行，在"学号"文本框中输入"221101"，在"姓名"文本框中输入"王林"，单击 POST方法提交 按钮，运行结果如图 3.5 所示。接着在"性别"单选按钮组中选择"男"，在"专业"下拉框中选择"计算机"，单击 GET方法提交 按钮，运行结果如图 3.6 所示。

图 3.5　POST 外部变量

图 3.6　GET 外部变量

说明：注意图 3.5 和图 3.6 中地址栏的变化，GET 方法提交的表单变量会包含在 URL 中传送到指定文件。在代码中，输出$_REQUEST 变量时，变量前加了一个"@"符号，这个符号是错误控制运算符，其作用是可以忽略一些错误信息。由于在本例中没有单击"提交"按钮时，表单未提交，执行$_REQUEST 变量的这部分代码时可能会出错，所以要加一个"@"运算符，错误控制运算符将在 3.4.5 节中介绍。

### 3.3.5　常量

在 PHP 中，常量是一个简单值的标志符，在脚本执行期间，常量的值是不变的。常量区分大小写，按照惯例，常量标志符一般都是大写。常量名和其他任何 PHP 标记都遵循相同的命名规则，合法的常量名以字母或下画线开始，后面跟任何字母、数字或下画线。常量的范围是全局的，常量一旦被定义，就可以在程序的任何地方访问它。

常量分为自定义常量和预定义常量。

### 1. 自定义常量

自定义常量使用 define()函数来定义，语法格式如下：

```
define("常量名","常量值");
```

还可以使用 const 关键字在类定义之外定义常量：

```
const 常量名=常量值;
```

常量一旦被定义，就不能再改变或取消定义，而且值只能是标量，数据类型只能是 boolean、integer、float 或 string。和变量不同，定义常量时不需要加"$"。例如：

```php
<?php
    define("_KO","156");
    const CONSTANT='Hello World!';
    if(defined("CONSTANT"))
    {
        echo CONSTANT;                      //输出"Hello World!"
    }
    echo constant("_KO");                   //输出"156"
?>
```

说明：defined()函数检查常量是否存在，constant()函数读取常量的值。和使用 define()来定义常量相反的是，使用 const 关键字定义常量必须处于顶端的作用区域，因为用此方法是在编译时定义的。这就意味着不能在函数内、循环内及 if 语句内用 const 来定义常量。

### 2. 预定义常量

预定义常量也称魔术常量，PHP 提供了大量的预定义常量。但是，很多常量是由不同的扩展库定义的，只有在加载这些扩展库后才能使用。预定义常量的使用方法和常量相同，但是它的值会根据情况的不同而不同，经常使用的预定义常量有 8 个，这些特殊的常量是不区分大小写的，如表 3.3 所示。

表 3.3　PHP 的预定义常量

| 名　　称 | 说　　明 |
| --- | --- |
| __LINE__ | 常量所在的文件中的当前行号 |
| __FILE__ | 常量所在的文件的完整路径和文件名 |
| __DIR__ | 文件所在的目录 |
| __FUNCTION__ | 常量所在的函数名称，即该函数被定义时的名称（区分大小写） |
| __CLASS__ | 常量所在的类的名称，即该类被定义时的名称（区分大小写）。自 PHP 5.4 起，对 trait 也起作用。当用在 trait 方法中时，__CLASS__是调用 trait 方法的类的名称 |
| __TRAIT__ | trait 的名称，自 PHP 5.4 起，此常量返回 trait 被定义时的名称（区分大小写） |
| __METHOD__ | 常量所在的类的方法名 |
| __NAMESPACE__ | 当前命名空间的名称（区分大小写）。此常量是在编译时定义的 |

## 3.4　运算符与表达式

运算符是一种符号，指定要在一个或多个表达式中执行的操作。PHP 运算符包括算术运算符、赋值运算符、位运算符、比较运算符、错误控制运算符、执行运算符、递增/递减运算符、逻辑运算符、字符串运算符、数组运算符、类型运算符等。

### 3.4.1 算术运算符

PHP 有 6 种最基本的算术运算符：加（+）、减（-）、乘（*）、除（/）、取模（%）和取反（-）。例如：

```php
<?php
    $a=10;
    $b=3;
    echo $num=$a+$b;              //加法，$num 值为 13
    echo $num=$a-$b;              //减法，$num 值为 7
    echo $num=$a*$b;             //乘法，$num 值为 30
    echo $num=$a/$b;             //除法，$num 值为 3.333333…
    echo $num=$a%$b;             //取模，$num 值为 1
    echo $num=-$a;               //取反，$num 值为-10
?>
```

读者可自己运行程序对照查看 echo 输出结果。

> 👀 注意：
> 除号"/"总是返回浮点数，即使两个运算数是整数（或由字符串转换成的整数）也是这样。取模"$a%$b"在"$a"为负值时，结果也是负值。

### 3.4.2 赋值运算符

赋值运算符的作用是将右边的值赋给左边的变量，最基本的赋值运算符是"="。例如，"$a=3"表示将 3 赋给变量$a，变量$a 的值为 3。由"="组合的其他赋值运算符还有"+="、"-="、"*="、"/="和".="等。例如：

```php
<?php
    $a=10;
    $b=3;
    echo $num=$a+$b;             //将$a+$b 的结果值赋给$num，$num 值为 13
    echo $num=($c=6)+4;          //$c 的值为 6，$num 的值为 10
    echo $a+=6;                  //等同于$a=$a+6，$a 赋值为 16
    echo $b-=2;                  //等同于$b=$b-2，$b 赋值为 1
    echo $a*=2;                  //等同于$a=$a*2，$a 赋值为 32
    echo $b/=0.5;                //等同于$b=$b/0.5，$b 赋值为 2
    $string="连接";
    echo $string.="字符串";       //等同于$string=$string."字符串"，$string 赋值为"连接字符串"
?>
```

PHP 支持引用赋值，可以使用"$var=&$othervar;"语法。引用赋值意味着两个变量指向了同一个数据，没有复制任何东西。例如：

```php
<?php
    $a=3;
    $b=&$a;                      //$b 是 $a 的引用
    print "$a\n";                //输出 3
    print "$b\n";                //输出 3
    $a=4;                        //修改 $a
    print "$a\n";                //输出 4
    print "$b\n";                //也输出 4，因为 $b 是 $a 的引用，因此也被改变
?>
```

new 运算符会自动返回一个引用,因此,对 new 的结果进行引用赋值会发出一条 E_DEPRECATED 错误信息。

例如，以下代码将产生警告信息：

```php
<?php
    class C {}
    /* 输出错误信息：Deprecated: Assigning the return value of new by reference is deprecated in... */
    $o=&new C;
?>
```

## 3.4.3　位运算符

位运算符可以操作整型和字符串两种类型数据。它操作整型数的指定位置位，如果左、右参数都是字符串，则位运算符将操作字符的 ASCII 值。表 3.4 列出了 PHP 的位运算符及其说明。

表 3.4　PHP 的位运算符及其说明

| 位 运 算 符 | 名　　称 | 例　　子 | 结　　果 |
|---|---|---|---|
| & | 按位与 | $a & $b | 将$a 和$b 中都为 1 的位设为 1 |
| \| | 按位或 | $a \| $b | 将$a 或$b 中为 1 的位设为 1 |
| ^ | 按位异或 | $a ^ $b | 将$a 和$b 中不同的位设为 1 |
| ~ | 按位非 | ~ $a | 将$a 中为 0 的位设为 1，反之亦然 |
| << | 左移 | $a << $b | 将$a 中的位向左移动$b 次（每次移动都表示"乘以 2"） |
| >> | 右移 | $a >> $b | 将$a 中的位向右移动$b 次（每次移动都表示"除以 2"） |

## 3.4.4　比较运算符

比较运算符用于对两个值进行比较，对不同类型的值也可以进行比较，如果比较的结果为真则返回 TRUE，否则返回 FALSE。表 3.5 列出了 PHP 的比较运算符及其说明。

表 3.5　PHP 的比较运算符及其说明

| 比较运算符 | 名　　称 | 例　　子 | 结　　果 |
|---|---|---|---|
| == | 等于 | $a == $b | TRUE，如果$a 等于$b |
| === | 全等 | $a === $b | TRUE，如果$a 等于$b，并且它们的类型也相同 |
| != | 不等 | $a != $b | TRUE，如果$a 不等于$b |
| <> | 不等 | $a <> $b | TRUE，如果$a 不等于$b |
| !== | 非全等 | $a !== $b | TRUE，如果$a 不等于$b，或者它们的类型不同 |
| < | 小于 | $a < $b | TRUE，如果$a 严格小于$b |
| > | 大于 | $a > $b | TRUE，如果$a 严格大于$b |
| <= | 小于或等于 | $a <= $b | TRUE，如果$a 小于或等于$b |
| >= | 大于或等于 | $a >= $b | TRUE，如果$a 大于或等于$b |

说明：要注意，如果将整数和字符串进行比较，字符串会被转换成整数；如果比较两个数字字符串，则作为整数比较。不同类型数据的比较如表 3.6 所示。

表 3.6　不同类型数据的比较

| 运算数 1 的类型 | 运算数 2 的类型 | 结　　果 |
|---|---|---|
| null 或 string | string | 将 NULL 转换为""，进行数字比较 |
| bool 或 null | 任何其他类型 | 转换为 bool，FALSE < TRUE |

续表

| 运算数 1 的类型 | 运算数 2 的类型 | 结　　果 |
|---|---|---|
| object | object | 内置类可以定义自己的比较，不同类不能比较，相同类和数组采用同样的方式比较属性（在 PHP 4 中），PHP 5 有自己的说明 |
| string 或 resource | string 或 resource | 将字符串和资源转换成数字，按普通数字比较 |
| array | array | 具有较少成员的数组较小，如果运算数 1 中的键不存在于运算数 2 中，则数组无法比较，否则逐个值比较 |
| array | 任何其他类型 | array 总是更大 |
| object | 任何其他类型 | object 总是更大 |

### 3.4.5　错误控制运算符

PHP 支持错误控制运算符@，将其放置在 PHP 表达式之前，该表达式可能产生的任何错误信息都将被忽略。例如：

```php
<?php
    echo @$a;                                              //变量$a 未定义，不加@会显示 NOTICE 信息
    $a="Hello!";
    echo $a;                                               //输出"Hello!"
    $b=@test();                                            //忽略调用 test()函数时产生的错误信息
    $con=@mysql_connect("localhost","username","pwd");     //忽略连接 mysql 数据库出错产生的错误信息
?>
```

当程序产生错误时，PHP 会将错误信息输出到页面上，使用错误控制运算符后就不再显示这些错误信息了。由于错误控制运算符只对表达式有效，可以将它放在变量、函数、常量等之前，而不能将它放在函数的定义或类的定义之前，也不能用于条件结构，如 if 和 foreach 等。

> 👀注意：
> 错误控制运算符@甚至能够使导致脚本终止这样的严重错误的错误报告也失效。这意味着如果在某个不存在或类型错误的函数调用前用 "@" 来抑制错误信息，则脚本不会显示程序在哪里出错的任何信息，这将给程序的调试造成很大的麻烦，所以使用 "@" 符号时要特别慎重。

### 3.4.6　执行运算符

PHP 支持一个执行运算符，即反引号（``）。在 PHP 脚本中，将外部程序的命令行放入反引号中，并使用 echo()或 print()函数将其显示，PHP 将会在到达该行代码时启动这个外部程序，并将其输出信息返回，其作用效果与 shell_exec()函数相同。例如：

```php
<?php
    $output='date';
    echo $output;                   //输出当前日期
    echo shell_exec(`date`);        //输出当前日期，结果同上
?>
```

> 👀注意：
> 反引号运算符在安全模式下或者关闭了 shell_exec()时是无效的。

### 3.4.7　递增/递减运算符

PHP 支持 C 语言风格的递增/递减运算符。PHP 的递增/递减运算符主要对整型数据进行操作，同时对字符也有效。这些运算符是前加、后加、前减和后减。前加是在变量前有两个 "+" 号，如 "++$a"，

表示$a 的值先加 1，然后返回 $a。后加的 "+" 在变量后面，如 "$a++"，表示先返回$a，然后$a 的值加 1。前减和后减与加法类似。例如：

```php
<?php
    $a=5;                   //$a 赋值为 5
    echo ++$a;              //输出 6
    echo $a;                //输出 6
    $a=5;
    echo $a++;              //输出 5
    echo $a;                //输出 6
    $a=5;
    echo --$a;              //输出 4
    echo $a;                //输出 4
    $a=5;
    echo $a--;              //输出 5
    echo $a;                //输出 4
?>
```

PHP 还可对字符进行递增运算，不过与 C 语言不同的是，对 "Z" 进行递增将得到 "AA"，而在 C 中，"Z'+1" 将得到 "["（"Z" 的 ASCII 码为 90，"[" 的 ASCII 码为 91）。在 PHP 中，字符变量只能递增，递减没有效果。例如：

```php
<?php
    $a='a';
    echo ++$a;              //输出'b'
    $a='z';
    echo ++$a;              //输出'aa'
    $a='b';
    echo --$a;              //递减无效，输出'b'
?>
```

> 👀 注意：
> 对字符直接进行算术运算只能得到整型数据，如$a='a'+1，$a 的值为 1。

递增/递减运算符不影响布尔值。递减 NULL 值没有效果，但递增 NULL 的结果是 1。

## 3.4.8　逻辑运算符

逻辑运算符可以操作布尔型数据，PHP 中的逻辑运算符有 6 种。表 3.7 列出了 PHP 逻辑运算符及其说明。

表 3.7　PHP 逻辑运算符及其说明

| 逻辑运算符 | 名　称 | 例　子 | 结　果 |
|---|---|---|---|
| and 或&& | 逻辑与 | $a and $b 或$a && $b | TRUE，如果 $a 与 $b 都为 TRUE |
| or 或‖ | 逻辑或 | $a or $b 或$a ‖ $b | TRUE，如果 $a 或 $b 任意一个为 TRUE |
| xor | 逻辑异或 | $a xor $b | TRUE，如果 $a 或 $b 任意一个为 TRUE，但不同时是 |
| ! | 逻辑非 | ! $a | TRUE，如果 $a 不为 TRUE |

例如：

```php
<?php
    $m=10;
    $n=6;
```

```php
    if($m>5&&$n<=8)                              //判断$m>5 和$n<=8 是否都为 TRUE
    {
        echo "YES!";                             //输出'YES!'
    }
?>
```

### 3.4.9 字符串运算符

字符串运算符主要用于连接两个字符串，PHP 有两个字符串运算符："."和".="。"."返回左、右参数连接后的字符串，".="将右边参数附加到左边参数后面，它可看成赋值运算符。例如：

```php
<?php
    $a="Hello ";
    $b="World";
    echo $a.$b;                                  //输出'Hello World'
    $a.= "World";
    echo $a;                                     //输出'Hello World'
?>
```

### 3.4.10 数组运算符和类型运算符

PHP 还提供了数组运算符，用来对两个数组进行比较，表 3.8 中列出了 PHP 数组运算符及其说明。PHP 还有一个类型运算符 instanceof，用来测定一个给定的对象是否来自指定的对象类。

表 3.8　PHP 数组运算符及其说明

| 数组运算符 | 名　称 | 例　子 | 结　　果 |
| --- | --- | --- | --- |
| + | 联合 | $a + $b | $a 和$b 的联合 |
| == | 相等 | $a == $b | 如果$a 和$b 具有相同的键/值对则为 TRUE |
| === | 全等 | $a === $b | 如果$a 和$b 具有相同的键/值对并且顺序和类型都相同则为 TRUE |
| != | 不等 | $a != $b | 如果$a 不等于$b 则为 TRUE |
| <> | 不等 | $a <> $b | 如果$a 不等于$b 则为 TRUE |
| !== | 不全等 | $a !== $b | 如果$a 不全等于$b 则为 TRUE |

PHP 还提供了一种三元运算符<?:>。它与 C 语言中的用法相同，语法格式如下：

```
condition? (value1) : (value2)
```

condition 是需要判断的条件，当条件为真时返回冒号前面的值，否则返回冒号后面的值。例如：

```php
<?php
    $a=10;
    $b=$a>100? 'YES': 'NO';
    echo $b;                                     //输出'NO'
?>
```

也可以省略三元运算符中间的部分，写成：

```
condition? : (value2)
```

在 condition 求值为真时返回 TRUE，否则返回 value2。

> 👀 注意：
> 三元运算符是一个语句，因此其求值不是变量，而是语句的结果。另外，在一个通过引用返回的函数中，语句 "return $var==42? $a : $b;" 将不起作用，以后的 PHP 版本会为此发出一条警告信息。

## 3.4.11　运算符优先级和结合性

一般来说，运算符具有一组优先级，也就是它们的执行顺序。运算符还有结合性，也就是同一优先级的运算符的执行顺序，这种顺序通常是从左到右（简称左）、从右到左（简称右）或者非结合的。表 3.9 从高到低地列出了 PHP 运算符优先级和结合性，同一行中的运算符具有相同优先级，此时它们的结合性决定了求值顺序。

表 3.9　PHP 运算符优先级和结合性

| 结 合 方 向 | 运　算　符 | 附 加 信 息 |
|---|---|---|
| 非结合 | new | new |
| 左 | [ | array() |
| 非结合 | ++ -- | 递增/递减运算符 |
| 非结合 | ! ~ - (int) (float) (string) (array) (object) @ | 类型 |
| 左 | * / % | 算数运算符 |
| 左 | + - . | 算数运算符和字符串运算符 |
| 左 | << >> | 位运算符 |
| 非结合 | < <= > >= | 比较运算符 |
| 非结合 | == != === !== | 比较运算符 |
| 左 | & | 位运算符和引用 |
| 左 | ^ | 位运算符 |
| 左 | \| | 位运算符 |
| 左 | && | 逻辑运算符 |
| 左 | \|\| | 逻辑运算符 |
| 左 | ? : | 三元运算符 |
| 右 | = += -= *= /= .= %= &= \|= ^= <<= >>= | 赋值运算符 |
| 左 | and | 逻辑运算符 |
| 左 | xor | 逻辑运算符 |
| 左 | or | 逻辑运算符 |
| 左 | , | 多处用到 |

说明：表中未包括优先级最高的运算符即圆括号。它提供圆括号内部的运算符的优先级，这样可以在需要时避开运算符优先级法则。例如：

$a=$b*(2+$c);

如果写成：

$a=$b*2+$c;

就会得到错误的结果。

## 3.4.12　表达式

表达式是 PHP 最重要的基石。在 PHP 中，几乎所写的任何东西都是一个表达式。表达式简单却最精确的定义就是"任何有值的东西"。最基本的表达式就是常量和变量；一般的表达式大部分都是由变量和运算符组成的，如$a=5；再复杂一点的表达式就是函数。下面一些例子说明了表达式的各种形式：

```php
<?php
    $a=10;
    $b=$a++;
    $a>1?$a+10:$a-10;
    function test()
    {
        return 20;
    }
?>
```

【例 3.3】 利用各种运算符计算半径为 10 的圆的面积和上底为 20、下底为 30、高为 10 的梯形的面积。如果圆面积和梯形面积都大于 50，则输出两个图形的面积。

新建 area.php 文件，输入以下代码：

```php
<?php
    define('PI',3.1415926);
    $C_area=PI*10*10;
    $T_area=(20+30)*10/2;
    if($C_area>50&&$T_area>50)
    {
        echo "圆的面积为："  .$C_area."<br/>";
        echo "梯形面积为："  .$T_area."<br/>";
    }
?>
```

运行结果如图 3.7 所示。

```
圆的面积为： 314.15926
梯形面积为： 250
```

图 3.7 area.php 的运行结果

# 3.5 程序流程控制

所谓程序流程控制就是控制程序的执行方向，它通过程序流程控制语句来实现。程序流程控制语句在编程语言中占有重要的地位，大部分程序段需要依靠它来完成。PHP 的程序流程控制语句主要包括条件控制语句、循环控制语句等，而这些控制语句大多可以嵌套使用。

在进行程序流程控制时，可能会使用多条语句，这时就需要将多条语句封装成一个代码段。在将代码段隔离时，一般都使用"{"作为代码段的开头，"}"作为结尾，与 C 语言类似。PHP 语法在每个语句后面都要加分号，而在代码段结束符号"}"后面不加分号。

## 3.5.1 条件控制语句

条件控制语句是根据不同的条件而执行不同的代码。PHP 的条件控制语句主要包括 if…else 语句和 switch 语句。

### 1. if…else 语句

if 结构是包括 PHP 在内的很多语言的重要特性之一，它允许按照条件执行代码段，和 C 语言的结构很相似。语法格式如下：

```
if(表达式 1)
    //代码段 1
```

```
else if(表达式 2)
    //代码段 2
…
else
    //代码段 n
```

（1）if 语句。

在 if(表达式 1)语句中，表达式返回布尔值，当值为 TRUE 时，执行代码段 1 中的语句；当值为 FALSE 时，跳过这段代码。例如：

```
if($a==5)                              //判断$a 是否等于 5
{
    $b=$a+5;
    $a++;
}
```

> 👀 **注意：**
>
> 在判断表达式两边的值是否相等时一般使用 "=="。当代码段中只有一条语句时可以省略花括号。

（2）else if 语句。

只有在要判断的条件多于两个时才会使用 else if，例如，判断一个数等于不同值的情况。else if 语句是 if 语句的延伸，其自身也有条件判断的功能。只有当上面的 if 语句中的条件不成立即表达式为 FALSE 时，才会对 else if 语句中的表达式 2 进行判断。表达式 2 的值为 TRUE 则执行代码段 2 中的语句，值为 FALSE 则跳过这段代码。else if 语句可以有很多个，例如：

```
<?php
    $a=3;
    if($a==1)                          //$a 不等于 1，跳过此代码段
    {
        echo "等于 1";
    }
    else if($a==2)                     //$a 不等于 2，跳过此代码段
    {
        echo "等于 2";
    }
    else if($a==3)                     //$a 等于 3，执行此代码段
    {
        echo "等于 3";
    }
?>
```

（3）else 语句。

在 else 语句中不需要设置判断条件，只有当 if 和 else if 语句中的条件都不满足时才执行 else 语句中的代码段。由于 if、else if 和 else 语句中的条件是互斥的，所以其中只有一个代码段会被执行。当要判断的条件只有两种情况时，可以省略 else if 语句。例如：

```
<?php
    $a=5;
    $b=6;
    if($a==$b)
        echo "a 等于 b";
    else
        echo "a 不等于 b";
```

```
?>
```

if 语句还可以进行复杂的嵌套使用，从而建立更复杂的逻辑处理，例如：

```php
<?php
    $a=10;
    if($a>5)                                    //判断$a 是否大于 5
    {
        if($a<20)                               //$a>5，判断$a 是否小于 20
        {
            if($a<15)                           //$a<20，判断$a 是否小于 15
                echo "a 的值大于 5 小于 15";
            else
                echo "a 的值大于 15 小于 20";
        }
        else                                    //$a 大于 20 的情况
            echo "a 的值大于 20";
    }
    else                                        //$a 小于 5 的情况
        echo "a 的值小于 5";
?>
```

【例 3.4】 编写 PHP 程序产生一个随机数，让浏览者在页面上输入数字来猜测该数，并给予相应提示。

新建 rand.php 文件，输入以下代码：

```php
<!DOCTYPE html>
<!-- HTML5 表单 -->
<form method="post">
    <input type="text" name="SZ">
    <input type="submit" name="button" value="提交">
</form>
<?php
    if(isset($_POST['button']))                 //判断"提交"按钮是否被按下
    {
        $SZ=$_POST["SZ"];                        //接收文本框 SZ 的值
        $a=rand(10,100);                         //使用 rand()函数产生一个随机数
        if($SZ>$a)                               //输入数字与随机数进行比较
            echo "您输入的数字太大了，请重输";
        elseif($SZ<$a)
            echo "您输入的数字太小了，请重输";
        else
            echo "<script>alert('恭喜！您猜对啦')</script>";
    }
?>
```

运行结果略。

说明：rand 函数的作用是产生并返回一个随机整数，语法格式如下：

```
int rand([int $min], [int $max]);
```

若没有指定随机数的最大及最小范围，本函数会自动地从 0 到 rand()函数允许的最大数之间取一个随机数。若指定了$min 及$max 的参数，则从指定参数之间取一个数字，如 rand(38,49)会从 38～49之间取一个随机数。

## 2. switch 语句

switch 语句和具有同样表达式的一系列 if 语句相似。在同一个变量或表达式需要与很多不同值比

较时，可使用 switch 语句。语法格式如下：

```
switch(表达式)
{
    case  表达式 1:
        //代码段 1
        break;
    case  表达式 2:
        //代码段 2
        break;
    …
    default:
        //代码段 n
}
```

switch 语句开始时没有代码被执行，当一个 case 语句中的值和 switch 语句中表达式的值匹配时，PHP 开始从该 case 语句处一句一句地执行语句，直到遇到 switch 程序段结束或者遇到一个 break 语句为止。当所有的 case 语句中的值都不匹配时，则执行 default 语句中的代码，与 if 语句中的 else 语句类似，default 语句也可以省略。程序中 break 语句的作用是跳出程序，使程序停止运行。

【例 3.5】　使用 switch 语句判断来自表单的值。

新建 switch.php 文件，输入以下代码：

```php
<!DOCTYPE html>
<!-- HTML5 表单，包含一个下拉菜单和一个"提交"按钮 -->
<form name="form1" method="post" action="">
    兴趣爱好<select name="XQ">
            <option>打篮球</option>
            <option>看书</option>
            <option>看电影</option>
            <option>上网</option>
        </select>
    <input type="submit" name="bt" value="提交">
</form>
<?php
    $XQ=@$_POST["XQ"];                          //接收表单的值
    switch($XQ)
    {
        case "打篮球":
            echo "小王喜欢打篮球";
            break;
        case "看书":
            echo "小王喜欢看书";
            break;
        case "看电影":
            echo "小王喜欢看电影";
            break;
        case "上网":
            echo "小王喜欢上网";
            break;
        default:
            echo "请选择小王的兴趣爱好";
    }
?>
```

运行结果如图 3.8 所示。

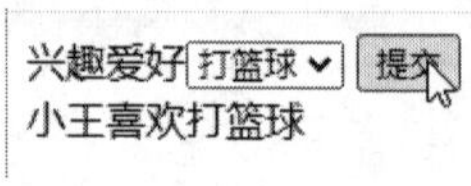

兴趣爱好 打篮球 ∨ 提交

小王喜欢打篮球

图 3.8　switch.php 的运行结果

---

**👀 注意:**

switch 语句只可以接收整型、浮点型和字符串变量的值。

---

若上面的 switch 语句换成如下 if 语句，则效果一样：

```
if($XQ=="打篮球")
    echo "小王喜欢打篮球";
elseif($XQ=="看书")
    echo "小王喜欢看书";
elseif($XQ=="看电影")
    echo "小王喜欢看电影";
elseif($XQ=="上网")
    echo "小王喜欢上网";
else
    echo "请选择小王的兴趣爱好";
```

## 3.5.2　循环控制语句

如果在程序中要重复某一操作，则要使用循环控制语句。PHP 的循环控制语句有 while、do-while、for 和 foreach 4 种。

### 1. while 循环

while 循环是 PHP 中最简单的循环类型，当要完成大量重复性的工作时，可以通过条件控制 while 循环来完成。语法格式如下：

```
while(表达式)
{
    //代码段
}
```

说明：当 while()语句中表达式的值为 TRUE 时，就运行代码段中的语句，同时改变表达式的值。语句运行一遍后，再次检查表达式的值，如果为 TRUE 则再次进入循环，直到值为 FALSE 时就停止循环。如果表达式的值永远都是 TRUE，则循环一直进行下去，成为死循环。如果表达式一开始的值就为 FALSE，则循环一次也不会运行。

例如，计算 10 的阶乘。

```
<?php
    $sum=$m=1;                      //初始化
    while($m<10)
    {
        $sum=$sum*$m;              //累积
        $m++;                       //$m 自增 1
    }
    echo $sum;                      //输出 362880
?>
```

### 2. do-while 循环

语法格式如下：

```php
do
{
    //代码段
}while(表达式);
```

do-while 循环与 while 循环非常相似,区别在于 do-while 循环首先执行循环内的代码,而不管 while 语句中的表达式条件是否成立。程序执行一次后,do-while 循环才检查表达式值是否为 TRUE,若为 TRUE 则继续循环,若为 FALSE 则停止循环。而 while 循环首先判断条件是否成立才开始循环。所以当两个循环中的条件都不成立时,while 循环一次也没有运行,而 do-while 循环至少要运行一次。例如:

```php
<?php
    $n=1;
    do
    {
        echo $n ."<br/>";
        $n++;
    }while($n<10);
?>
```

👀 注意:
> 在 do-while 循环的 while 语句的结尾处要加分号。

### 3. for 循环

for 循环是 PHP 中比较复杂的一种循环结构,语法格式如下:

```php
for(表达式 1;条件表达式;表达式 2)
    //代码段
```

说明:表达式 1 在循环开始前无条件求值一次,这里通常设置一个初始值。在循环开始前首先测试条件表达式的值。如果为 FALSE 则结束循环,如果为 TRUE 则执行代码段中的语句,循环执行完一次后执行表达式 2,之后继续判断条件表达式的值,如果为 TRUE 则继续循环,如果为 FALSE 则结束循环。例如:

```php
<?php
    $m=10;
    for($i=0;$i<$m;$i++)
    {
        echo $i."<br/>";
    }
?>
```

for 循环中的每个表达式都可以为空,但如果条件表达式为空则 PHP 认为条件为 TRUE,程序将无限循环下去,成为死循环,如果要跳出循环,则需要使用 break 语句。例如:

```php
<?php
    for($i=0;;)
    {
        if($i>10)
        {
            break;                          //如果$i 大于 10 则跳出循环
        }
        echo $i. "<br/>";                   //输出$i
        $i++;                               //$i 加 1
    }
?>
```

另外,for 循环也可以和其他循环嵌套使用。

【例 3.6】 使用 for 循环打印九九乘法表。

新建 for.php 文件，输入以下代码：

```php
<?php
    for($i=1;$i<=9;$i++)                    //第一层 for 循环
    {
        for($j=1;$j<=$i;$j++)               //第二层 for 循环
        {
            echo "$i*$j=".$i*$j." ";   //输出乘法口诀
            if($j==$i)                      //如果行数等于列数就回车
                echo "<br/>";
        }
    }
?>
```

运行结果如图 3.9 所示。

```
1*1=1
2*1=2 2*2=4
3*1=3 3*2=6 3*3=9
4*1=4 4*2=8 4*3=12 4*4=16
5*1=5 5*2=10 5*3=15 5*4=20 5*5=25
6*1=6 6*2=12 6*3=18 6*4=24 6*5=30 6*6=36
7*1=7 7*2=14 7*3=21 7*4=28 7*5=35 7*6=42 7*7=49
8*1=8 8*2=16 8*3=24 8*4=32 8*5=40 8*6=48 8*7=56 8*8=64
9*1=9 9*2=18 9*3=27 9*4=36 9*5=45 9*6=54 9*7=63 9*8=72 9*9=81
```

图 3.9 九九乘法表

【例 3.7】 使用循环输出一个 5 行 4 列的表格。

新建 table.php，输入以下代码：

```php
<!DOCTYPE html>
<title>表格输出</title>
<style type="text/css">
table,td{
    width:200px;
    border:1px solid;
}
</style>
<?php
    $i=0;
    echo "<table>";                         //输出表格
    while($i<5)                             //使用 while 循环输出行
    {
        echo "<tr>";                        //每行的开头
        for($j=1;$j<5;$j++)                 //使用 for 循环输出表格的列
        {
            echo "<td>".$j."</td>";         //每列上显示$j 的值
        }
        echo "</tr>";                       //每行的结尾
        $i++;                               //进入下一行
    }
    echo "</table>";
?>
```

这里使用 CSS 方式输出表格，表格及其列的格式不再定义在元素标记属性中，而是都写在样式表里，运行结果如图 3.10 所示。

| 1 | 2 | 3 | 4 |
| 1 | 2 | 3 | 4 |
| 1 | 2 | 3 | 4 |
| 1 | 2 | 3 | 4 |
| 1 | 2 | 3 | 4 |

图 3.10　循环输出表格

#### 4．foreach 循环

foreach 语句也属于循环控制语句，但它只用于遍历数组，当试图将其用于其他数据类型或者一个未初始化的变量时会产生错误。有关 foreach 循环的内容将在第 7 章介绍数组时讨论。

### 3.5.3　流程控制符

如果需要停止本次循环，或者跳到下一次循环，或者结束整个 PHP 脚本的执行，则使用流程控制符。常用的流程控制符有 break、continue、goto、return 和 exit 等。

#### 1．break 控制符

break 控制符在前面已经使用过，这里进行具体介绍。它可以结束当前 for、foreach、while、do-while 或 switch 结构的执行。当程序执行到 break 控制符时，就立即结束当前循环。例如：

```php
<?php
    $i=1;
    while($i<10)
    {
        if($i>3)
            break;                      //当$i>3 时结束 while 循环
        echo $i."<br/>";                //输出$i，$i 最后输出的值只有 1，2，3
        $i++;                           //$i 自增 1
    }
?>
```

当循环语句嵌套使用时，break 控制符还可以在后面加一个可选的数字来决定跳出哪一层循环，例如：

```php
<?php
    for($n=0;$n<10;$n++)
    {
        while(TRUE)
        {
            switch($n)
            {
                case 2:
                    echo $n;
                    break;              //跳出 switch 循环
                case 4:
                    echo $n;
                    break 1;            //跳出 switch 循环
                case 6:
                    echo $n;
                    break 2;            //跳出 while 循环
                case 8:
                    echo $n;
                    break 3;            //跳出 for 循环
            }
```

```
        $n++;
    }
}
?>
```

### 2. continue 控制符

continue 控制符用于结束本次循环，跳过剩余的代码，并在条件求值为真值时开始执行下一次循环。例如：

```php
<?php
    $m=5;
    for($n=0;$n<10;$n++)
    {
        if($n==$m)
            continue;                //跳出本次循环
        echo $n;                     //输出的结果是 012346789
    }
?>
```

说明：其中，for 循环进行到$n=5 时，$n 的值与$m 相等，满足 if 条件，执行 continue 语句，跳出本次循环并执行下一次循环，所以本次循环没有继续执行下面的语句 "echo $n;"，得出的输出结果为 "012346789"。

和 break 控制符一样，continue 控制符在循环语句嵌套使用时，也可在后面加一个可选的数字来决定跳出哪一层循环，例如：

```php
<?php
    for($n=0;$n<15;$n++)
    {
        while(1)                     //while 循环是无限循环
        {
            echo $n++;
            if($n==10)
                continue 2;          //跳出本次的 for 循环
            if($n>15)
                break;               //$n>15 时结束 while 循环
        }
    }
?>
```

> **◎◎注意：**
> 当循环可能产生死循环时，一定要用 break 控制符结束循环，否则后果严重。

### 3. goto 控制符

goto 控制符可以用来跳转到程序中的任一位置。该目标位置可以用目标名称加上冒号来标记，而跳转指令是 goto 之后接上目标位置的标记。例如：

```php
<?php
    goto a;
    echo 'Foo';
a:
    echo 'Bar';
?>
```

程序会输出：Bar。

还可以使用 goto 控制符来跳出循环：

```php
<?php
```

```php
        for($i=0,$j=50; $i<100; $i++)
        {
            while($j--)
            {
                if($j==17) goto end;
            }
        }
        echo "i=$i";
    end:
        echo 'j hit 17';
    ?>
```

程序输出：j hit 17。

PHP 中的 goto 控制符有一定限制，目标位置只能位于同一个文件和作用域，即无法跳出一个函数或类方法，也无法跳入另一个函数中。无法跳入任何循环或者 switch 结构中，可以跳出循环或者 switch 结构，通常的用法是以 goto 控制符代替多层的 break 控制符。

### 4．return 控制符

在函数中使用 return 控制符，将立即结束函数的执行并将 return 语句所带的参数作为函数值返回。在 PHP 的脚本或脚本的循环体内使用 return，将结束当前脚本的运行。例如：

```php
    <?php
        $n=5;
        for($i=1;$i<10;$i++)
        {
            if($i>$n)
            {
                return;                  //当$i>5 时结束脚本运行
                echo "大于 5";           //此处不输出任何内容
            }
            echo $i." ";                 //输出 1 2 3 4 5
        }
    ?>
```

### 5．exit 控制符

exit 控制符也可结束脚本的运行，用法和 return 控制符类似。例如：

```php
    <?php
        $a=5;
        $b=6;
        if($a<$b)
            exit;                        //如果$a<$b 则结束脚本
        echo $a."小于".$b;               //不输出
    ?>
```

exit 和 return 的不同之处是，在当前文件包含另外的文件时，若在被包含文件中执行 exit 语句，则在当前文件中被包含文件的下面的代码都将停止运行。而 return 控制符则不会停止当前文件中代码的运行。有关包含文件的内容可参照 3.5.5 节。

## 3.5.4　流程控制的替代语法

对于流程控制语句，还有一个可以替代的语法形式，即用冒号（:）替代开始的花括号（{），用新的关键字替代关闭花括号（}）。新的关键字可以是 endif、endswitch、endwhile、endfor 或 endforeach，这是由所使用的流程控制语句来决定的。例如：

```php
    <?php
```

```php
    $m=5;
    if($m==5):                       //使用冒号替代左花括号
        echo $m++;
        echo "m 的值加 1";
    endif;                           //使用 "endif;" 替代右花括号
    while($m<10):                    //使用冒号替代左花括号
        echo $m. "<br/>";
        $m++;
    endwhile;                        //使用 "endwhile;" 替代右花括号
?>
```

对于 do-while 结构，还没有可替代的语法。

### 3.5.5　包含文件操作

包含文件操作是指在当前文件中使用包含其他文件中的代码，并在当前文件中运行。如果需要使用其他文件中的代码，而又不想在当前文件中重新输入这些代码，则这种操作相当有用。在 PHP 中常用的包含文件操作语句包括 include()、require()、include_once()、require_once()。语句中指定的文件将被包含到当前文件中并运行。

这 4 种语句的用法类似，不同之处如下。

● include()包含文件发生错误时，如包含的文件不存在，脚本将发出一个警告，但脚本会继续运行。

● require()包含文件发生错误时，会产生一个致命错误并停止脚本的运行。

● include_once()的使用方法和 include()的相同，但如果在同一个文件中使用 include_once()函数包含了一次指定文件，那么此文件将不被再次包含。

● require_once()的使用方法和 require()的相同，但如果在同一个文件中使用 require_once()函数包含了一次指定文件，那么此文件将不被再次包含。

在包含文件时，在函数中要指定正确的文件路径和文件名。如果不指定路径或者路径为 "./"，则在当前运行脚本所在目录下寻找该文件，如 include('1.php')或 include('./1.php')。如果指定文件的路径为 "../"，则在 Apache 的根目录下寻找该文件，如 include('../1.php')。如果指定根目录下不是当前脚本所在目录下的文件，可指定其具体位置，如 include('../zhou/1.php')。

当一个文件被包含时，从被包含的所在行开始，被包含文件中可用的任何变量在当前脚本中都可以直接使用。所有在包含文件中定义的函数和类都具有全局作用域。这样不但可以减少文件中代码的数量，还可以把重复的函数做成包含文件，供需要的文件调用。

例如，假设 a.php 和 b.php 文件都在当前工作目录下。

a.php 中代码为：

```php
<?php
    $color='green';
    $fruit='apple';
?>
```

b.php 中代码为：

```php
<?php
    echo "A $color $fruit";          //给出变量未定义的通知，仅输出"A"
    include 'a.php';                  //包含 a.php 文件
    echo "A $color $fruit";          //输出"A green apple"
?>
```

## 3.5.6　declare 结构

declare 结构用来设定一段代码的执行指令，其语法和其他流程控制结构相似：

```
declare (directive)
    //代码段
```

其中，directive 部分允许设定 declare 代码段的行为。目前，declare 结构只认识两个指令：ticks 和 encoding。

ticks（时钟周期）是一个在 declare 代码段中解释器每执行 $N$ 条可计时的低级语句就会发生的事件。$N$ 的值是在 declare 中的 directive 部分用 ticks=$N$ 来指定的。但条件表达式和参数表达式等都不可计时。在每个 ticks 中出现的事件是由 register_tick_function() 来指定的。更多细节见下面的例子。注意每个 ticks 中可以出现多个事件。

```php
<?php
declare(ticks=1);
// A function called on each tick event
function tick_handler()
{
    echo "tick_handler() called\n";
}
register_tick_function('tick_handler');
$a = 1;
if ($a > 0)
{
    $a += 2;
    print($a);
}
?>
```

可以用 encoding 指令来对每段脚本指定其编码方式，例如：

```php
<?php
    declare(encoding='ISO-8859-1');
    //代码段
?>
```

declare 代码段中的部分将被执行——怎样执行及执行中有什么副作用出现取决于 directive 中设定的指令。declare 结构也可用于全局范围，影响到其后的所有代码（但如果有 declare 结构的文件被其他文件包含，则对包含它的父文件不起作用）。

> 👀 注意：
> 当和命名空间结合起来时，declare 的唯一合法语法是 "declare(encoding='...');"，其中 "..." 是编码的值。

# 3.6　PHP 函数

函数在大多数的编程语言中都存在，在 PHP 中也不例外。在 PHP 中，函数是一段 PHP 代码的集合，通过调用函数就可以执行一些任务或返回一些结果。PHP 脚本通常是由主程序和函数构成的，这些函数不仅构成了 PHP 脚本的主要功能，也实现了程序代码的结构化，方便他人阅读。

函数可以分为用户自定义函数和系统函数，用户自定义函数是由用户自行编写实现的，其功能也由用户所编写的代码来决定。系统函数是 PHP 系统或扩展库内置的函数，这些函数一般已经存在，直接调用即可，使用简单的代码来实现复杂的工作，如之前常用的 echo()函数就是系统函数。

### 3.6.1 用户自定义函数

PHP 为用户提供了自定义函数的功能，编写的方法非常简单，定义函数的格式如下：

```
function 函数名([$参数[, …]])
{
    //函数代码段
}
```

定义函数的关键字为 function。函数名是用户自定义的名称，通常这个名称可以是以字母或下画线开头、后面跟 0 个或多个字母、下画线和数字的字符串，且不区分大小写。需要注意的是，函数名不能与系统函数或用户已经定义的函数重名。

函数一般可以有 0 个或多个参数。当参数个数为 0 时，函数可以被直接调用；当参数个数不为 0 时，用户在调用时就需要提供有效的参数。

在定义函数时，花括号内的代码就是在调用函数时将会执行的代码，这段代码可以包括变量、表达式、流程控制语句，甚至是其他的函数或类定义。例如：

```php
<?php
    function func($a,$b)
    {
        if($a==$b)
            echo "a=b";
        else if($a>$b)
            echo "a>b";
        else
            echo "a<b";
    }
    func(5,6);                          //输出"a<b"
?>
```

上面的这段程序定义了一个简单的 func()函数，该函数的作用是比较两个数的大小，根据不同的情况输出不同的内容。

### 3.6.2 参数的传递

可以有任意个数的函数参数，在一般情况下，参数是通过值来传递的，如前面定义的 func()函数就是通过变量$a 和$b 的值传递的。通过值传递参数不会因为函数内部参数值的变化而改变函数外部的值。

如果希望函数修改外部传来的参数值，可以使用引用参数传递，只要在定义函数时在参数前面加上 "&" 即可。例如：

```php
<?php
    function color(&$col)                   //定义函数 color()
    {
        $col="yellow";
    }
    $blue="blue";
    color($blue);                           //调用 color()函数，参数使用变量$blue
    echo $blue;                             //输出"yellow"
?>
```

函数还可以使用默认参数，在定义函数时给参数赋予默认值，参数的默认值必须是常量表达式，不能是变量、类成员或函数调用。例如：

```php
<?php
```

```
	function book($newbook="PHP")
	{
		echo "I like ".$newbook;
	}
	book();
?>
```

在上述程序中给 book()函数的参数$newbook 指定了默认值，在调用该函数时就可以不提供参数，函数会自动使用该默认值。但需要注意的是，在使用默认参数时，任何默认参数都要放在非默认参数的右侧，否则函数可能不会按预期情况工作。默认值也可以通过引用传递。

## 3.6.3　函数变量的作用域

变量的作用域问题已经在 3.3.1 节介绍过，这里再简要补充一下。由之前的内容可知，在主程序中定义的变量和在函数中定义的变量都是局部变量。在函数中定义的变量只能在函数内部使用。在主程序中定义的变量只能在主程序中使用，而不能在函数中使用。例如：

```
<?php
	function sum()
	{
		$count=2;
	}
	sum();
	echo $count;
?>
```

由于函数中的变量无法作用于函数外部，所以上面这段程序运行时将出错，错误信息是提示$count 变量未定义，如图 3.11 所示。

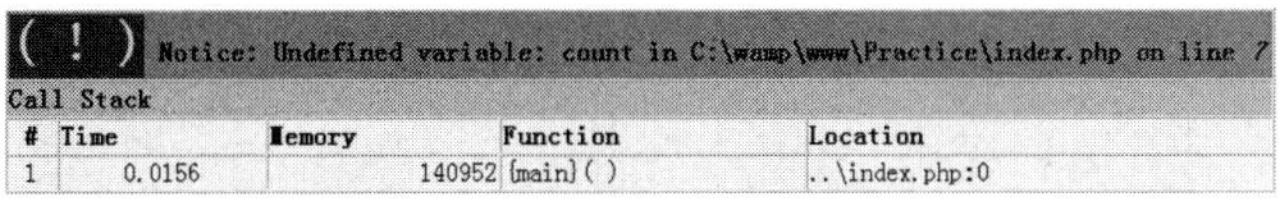
( ! ) Notice: Undefined variable: count in C:\wamp\www\Practice\index.php on line 7

Call Stack

| # | Time | Memory | Function | Location |
|---|---|---|---|---|
| 1 | 0.0156 | 140952 | {main}( ) | ..\index.php:0 |

图 3.11　输出变量未定义的错误信息

如果要使函数中的变量作用于函数外部，则需要使用 global 关键字将变量声明为全局变量，具体内容请参见 3.3.1 节。函数中的变量还可以声明为静态变量，在函数被调用后，静态变量的值并不丢失，在下一次调用该函数时，静态变量的值是上一次调用函数时赋的值。

## 3.6.4　函数的返回值

在声明函数时，在函数代码中使用 return 语句可以立即结束函数的运行，程序返回到调用该函数的下一条语句。例如：

```
<?php
	function my_function($a=1)
	{
		echo $a;
		return;				//结束函数的运行，下面的语句将不运行
		$a++;
		echo $a;
	}
	my_function();				//输出 1
?>
```

中断函数执行并不是 return 语句最常用的功能，许多函数使用 return 语句返回一个值来与调用它

们的代码进行交互。函数的返回值可以是任何类型的值，包括列表和对象。例如：

```php
<?php
    function squre($num)
    {
        return $num*$num;              //返回一个数的平方
    }
    echo squre(4);                     //输出 16
    function large($a,$b)
    {
        if(!isset($a)||!isset($b))     //如果变量未设置则返回 FALSE
            return FALSE;
        else if($a>=$b)                //如果$a>=$b 则返回$a
            return $a;
        else                           //如果$a<$b 则返回$b
            return $b;
    }
    echo large(5,6);                   //输出 6
    if(large()===FALSE)                //未设参数，显示错误提示
        echo "FALSE";                  //输出"FALSE"
?>
```

### 3.6.5 函数的调用

函数在声明后就可以被调用，前面的内容中已经介绍过函数的调用。例如，在包含一个文件时需要调用 include()函数。

在调用函数时需要提供有效的参数。另外，如果函数没有返回值，则在调用时使用函数名。如果函数具有返回值，则可以将函数的返回值赋给一个变量。例如：

```php
<?php
    //对一个数组进行升序排序的函数 my_sort()
    function my_sort($array)
    {
        for($i=0;$i<count($array);$i++)
        {
            for($j=$i+1;$j<count($array);$j++)
            {
                if($array[$i]>$array[$j])
                {
                    $tmp=$array[$j];
                    $array[$j]=$array[$i];
                    $array[$i]=$tmp;
                }
            }
        }
        return $array;
    }
    $arr=array(6,4,7,5,9,2);           //未排序的数组
    $sort_arr=my_sort($arr);           //将排序后的数组赋给$sort_arr
    foreach($sort_arr as $num)
        echo $num;                     //输出 245679
?>
```

## 3.6.6 递归函数

PHP 支持递归函数，递归函数就是调用函数本身，可以实现循环的作用。例如：

```php
<?php
    function factorial($n)
    {
        if($n==0)
            return 1;                           //如果$n 为 0 则返回 1
        else
            return $n*factorial($n-1);          //递归调用，直到$n 等于 0 为止
    }
    echo factorial(10);                         //输出 3628800
?>
```

在以上代码中，factorial()函数的 return 语句中以 "$n-1" 作为参数调用了 factorial()函数本身，而 return 语句中的 factorial()函数又会继续调用自己，直到$n 等于 0 为止。这样，通过递归调用实现了计算一个数的阶乘的功能，这个功能用循环也可以实现。

> 👀👀**注意：**
>
> 使用递归函数时一定要给出递归的终止条件，否则函数将一直执行下去，直到服务器内存耗尽为止，或达到最大调用次数。

## 3.6.7 变量函数

在 PHP 中有变量函数这个概念，在变量的后面加上一对小括号就构成了一个变量函数。例如：

```php
$count();
```

如果创建了变量函数，PHP 脚本运行时则寻找与变量名相同的函数；如果函数存在，则尝试执行该函数；如果函数不存在，则产生一个错误。为了防止这类错误，可以在调用变量函数之前使用 PHP 的 function_exists()函数来判断该变量函数是否存在。例如：

```php
<?php
    $action="showstr";
    function showstr()
    {
        echo "显示字符串";
    }
    if(function_exists($action()))             //判断函数是否存在
        $action();                             //实际调用了 showstr()函数
?>
```

> 👀👀**注意：**
>
> 变量函数不能用于语言结构，如 echo()、print()、unset()、include()、require()、isset()及类似的语句。

## 3.6.8 系统函数

用户自定义函数可以进行逻辑运算，而大部分的系统底层工作需要由系统函数来完成。

PHP 提供了丰富的系统函数，包括文件系统函数、数组函数、字符串函数等供用户调用。通过使用这些函数可以用很简单的代码完成比较复杂的工作。但并非所有的系统函数都能被直接调用，有一些扩展的系统函数需要在安装扩展库之后才能被调用，例如，有些图像函数需要在安装 GD 库之后才能使用。当前运行环境支持的函数列表可以在 phpinfo 页面中查看。

正确使用系统函数会使程序实现更全面的功能，并节省编程的时间。各种功能系统函数的应用在第4章和第5章中还会涉及，届时详解，这里暂不展开。

### 3.6.9　匿名函数

匿名函数也叫闭包函数，它允许临时创建一个没有指定名称的函数。例如：

```php
<?php
    echo preg_replace_callback('~-([a-z])~',
            function ($match){
                return strtoupper($match[1]);
            }, 'hello-world');                              //输出 helloWorld
?>
```

## 3.7　综合实例

下面通过两个较为综合的例子，加深对本章所学内容的理解。

### 3.7.1　实例——多项选择题

【例3.8】　编写回答多项选择题的 PHP 程序。

要求如下：以下属于 Web 开发语言的有哪几种？供选择答案：C 语言、PHP、FLASH、ASP、JSP。正确答案：PHP、ASP、JSP。

新建 answer.php 文件，输入以下代码：

```php
<!DOCTYPE html>
<!-- HTML5 表单，包含五个复选框和一个"提交"按钮 -->
<form action="" method="post">
    以下属于 Web 开发语言的有哪几种？ <br/>
    <input type="checkbox" name="answer[]" value="C 语言">C 语言<br/>
    <input type="checkbox" name="answer[]" value="PHP">PHP<br/>
    <input type="checkbox" name="answer[]" value="FLASH">FLASH<br/>
    <input type="checkbox" name="answer[]" value="ASP">ASP<br/>
    <input type="checkbox" name="answer[]" value="JSP">JSP<br/>
    <input type="submit" name="bt_answer value="提交">
</form>
<?php
    if(isset($_POST['bt_answer']))
    {
        $answer=@$_POST['answer'];                          //$answer 是数组
        if(!$answer)
            echo "<script>alert('请选择答案')</script>";
        $num=count($answer);                               //使用 count 函数取得$answer 数组中值的个数
        $anw="";                                           //初始化$anw 为空
        for($i=0;$i<$num;$i++)                             //使用 for 循环
        {
            $anw=$anw.$answer[$i];                          //将$answer 中的值连接起来
        }
        if($anw=="PHPASPJSP")                              //判断是否为正确答案
            echo "<script>alert('回答正确！')</script>";     //弹出提示框提示正确
        else
            echo "<script>alert('回答错误！')</script>";     //弹出提示框提示错误
```

```
    }
?>
```

运行结果如图 3.12 所示。

图 3.12 多项选择题的运行结果

说明：在程序中，复选框的名称都为 "answer[]"，当 PHP 从表单中的 "answer" 控件取值时，取到的是一个数组，复选框被选中时的值就存入这个数组中。count()函数返回一个数组中值的个数。

## 3.7.2 实例——计算器程序

【例 3.9】 设计一个计算器程序，实现简单的加、减、乘、除运算。

新建 calculate.php 文件，输入以下代码：

```php
<!DOCTYPE html>
<html>
<head>
    <title>计算器程序</title>
</head>
<body>
<form method=post>
    <table>
        <tr>
            <td>
                <input type="text" size="4" name="number1">
                <select name="calculate">
                    <option value="+">+
                    <option value="-">-
                    <option value="*">*
                    <option value="/">/
                </select>
                <input type="text" size="4" name="number2">
                <input type="submit" name="ok" value="计算">
            </td>
        </tr>
    </table>
</form>
</body>
</html>
<?php
    function cac($a, $b, $calculate)              //定义 cac 函数，用于计算两个数的结果
    {
        if($calculate=="+")                       //如果为加法则相加
            return $a+$b;
        if($calculate=="-")                       //如果为减法则相减
            return $a-$b;
```

```
            if($calculate=="*")                  //如果为乘法则返回乘积
                return $a*$b;
            if($calculate=="/")
            {
                if($b=="0")                       //判断除数是否为 0
                    echo "除数不能等于 0";
                else
                    return $a/$b;                 //若除数不为 0 则相除
            }
        }
        if(isset($_POST['ok']))
        {
            $number1=$_POST['number1'];           //得到数 1
            $number2=$_POST['number2'];           //得到数 2
            $calculate=$_POST['calculate'];       //得到运算的动作
            //调用 is_numeric()函数判断接收到的字符串是否为数字
            if(is_numeric($number1)&&is_numeric($number2))
            {
                //调用 cac 函数计算结果
                $answer=cac($number1,$number2,$calculate);
                echo "<script>alert('".$number1.$calculate.$number2."=".$answer."')</script>";
            }
            else
                echo "<script>alert('输入的不是数字！')</script>";
        }
    ?>
```

运行程序后计算 240×30 的结果，如图 3.13 所示。

图 3.13　计算器程序

# 习题 3

**一、选择题**

1. 以下 PHP 定义变量中正确的是（　　　）。

A．var a = 5;　　　　　　B．var $a = 12;　　　　　C．int b = 6;　　　　D．$a = 10;

2. PHP 中单引号和双引号包含字符串的区别是（　　　）。

A．双引号里面可以解析变量　　　　　　　　B．单引号里面可以解析转义字符

C．双引号速度快，单引号速度慢　　　　　　D．单引号速度快，双引号速度慢

3. PHP 中（　　　）语句可以输出变量类型。

A．print_r　　　　　　　　B．print　　　　　　　　C．var_dump　　　　D．echo

4．以下说法中正确的是（　　　）。

A．10/4 得出的结果是 2.5

B．exit;后面的语句可以继续执行

C．$$a;这种写法是错误的

D．@符号可以屏蔽所有错误

5．关于 exit()与 die()函数，下面说法中正确的是（　　　）。

A．两个函数等价，执行它们都会停止执行下面的脚本

B．两个函数没有直接关系

C．执行 exit()会停止执行下面的脚本，而 die()无法做到

D．执行 die()会停止执行下面的脚本，而 exit()无法做到

6．以下能输出 1 到 100 之间的随机数的是（　　　）。

A．echo rand(1,100);　　　　　　　　B．echo rand()*100;

C．echo rand();　　　　　　　　　　　D．echo rand(100);

7．以下（　　　）不属于函数的四要素。

A．返回类型　　　　B．参数列表　　　　C．函数名　　　　D．访问修饰符

8．下列定义函数的方式中正确的是（　　　）。

A．public void Func() { }　　　　　　B．function Func(int $a) { }

C．function Func(a, b) { }　　　　　　D．function Func($a = 5, $b) { }

9．若 x、y 为整型，则以下语句执行的$y 结果为（　　　）。

```
$x = 1;
++$x;
$y = $x++;
```

A．0　　　　　　　　B．1　　　　　　　　C．2　　　　　　　　D．3

10．以下语句输出的结果是（　　　）。

```
$a = "aa";
$aa = "bb";
echo $$a;
```

A．aa　　　　　　　B．$aa　　　　　　　C．bb　　　　　　　D．$$a

11．以下语句输出的结果是（　　　）。

```
$a = 10;
$b = &$a;
echo $b;
$b = 15;
echo $a;
```

A．1515　　　　　　B．1510　　　　　　C．1015　　　　　　D．1010

12．以下代码执行结果为（　　　）。

```php
<?php
    function print_A() {
        $A = "I Love PHP!";
        echo "A 值为: ".$A."";
        return ($A);
    }
    $B = print_A();
    echo "B 值为: ".$B."";
?>
```

A.

A 值为:

B 值为:

B.

A 值为:

B 值为: I Love PHP!

C.

A 值为: I Love PHP!

B 值为:

D.

A 值为: I Love PHP!

B 值为: I Love PHP!

13．以下代码执行结果为（　　　）。

```php
<?php
    $A="Hello ";
    function print_A()
    {
        $A = "World";
        global $A;
        echo $A;
    }
    echo $A;
    print_A();
?>
```

A．Hello　　　　　　　B．Hello World　　　　　C．Hello Hello　　　　　D．World

## 二、简答题

1．PHP 中的标记风格有哪几种？

2．如何在 HTML 中嵌入 PHP 代码？

3．PHP 的数据类型有哪些？

4．在 PHP 中如何定义变量和常量？PHP 中的预定义变量有哪些？如何使用 PHP 的外部变量？试举一例。

5．PHP 的运算符有哪些？各有什么作用？

6．PHP 程序流程控制语句有哪些？试各举一例。

7．如何在 HTML 页面上用 PHP 代码输出一个表格？

8．如何定义变量函数？

9．如何在函数内部定义一个有全局作用域的变量？

## 三、编程题

1．设计一个排序函数，接收用户输入的值后使用该函数对其进行排序。

2．定义一个函数用于比较两个数的大小，如果前者比后者大则返回 1，反之返回 0。

3．编写一段 PHP 程序，从表单接收用户输入的两个数，计算它们的最大公约数。

# 第 *4* 章 PHP 数组与字符串

数组和字符串是 PHP 中最为重要的两种数据类型。曾有人做过统计，在 PHP 的项目开发中，至少有 30%的代码在处理数组，另有 30%以上的代码在操作字符串，两者合占 PHP 代码比重高达 60%以上！因此，本章专门讲述这两种类型数据的操作。

## 4.1 数组及处理

前面已经提到过数组的概念，本节将重点介绍如何处理数组。前面介绍的变量都是标量变量，只能存储单个数值。而数组实质上是一个可以存储一组或一系列数值的变量，操作数组的本质就是操作存储在其中的数值。

### 4.1.1 数组的创建和初始化

在 PHP 中，存储在数组中的值称为数组元素。当数组元素只是普通值（如数字、字母）时，这个数组就是一维数组。当数组元素是另外的类型时，这个数组就是多维数组。每个数组元素都有一个相关的索引（也称为关键字），使用索引就可以访问数组元素。创建数组一般有以下几种方法。

#### 1. 使用 array()函数创建数组

PHP 中的数组既可以是一维数组，也可以是多维数组。创建数组可以使用 array()函数，语法格式如下：

```
array array([$keys=>
            ]$values,…)
```

语法"$keys=>$values"，用逗号分开，定义了关键字的键名和值，自定义键名可以是字符串或数字。如果省略了键名，则会自动产生从 0 开始的整数作为键名。如果只对某个给出的值没有指定键名，则取该值前面最大的整数键名加 1 后的值。例如：

```php
<?php
    $array1=array(1,2,3,4);                                    //定义不带键名的数组
    $array2=array("color"=>"blue","name"=>"picture","number"=>"01");  //定义带键名的数组
    $array3=array(1=>2,2=>4,5=>6,8,10);                        //定义省略某些键名的数组
?>
```

说明：数组$array1 的键名是自动产生的从 0 开始的整数，键名分别是 0、1、2、3。$array2 的键名是"color"、"name"、"number"。$array3 中值"8"和"10"的键名省略，数组会自动给其分配键名，值"8"的键名是该值前面最大的整数键名加 1，即 6，值"10"的键名为 7。

为了更好地理解数组的键名和值，这里介绍一个打印函数 print_r()。这个函数用于打印一个变量的信息。如果给出的是字符串、整型或浮点型的变量，则打印变量值本身。如果给出的是数组类型的变量，则按照一定格式显示键名和值。对象类型与数组类型类似。

print_r()函数的语法格式如下：

```
bool print_r(mixed expression [, bool return])
```

如果想捕捉 print_r()的输出，则使用 return 参数。若此参数设为 TRUE，则 print_r()不打印结果，

而是返回其输出（此为默认动作）。例如：

```php
<?php
    $array=array("a"=>5, "b"=>10, 20);
    print_r($array);
?>
```

输出结果为：

```
Array ( [a] => 5 [b] => 10 [0] => 20 )
```

> **注意：**
> 如果定义了两个完全一样的键名，则后面一个会覆盖前面一个。例如：
> ```php
> <?php
>     $array=array(1, 1, 1, 1, 1, 8 => 1, 4 => 1, 19, 3 => 13);
>     print_r($array);
> ?>
> ```

输出结果为：

```
Array ( [0] => 1 [1] => 1 [2] => 1 [3] => 13 [4] => 1 [8] => 1 [9] => 19 )
```

说明：键名 3 被定义了两次，保留了最后的值 13。

数组创建完后，若使用数组中某个值，则使用$array["键名"]的形式。如果数组的键名是自动分配的，则默认情况下，0 元素是数组的第一个元素。例如：

```php
<?php
    $array1=array("黄色","蓝色","黑色");
    echo $array1[1];                    //输出"蓝色"
    $array2=array("a"=>5,"b"=>10,"c"=>15);
    echo $array2["b"];                  //输出 10
?>
```

另外，通过对 array()函数的嵌套使用，还可以创建多维数组。例如：

```php
<?php
    $array=array(
            "color"=>array("红色","蓝色","白色"),
            "number"=>array(1,2,3,4,5,6)
        );                              //定义二维数组$array
    echo $array["color"][2];            //输出数组元素，输出结果为"白色"
    print_r($array);                    //打印二维数组
?>
```

输出结果为：

```
Array ( [color] => Array ( [0] => 红色 [1] => 蓝色 [2] => 白色)
        [number] => Array ( [0] => 1 [1] => 2 [2] => 3 [3] => 4 [4] => 5 [5] => 6 ) )
```

数组创建之后，可以使用 count()和 sizeof()函数获得数组元素的个数，参数是要进行计数的数组。例如：

```php
<?php
    $array=array(1,2,3,6=>7,8,9,5,10);
    echo count($array);                 //输出 8
    echo sizeof($array);                //输出 8
?>
```

### 2. 使用变量建立数组

通过使用 compact()函数，可以把一个或多个变量甚至数组建立成数组元素，这些数组元素的键名就是变量的变量名，值是变量的值。语法格式如下：

```
array compact(mixed $varname [, mixed ...])
```

每个参数$varname 可以是一个包括变量名的字符串或者是一个包含变量名的数组。对每个参数，compact()函数在当前的符号表中查找该变量名并将它添加到输出的数组中，变量名成为键名，而变量的内容成为该键的值。任何没有变量名与之对应的字符串都被略过。例如：

```php
<?php
    $num=10;
    $str="string";
    $array=array(1,2,3);
    $newarray=compact("num","str","array");        //使用变量名创建数组
    print_r($newarray);
?>
```

输出结果为：

Array ( [num] => 10    [str] => string    [array] => Array ( [0] => 1 [1] => 2 [2] => 3 ) )

与 compact()函数相对应的是 extract()函数，其作用是将数组中的单元转换为变量，例如：

```php
<?php
    $array=array("key1"=>1, "key2"=>2, "key3"=>3);
    extract($array);
    echo "$key1 $key2 $key3";               //输出 1 2 3
?>
```

### 3. 使用两个数组创建一个数组

使用 array_combine()函数可以使用两个数组创建另外一个数组，语法格式如下：

array array_combine(array $keys, array $values)

array_combine()函数用来自$keys 数组的值作为键名，用来自$values 数组的值作为相应的值，最后返回一个新的数组。例如：

```php
<?php
    $a=array('green', 'red', 'yellow');
    $b=array('avocado', 'apple', 'banana');
    $c=array_combine($a, $b);
    print_r($c);            //输出：Array ( [green] => avocado    [red] => apple    [yellow] => banana )
?>
```

### 4. 建立指定范围的数组

使用 range()函数可以自动建立一个值在指定范围的数组，语法格式如下：

array range(mixed $low, mixed $high [, number $step ])

$low 为数组开始元素的值，$high 为数组结束元素的值。如果$low>$high，则序列将从$high 到$low。$step 是单元之间的步进值，$step 应该为正值，如果未指定则默认为 1。range()函数将返回一个数组，数组元素的值就是从$low 到$high 之间的值。例如：

```php
<?php
    $array1=range(1,5);
    $array2=range(2,10,2);
    $array3=range("a","e");
    print_r($array1);        //输出：Array ( [0] => 1 [1] => 2 [2] => 3 [3] => 4 [4] => 5 )
    print_r($array2);        //输出：Array ( [0] => 2 [1] => 4 [2] => 6 [3] => 8 [4] => 10 )
    print_r($array3);        //输出：Array ( [0] => a [1] => b [2] => c [3] => d [4] => e )
?>
```

### 5. 自动建立数组

数组还可以不用预先初始化或创建，在第一次使用它的时候，数组就已经创建，例如：

```php
<?php
    $arr[0]="a";
    $arr[1]="b";
```

```
        $arr[2]="c";
        print_r($arr);                          //输出：Array ( [0] => a [1] => b [2] => c )
    ?>
```

说明：以上代码创建了名为$arr 的数组，在第一句代码运行时，如果$arr 数组不存在，则自动创建一个只有一个元素的$arr 数组，后续的代码将在这个数组中添加新值。

## 4.1.2  键名和值的操作

### 1. 存在性检查

检查数组中是否存在某个键名和值，则使用 array_key_exists()和 in_array()函数。array_key_exists()和 in_array()函数都为布尔型，若存在则返回 TRUE，若不存在则返回 FASLE。例如：

```
    <?php
        $array=array(1,2,3,5=>4,7=>5);
        if(in_array(5,$array))                   //判断是否存在值5
            echo "数组中存在值：5";              //输出"数组中存在值：5"
        if(!array_key_exists(3,$array))          //判断是否不存在键名3
            echo "数组中不存在键名：3";          //输出"数组中不存在键名：3"
    ?>
```

说明：前面使用过的 isset()函数也可以用来检查数组中的键名是否存在，但如果检查的键名对应的值为 NULL，则 isset()函数返回 FALSE，而 array_key_exists()则返回 TRUE。

array_search()函数也可以用于检查数组中的值是否存在，与 in_array()函数不同的是，in_array()函数返回的是 TRUE 或 FALSE，而 array_search()函数当值存在时返回这个值的键名，若值不存在则返回 NULL。例如：

```
    <?php
        $array=array(1, 2, 3, "a", 5, "b");
        $key=array_search("a",$array);           //查找"a"是否在数组$array 中
        if($key==NULL)                           //如果返回结果为 NULL 则不存在
        {
            echo "数组中不存在这个值";           //不输出
        }
        else
            echo $key;                           //输出 3
    ?>
```

### 2. 获取和输出

使用 array_keys()和 array_values()函数可以取得数组中所有的键名和值，并保存到一个新的数组中。例如：

```
    <?php
        $arr=array("red"=>"红色","blue"=>"蓝色","white"=>"白色");
        $newarr1=array_keys($arr);               //取得数组中的所有键名
        $newarr2=array_values($arr);             //取得数组中的所有值
        print_r($newarr1);                       //输出结果：Array ( [0] => red [1] => blue [2] => white )
        print_r($newarr2);                       //输出结果：Array ( [0] => 红色 [1] => 蓝色 [2] => 白色 )
    ?>
```

使用 key()函数可以取得数组当前单元的键名，例如：

```
    <?php
        $array=array("a"=>1, "b"=>2, "c"=>3, "d"=>4);
        echo key($array);                        //输出"a"
        next($array);                            //将数组中的内部指针向前移动一位
        echo key($array);                        //输出"b"
    ?>
```

说明: next()函数返回数组下一个单元的值, 并将数组中的内部指针向前移动一位, 如果已经到了数组的末端, 则返回 FALSE。prev()函数作用与 next()函数相反, 是将数组中的内部指针向后移动一位。

另外,"end($array);"表示将数组中的内部指针指向最后一个单元;"reset($array);"表示将数组中的内部指针指向第一个单元, 即重置数组的指针;"each($array)"表示返回当前的键名和值, 并将数组指针向下移动一位, 这个函数非常适合在数组遍历时使用。

使用 list()函数可以将数组中的值赋给指定的变量。这样就可以将数组中的值输出显示出来了, 这个函数在数组遍历的时候将非常有用。例如:

```php
<?php
$arr=array("红色","蓝色","白色");
list($red,$blue,$white)=$arr;        //将数组$arr 中的值赋给三个变量
echo $red;                           //输出"红色"
echo $blue;                          //输出"蓝色"
echo $white;                         //输出"白色"
?>
```

说明: list()函数从数组的第一个值开始依次将值赋给函数中对应的变量, 如果变量个数小于数组中元素个数, 则只赋值数组中和变量相等个数的元素。

> **注意:**
> list()函数仅能用于键名为数字的数组并假定数字键名从 0 开始。如果键名不是连续的数字, 则极有可能发生错误。

### 3. 填充数组

使用 array_fill()和 array_fill_keys()函数可以用给定的值填充数组的值和键名。

array_fill()函数的语法格式如下:

array array_fill(int $start_index, int $num, mixed $value)

说明: array_fill()函数用参数$value 的值将一个数组从第$start_index 个单元开始, 填充$num 个单元。$num 必须是一个大于零的数值, 否则 PHP 会发出一条警告信息。

array_fill_keys()函数的语法格式如下:

array array_fill_keys(array $keys,mixed $value)

说明: array_fill_keys 函数用给定的数组$keys 中的值作为键名, $value 作为值, 并返回新数组。

例如:

```php
<?php
$array1=array_fill(2,3,"red");            //从第二个单元开始填充三个值"red"
$keys=array("a", 3, "b");
$array2=array_fill_keys($keys, "数组值");  //使用$keys 数组中的值作为键名
print_r($array1);                         //输出结果: Array ( [2] => red [3] => red [4] => red )
print_r($array2);                         //输出结果: Array ( [a] =>数组值[3] =>数组值[b]=>数组值)
?>
```

### 4. 键值交换

使用 array_flip()函数可以交换数组中的键名和值。例如:

```php
<?php
$array=array("a"=>1, "b"=>2, "c"=>3);
$array=array_flip($array);               //交换键名和值
print_r($array);                         //输出结果: Array ( [1] => a [2] => b [3] => c )
?>
```

> **注意:**
> 数组中的值必须可作为合法的键名才能够使用 array_flip()函数进行交换。另外, 如果交换前数组中有相同的值, 则相同的值转换为键名后, 值保留最后一个。

**5. 删除替换**

array_splice()函数可以将数组中的一个或多个单元删除并用其他值代替。语法格式如下：

```
array array_splice(array &$input, int $offset [, int $length [, array $replacement ]])
```

说明：array_splice()函数把$input 数组中由$offset 和$length 指定的单元去掉，如果提供了$replacement 参数，则用$replacement 中的值取代被移除的单元，最后返回一个含有被移除单元的数组。

$offset 是指定的偏移量，如果$offset 为正，则从$input 数组中该值指定的偏移量开始移除。如果$offset 为负，则从$input 末尾倒数该值指定的偏移量开始移除。

$length 是指定删除的单元数，如果省略$length，则移除数组中从$offset 到结尾的所有部分。如果指定了$length 并且为正值，则移除$offset 后的$length 个单元。如果指定了$length 并且为负值，则移除从$offset 到数组末尾倒数$length 个为止的所有的单元。当给出了$replacement 后要移除从$offset 到数组末尾的所有单元时，可以用 count($input)作为$length。

如果给出了$replacement 数组，则被移除的单元被此数组中的单元替代。如果指定的$offset 和$length 的组合结果不会移除任何值，则$replacement 数组中的单元将被插入$offset 指定的位置。如果用来替换的值只是一个单元，则不需要给它加上"array"，除非该单元本身就是一个数组。例如：

```php
<?php
    $input1=array(1,2,3,4,5,6);              //初始化 input1 数组
    $input2=array(1,2,3,4,5,6);              //初始化 input2 数组
    $input3=array(1,2,3,4,5,6);              //初始化 input3 数组
    $output1=array_splice($input1,3,2);      //删除$input1 数组第三个单元后的两个单元
    print_r($input1);                        //打印 input1 数组中情况
    //输出结果：Array ( [0] => 1 [1] => 2 [2] => 3 [3] => 6 )
    print_r($output1);                       //打印 array_splice()函数返回的数组情况
    //输出结果：Array ( [0] => 4 [1] => 5 )
    $output2=array_splice($input2,4,0,7);    //在$input2 数组中第四个单元添加值 7
    print_r($input2);
    //输出结果：Array ( [0] => 1 [1] => 2 [2] => 3 [3] => 4 [4] => 7 [5] => 5 [6] => 6 )
    $output3=array_splice($input3,3,2,array(7,8));
    //删除数组$input3 第三个单元后面的两个单元并用值 7 和 8 代替
    print_r($input3);
    //输出结果：Array ( [0] => 1 [1] => 2 [2] => 3 [3] => 7 [4] => 8 [5] => 6 )
?>
```

使用 array_unique()函数可以移除数组中重复的值，返回一个新数组，并不会破坏原来的数组。例如：

```php
<?php
    $array=array(1,2,3,2,3,4,1);
    $output=array_unique($array);            //移除$array 数组中重复的值
    print_r($output);                        //输出结果：Array ( [0] => 1 [1] => 2 [2] => 3 [5] => 4 )
?>
```

使用 array_replace()函数可以以传递的数组替换第一个数组的元素。

array_replace()函数的语法格式如下：

```
array array_replace( array $array , array $array1 [, array $... ] )
```

说明：array_replace()函数使用后面数组$array1 元素的值替换第一个$array 数组的值。如果一个键同时存在于第一个数组和第二个数组，则它的值将被第二个数组中的值替换。如果一个键存在于第二个数组但不存在于第一个数组，则会在第一个数组中创建这个元素。如果一个键仅存在于第一个数组，则它保持不变。如果传递了多个替换数组，它们则被按顺序依次处理，后面的数组将覆盖之前的值。

例如：

```php
<?php
    $base=array("orange", "banana", "apple", "raspberry");
    $replacements=array(0=>"pineapple", 4=>"cherry");
    $replacements2=array(0=>"grape");
    $basket=array_replace($base, $replacements, $replacements2);
    print_r($basket);
    //输出结果：Array ( [0] => grape [1] => banana [2] => apple [3] => raspberry [4] => cherry )
?>
```

## 4.1.3　数组的遍历和输出

在实际应用中，遍历数组是最常用的访问数组的方法。进行数组的遍历要使用循环控制语句，如while、for、foreach 等。

### 1. 使用 while 循环访问数组

while 循环、list()和 each()函数结合使用就可以实现对数组的遍历。list()函数的作用是将数组中的值赋给变量；each()函数的作用是返回当前的键名和值，并将数组指针向下移动一位。例如：

```php
<?php
    $arr=array(1,2,3,4,5,6);
    while(list($key,$value)=each($arr))      //直到数组指针指到数组尾部时停止循环
    {
        echo $value;                         //输出 123456
    }
?>
```

如果数组是多维数组（假设为二维数组），则在 while 循环中多次使用 list()函数。例如：

```php
<?php
    $t_array=array(
            array("221101","王林","计算机"),
            array("221102","程明","计算机"),
            array("221201","刘华","通信工程")
            );
    //以表格形式输出数组的值
    echo "<table border=1><tr><td>学号</td><td>姓名</td><td>专业</td></tr>";
    while(list($key,$value)=each($t_array))
    {
        list($XH,$XM,$ZY)=$value;            //将二维数组中的单个数组中的值用变量替换
        //输出变量的值
        echo "<tr><td>$XH</td><td>$XM</td><td>$ZY</td></tr>";
    }
    echo "</table>";                         //输出表格结尾
?>
```

输出表格如图 4.1 所示。

| 学号 | 姓名 | 专业 |
|------|------|------|
| 221101 | 王林 | 计算机 |
| 221102 | 程明 | 计算机 |
| 221201 | 刘华 | 通信工程 |

图 4.1　输出表格

### 2. 使用 for 循环访问数组

使用 for 循环也可以访问数组。例如：

```php
<?php
    $array=range(1,10);
    for($i=0;$i<10;$i++)
    {
        echo $array[$i];                    //输出 12345678910
    }
?>
```

> 👀 注意：
> 使用 for 循环只能访问键名是有序的整型的数组，如果是其他类型则无法访问。

### 3. 使用 foreach 循环访问数组

foreach 循环是一个专门用于遍历数组的循环，语法格式如下：

```
foreach (array_expression as $value)
    //代码段
foreach (array_expression as $key => $value)
    //代码段
```

第一种格式遍历给定的 array_expression 数组。在每次循环中，当前单元的值被赋给变量$value 且数组内部的指针向前移一步（因此下一次循环将会得到下一个单元）。第二种格式做同样的事，只是当前单元的键名也会在每次循环中被赋给变量$key。例如：

```php
<?php
    $color=array("a"=>"red","blue","white");
    foreach($color as $value)
    {
        echo $value."<br/>";                //输出数组的值
    }
    foreach($color as $key=>$value)
    {
        echo $key. "=>". $value. "<br/>";   //输出数组的键名和值
    }
?>
```

输出结果为：

```
red
blue
white
a=>red
0=>blue
1=>white
```

【例 4.1】 在页面上生成 5 个文本框，用户输入学生成绩，提交表单后输出其中分数低于 60 分的值，并计算平均成绩后输出。

新建 foreachscore.php 文件，输入以下代码：

```php
<?php
    echo "<form method=post>";                              //新建表单
    for($i=1;$i<6;$i++)                                     //循环生成文本框
    {
        //文本框的名字是数组名
        echo "学生".$i."的成绩：<input type=text name='stu[]' ><br/>";
    }
    echo "<input type=submit name=bt value='提交'>";        // "提交" 按钮
    echo "</form>";
```

```
if(isset($_POST['bt']))                              //检查"提交"按钮是否被按下
{
    $sum=0;                                          //总成绩初始化为 0
    $k=0;
    $stu=$_POST['stu'];                              //取得所有文本框的值并赋予数组$stu
    $num=count($stu);                                //计算数组$stu 元素个数
    echo "您输入的成绩有：<br/>";
    foreach($stu as $score)                          //使用 foreach 循环遍历数组$stu
    {
        echo $score."<br/>";                         //输出接收的值
        $sum=$sum+$score;                            //计算总成绩
        if($score<60)                                //判断分数低于 60 的情况
        {
            $sco[$k]=$score;                         //将分数低于 60 的值赋给数组$sco
            $k++;                                    //数组$sco 的键名索引加 1
        }
    }
    echo "<br/>低于 60 分的成绩有：<br/>";
    for($k=0;$k<count($sco);$k++)                    //使用 for 循环输出$sco 数组
        echo $sco[$k]."<br/>";
    $average=$sum/$num;                              //计算平均成绩
    echo "<br/>平均分为：$average";                   //输出平均成绩
}
?>
```

运行 foreachscore.php 文件，在文本框中依次输入成绩：56、68、43、85、76，单击"提交"按钮，运行结果如图 4.2 所示。

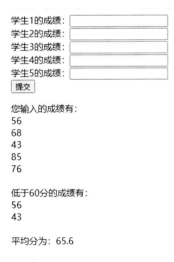

图 4.2　处理学生成绩

说明：在代码中求分数低于 60 分的成绩时，从总的数组中取得低于 60 的值保存在一个新数组中，并输出该数组。

### 4.1.4　数组的排序

因为数组中的值经常是混乱地排放的，所以需要使用排序函数来排序，使其易于访问和操作。PHP 提供了很多数组排序函数，特别是对一维数组的排序非常简单。

**1. 升序排序**

- sort()函数。使用 sort()函数可以对已经定义的数组进行排序，使得数组单元按照数组值从低到高重新索引。语法格式如下：

```
bool sort(array &$array [, int $sort_flags ])
```

说明：sort()函数如果排序成功则返回 TRUE，失败则返回 FALSE。在两个参数中，$array 是需要排序的数组；$sort_flags 的值可以影响排序的行为，$sort_flags 可以取以下 6 个值。

（1）SORT_REGULAR：正常比较单元（不改变类型），这是默认值。

（2）SORT_NUMERIC：单元被作为数字来比较。

（3）SORT_STRING：单元被作为字符串来比较。

（4）SORT_LOCALE_STRING：根据当前的区域设置把单元作为字符串来比较。

（5）SORT_NATURAL：对每个单元以"自然的顺序"对字符串进行排序。

（6）SORT_FLAG_CASE：能够与 SORT_STRING 或 SORT_NATURAL 合并（OR 位运算），不区分大小写排序字符串。

sort()函数不仅对数组进行排序，而且还删除了原来的键名，并重新分配自动索引的键名，例如：

```php
<?php
    $array1=array("a"=>5, "x"=>3, 5=>7, "c"=>1);
    $array2=array(2=>"c",4=>"a",1=>"b");
    if(sort($array1))
        print_r($array1);              //输出：Array ([0] => 1 [1] => 3 [2] => 5 [3] => 7 )
    else
        echo "排序\$array1 失败";        //不输出
    if(sort($array2))
        print_r($array2);              //输出：Array ([0] => a [1] => b [2] => c )
?>
```

> 👀注意：
> 在对含有混合类型值的数组排序时要小心，因为这可能会产生不可预知的结果。

- asort()函数。asort()函数也可以对数组的值进行升序排序，语法格式和 sort()类似，但使用 asort()函数排序后的数组还保持键名和值之间的关联，例如：

```php
<?php
    $fruits=array("d"=>"lemon", "a"=>"orange", "b"=>"banana", "c"=>"apple");
    asort($fruits);
    print_r($fruits);          //输出：Array ( [c] => apple [b] => banana [d] => lemon [a] => orange )
?>
```

- ksort()函数。ksort()函数用于对数组的键名进行排序，排序后，键名和值之间的关联不改变，例如：

```php
<?php
    $fruits=array("d"=>"lemon", "a"=>"orange", "b"=>"banana", "c"=>"apple");
    ksort($fruits);
    print_r($fruits);          //输出：Array ( [a] => orange [b] => banana [c] => apple [d] => lemon )
?>
```

**2. 降序排序**

前面介绍的 sort()、asort()、ksort()这三个函数都是对数组按升序排序的。而它们都对应有一个降序排序的函数，即 rsort()、arsort()、krsort()函数，可以使数组按降序排序。

降序排序的函数与升序排序的函数的用法相同，rsort()函数按数组中的值降序排序，并将数组键名修改为一维数字键名；arsort()函数将数组中的值按降序排序，不改变键名和值之间的关联；krsort()函数将数组中的键名按降序排序。

### 3. 对多维数组排序

array_multisort()函数可以一次对多个数组排序，或根据多维数组的一维或多维对多维数组进行排序。语法格式如下：

```
bool array_multisort(array &$ar1 [, mixed $arg [, mixed $... [, array $... ]]])
```

本函数的参数结构比较特别，且非常灵活。第一个参数必须是一个数组。接下来的每个参数可以是数组或者是下面列出的排序标志。

（1）排序顺序标志：

① SORT_ASC 为默认值，按照上升顺序排序。

② SORT_DESC 为按照下降顺序排序。

（2）排序类型标志：

① SORT_REGULAR 为默认值，按照通常方法比较。

② SORT_NUMERIC 为按照数值比较。

③ SORT_STRING 为按照字符串比较。

> **👀注意：**
> 每个数组不能指定两个同类的排序标志，每个数组指定的排序标志仅对该数组有效。

使用 array_multisort()函数排序时，字符串键名保持不变，但数字键名会被重新索引。当函数的参数是一个数组列表时，函数首先对数组列表中的第一个数组进行升序排序，下一个数组中值的顺序按照对应的第一个数组的值的顺序排列，以此类推。例如：

```php
<?php
    $ar1=array(3,5,2,4,1);
    $ar2=array(8,6,9,7,10);
    array_multisort($ar1, $ar2);            //对$ar1、$ar2 排序
    print_r($ar1);                          //输出：Array ( [0] => 1 [1] => 2 [2] => 3 [3] => 4 [4] => 5 )
    echo "<br/>";
    print_r($ar2);                          //输出：Array ( [0] => 10 [1] => 9 [2] => 8 [3] => 7 [4] => 6 )
?>
```

说明：第一个数组中的值的原先顺序是 3,5,2,4,1，对应的第二个数组中的值的顺序是 8,7,9,6,10。排序后第一个数组中的值为 1,2,3,4,5，值 1 在第一位，则第二个数组中与值 1 相对应的值 10 也排在了第二个数组中的第一位；以此类推，则第二个数组最后的顺序是 10,9,8,7,6。如果在第一个数组中有相同的值，则按照第二个数组中对应的值进行排序，以此类推。这类似于 SQL 中的 ORDER BY 子句——对表的各列以行来排序。

> **👀注意：**
> 数组列表中所有数组的数组元素一定要相等，否则使用 array_multisort()函数时会发出警告。

如果要对多维数组排序，则原理与对多个数组排序类似。将多维数组中的各个数组看成多个数组。例如：

```php
<?php
    //初始化一个二维数组
    $ar=array(
                array("10", 11, 100, 100, "a"),
                array(  1,  2,  "2",   3,   1)
            );
    array_multisort($ar[0], SORT_ASC, SORT_STRING,
                    $ar[1], SORT_NUMERIC, SORT_DESC);
    var_dump($ar);                  //使用 var_dump 函数显示数组信息
?>
```

输出结果如图 4.3 所示。

```
array (size=2)
    0 =>
        array (size=5)
            0 => string '10' (length=2)
            1 => int 100
            2 => int 100
            3 => int 11
            4 => string 'a' (length=1)
    1 =>
        array (size=5)
            0 => int 1
            1 => int 3
            2 => string '2' (length=1)
            3 => int 2
            4 => int 1
```

图 4.3　多维数组排序的输出结果

说明：本例在排序后，第一个数组变成 "10",100,100,11,"a"（被作为字符串以升序排列）。因为第一个数组中有相同的值，所以按照第二个数组的规则排序。第二个数组将变成 1, 3, "2", 2, 1（被作为数字以降序排列）。

### 4. 对数组重新排序

● shuffle()函数。其作用是将数组按随机的顺序排列，并删除原有的键名，建立自动索引。例如：

```php
<?php
    $arr=range(1,10);                      //产生有序数组
    foreach($arr as $value)
        echo $value. " ";                  //输出有序数组，结果为 1 2 3 4 5 6 7 8 9 10
    echo "<br/>";
    shuffle($arr);                         //打乱数组顺序
    foreach($arr as $value)
        echo $value. "<br/>";              //输出新的数组顺序，每次运行的结果都不一样
?>
```

● array_reverse()函数。其作用是将一个数组单元按相反顺序排序，语法格式如下：

```
array array_reverse(array $array [ , bool $preserve_keys ])
```

如果$preserve_keys 值为 TRUE 则保留原来的键名，若为 FALSE 则为数组重新建立索引，默认为FALSE。例如：

```php
<?php
    $array=array("a"=>1,2,3,4);
    $ar1=array_reverse($array);
    $ar2=array_reverse($array,TRUE);
    print_r($ar1);                         //输出：Array ( [0] => 4 [1] => 3 [2] => 2 [a] => 1 )
    print_r($ar2);                         //输出：Array ( [2] => 4 [1] => 3 [0] => 2 [a] => 1 )
?>
```

### 5. 自然排序

natsort()函数实现了一个和人们通常对字母、数字、字符串进行排序的方法一样的排序算法，并保持原有键/值的关联，这被称为"自然排序"。natsort()函数对大小写敏感，它与 sort()函数的排序方法不同。例如：

```php
<?php
    $array1=$array2=array("img12", "img10", "img2", "img1");
    sort($array1);                         //使用 sort 函数排序
    print_r($array1);
    //输出：Array ( [0] => img1 [1] => img10 [2] => img12 [3] => img2 )
```

```
    natsort($array2);                        //自然排序
    print_r($array2);
    //输出：Array ( [3] => img1 [2] => img2 [1] => img10 [0] => img12 )
?>
```

说明：从输出结果可以看出，自然排序符合人们通常对数字、字符串排序的习惯。另外，还有一个自然排序函数即 natcasesort()函数，这个函数与 natsort()函数用法相同，只是不区分大小写。

## 4.1.5　数组的集合操作

使用数组的初衷是将多个相互关联的数据组织在一起，形成"集合"，作为一个单元使用，达到批量数据处理的目的。与代数中"集合"的概念一样，PHP 语言也定义了对数组的集合操作，功能十分强大。

### 1. 数组的差集

所谓"差集"是指在一个数组（集合）中而不在另一个数组（集合）中值的集合，该集合本身也成为一个新数组。

使用 array_diff()函数计算数组的差集，语法格式如下：

```
array array_diff ( array $array1, array $array2 [, array $... ] )
```

说明：对比返回在$array1 中但不在$array2 及任何其他参数数组中的值。注意键名保持不变。

例如：

```
<?php
    $array1=array("a"=>"green", "red", "blue", "red");
    $array2=array("b"=>"green", "yellow", "red");
    $result=array_diff($array1, $array2);
    print_r($result);                        //输出：Array ( [1] => blue )
?>
```

此外，还可以使用键名比较计算数组的差集，使用 array_diff_key()函数，例如：

```
<?php
    $array1=array('blue'=>1, 'red'=>2, 'green'=>3, 'purple'=>4);
    $array2=array('green'=>5, 'blue'=>6, 'yellow'=>7, 'cyan'=>8);
    var_dump(array_diff_key($array1, $array2));
?>
```

输出结果如下：

```
array (size=2)
  'red' => int 2
  'purple' => int 4
```

### 2. 数组的交集

所谓"交集"是指同时出现在两个数组（集合）中的值的集合，该集合本身也成为一个新数组。

使用 array_intersect()函数计算数组的交集，语法格式如下：

```
array array_intersect( array $array1, array $array2 [, array $ ... ] )
```

说明：返回一个数组，该数组包含了所有同时出现在$array1、$array2 及任何其他参数数组中的值。注意键名保持不变。例如：

```
<?php
    $array1=array("a"=>"green", "red", "blue");
    $array2=array("b"=>"green", "yellow", "red");
    $result=array_intersect($array1, $array2);
    print_r($result);                        //输出：Array ( [a] => green [0] => red )
?>
```

此外，还可以使用键名比较计算数组的交集，使用 array_intersect_key 函数，例如：

```
<?php
    $array1=array('blue'=>1, 'red'=>2, 'green'=>3, 'purple'=>4);
```

```
$array2=array('green'=>5, 'blue'=>6, 'yellow'=>7, 'cyan'=>8);
var_dump(array_intersect_key($array1, $array2));
?>
```

输出结果如下：

```
array (size=2)
  'blue' => int 1
  'green' => int 3
```

### 3. 数组的并集

所谓"并集"是指由两个（或多个）数组（集合）的值合并而成的集合，该集合本身也成为一个新数组。

array_merge()函数可以将一个或多个数组合并，一个数组中的值附加在前一个数组的后面，返回作为结果的数组。语法格式如下：

```
array array_merge(array $array1 [, array $array2 [, array $... ]])
```

如果输入的数组中有相同的字符串键名，则该键名后面的值将覆盖前面的一个值。然而，如果数组包含数字键名，后面的值将不会覆盖原来的值，而是附加到后面。如果只给了一个数组且该数组是数字索引的，则键名会以连续方式重新索引。例如：

```php
<?php
    $array1=array("color"=>"red",2,4);
    $array2=array("a","color" => "green",4);
    $result=array_merge($array1, $array2);        //合并两个数组
    print_r($result);
    //输出：Array ( [color] => green [0] => 2 [1] => 4 [2] => a [3] => 4 )
?>
```

在多维数组合并时，array_merge()函数将一维以后的数组都当成一个单元返回。使用 array_merge_recursive()函数可以在保持现有数组结构的情况下对数组进行合并。

## 4.1.6  其他操作

### 1. 数组的栈操作

栈是一种存储数据的结构，这种结构用线性方法保存数据，其特点是"后进先出"，类似于一个"胡同"。在对数组操作时，PHP 也提供了相应的栈操作函数。

根据"后进先出"的特点，出栈操作实际上删除了数组最后一个单元，使用 array_pop()函数实现，例如：

```php
<?php
    $arr=array(1,2,3,4,5);
    $result=array_pop($arr);                  //删除数组$arr 的最后一个单元
    print_r($arr);                            //输出：Array ( [0] => 1 [1] => 2 [2] => 3 [3] => 4 )
?>
```

数组的入栈操作是将新单元添加到数组尾部，使用 array_push()函数实现，语法格式如下：

```
int array_push(array &$array, mixed $var [, mixed $... ])
```

array_push()函数将数组$array 当成一个栈，并将传入的变量$var 加到$array 的末尾。$array 的长度将根据入栈变量的数目而增加。例如：

```php
<?php
    $arr=range(1,5);
    array_push($arr,6,7);                     //将 6 和 7 加入数组尾部
    $arr[]=8;                                 //将 8 加入数组尾部，和 array_push()函数实现的功能一样
    print_r($arr);
    //输出：Array ( [0] => 1 [1] => 2 [2] => 3 [3] => 4 [4] => 5 [5] => 6 [6] => 7 [7] => 8 )
?>
```

### 2. 取得数组当前单元

和 each()函数不同，current()函数能够获取数组内部指针指向的单元的值，但不移动数组的内部指针。例如：

```php
<?php
    $arr=array("a","b","c","d");
    $a=current($arr);              //取得当前单元
    echo $a;                       //输出'a'
    next($arr);                    //将指针移到下一个单元
    $b=current($arr);
    echo $b;                       //输出'b'
    end($arr);                     //将指针移到尾部
    $d=current($arr);
    echo $d;                       //输出'd'
?>
```

### 3. 数组计算

使用 count()、sizeof()函数可以计算数组中的元素个数，而使用 array_count_values()函数可以计算数组中一个值出现的次数。语法格式如下：

```
array array_count_values(array $input)
```

array_count_values()函数返回一个数组，该数组用$input 数组中的值作为键名，以该值在$input 数组中出现的次数作为值。例如：

```php
<?php
    $arr=array(1,2,3,1,3,1,4,1,1,4,2);
    $result=array_count_values($arr);
    print_r($result);             //输出：Array ( [1] => 5 [2] => 2 [3] => 2 [4] => 2 )
?>
```

使用 array_product()函数计算数组中所有值的乘积，语法格式如下：

```
number array_product ( array $array )
```

array_product()函数以整数或浮点数返回一个数组中所有值的乘积。例如：

```php
<?php
    $a=array(2, 4, 6, 8);
    echo "product(a) = " . array_product($a) . "\n";
    echo "product(array()) = " . array_product(array()) . "\n";
    //输出：product(a) = 384 product(array()) = 1
?>
```

## 4.1.7　PHP 5.4 之后版本新增特性

### 1. 返回列

array_column()函数是 PHP 5.5.0 新引入的，其功能是返回数组中指定的一列，其语法格式如下：

```
array array_column ( array $input, mixed $column_key [, mixed $index_key ] )
```

说明：返回 input 数组中键值为 column_key 的列，如果指定了可选参数 index_key，那么 input 数组中的这一列的值将作为返回数组中对应值的键。

该函数的最大用途在于从多维数组中返回单列数组，例如：

```php
<?php
    $records=array(
            array(
                'id'=>2135,
                'first_name'=>'John',
                'last_name'=>'Doe',
            ),
```

```
        array(
                'id'=>3245,
                'first_name'=>'Sally',
                'last_name'=>'Smith',
            ),
        array(
                'id'=>5342,
                'first_name'=>'Jane',
                'last_name'=>'Jones',
            ),
        array(
                'id'=>5623,
                'first_name'=>'Peter',
                'last_name'=>'Doe',
            )
        );
    $first_names=array_column($records, 'first_name');
    print_r($first_names);
?>
```

输出结果如下：

```
Array
(
    [0] => John
    [1] => Sally
    [2] => Jane
    [3] => Peter
)
```

### 2. 间接引用

自 PHP 5.4 起可以用数组间接引用函数或方法调用的结果（之前只能通过一个临时变量完成）。自 PHP 5.5 起还可以用数组间接引用一个数组原型。例如：

```php
<?php
    function getArray(){
        return array(1, 2, 3);
    }
    $secondElement=getArray()[1];
    print_r($secondElement);             //输出 2
?>
```

### 3. 遍历数组的数组

PHP 5.5 增添了遍历一个数组的数组的功能且把嵌套的数组解包到循环变量中，只需将 list()作为值提供。例如：

```php
<?php
    $array=[
        [1, 2],[3 ,4],
    ];
    foreach ($array as list($a , $b)) {
        echo "A:  $a ; B:  $b \n" ;
    }
?>
```

运行程序会输出：

```
A: 1; B: 2
A: 3; B: 4
```

## 4.1.8　实例——处理表格数据

【例 4.2】　接收用户输入的学生学号、姓名、成绩等信息，将接收到的信息存入数组并按照成绩升序排序。之后再以表格的形式输出，如果存在学号为 221101 的学生，则输出其姓名与成绩。

新建 multisort.php 文件，输入以下代码：

```php
<!DOCTYPE html>
<!-- HTML5 表单 -->
<style type="text/css">
    table,div,td{
        text-align:center;
    }
    table{
        margin:0 auto;
    }
    p{
        font-size:18px;
        color:#FF0000;
    }
</style>
<form name=fr1 method=post>
    <table border=1>
        <tr>
            <td><div>学号</div></td>
            <td><div>姓名</div></td>
            <td><div>成绩</div></td>
        </tr>
        <?php
        for($i=0;$i<5;$i++)                         //循环生成表格的文本框
        {
        ?>
        <tr>
            <td><input type=text name="XH[]"></td>
            <td><input type=text name="XM[]"></td>
            <td><input type=text name="CJ[]"></td>
        </tr>
        <?php }?>
        <tr>
            <td colspan="3">
                <input type="submit" name="bt_stu" value="提交">
            </td>
        </tr>
    </table>
</form>
<p align=center>注意：学号值不能重复</p><br>
<!-- 以上是输入表单 -->
<?php
    if(isset($_POST['bt_stu']))                     //判断按钮是否被按下
    {
        $XH=$_POST['XH'];                           //接收所有学号的值存入数组$XH
        $XM=$_POST['XM'];                           //接收所有姓名的值存入数组$XM
        $CJ=$_POST['CJ'];                           //接收所有成绩的值存入数组$CJ
        array_multisort($CJ,$XH,$XM);               //对以上三个数组排序，$CJ 为首要数组
```

```
        for($i=0;$i<count($XH);$i++)
            $sum[$i]=array($XH[$i],$XM[$i],$CJ[$i]);        //将三个数组的值组成一个二维数组$sum
        echo "<div>排序后成绩表如下:</div>";
        //表格的首部
        echo "<table border=2><tr><td>学号</td><td>姓名</td><td>成绩</td></tr>";
        foreach($sum as $value)                             //使用 foreach 循环遍历数组$sum
        {
            list($stu_number,$stu_name,$stu_score)=$value;  //使用 list()函数将数组中的值赋给变量
            //输出表格内容
            echo "<tr><td>$stu_number</td><td>$stu_name</td><td>$stu_score</td></tr>";
        }
        echo "</table><br/>";                               //表格尾部
        reset($sum);                                        //重置$sum 数组的指针
        while(list($key,$value)=each($sum))                 //使用 while 循环遍历数组
        {
            list($stu_number,$stu_name,$stu_score)=$value;
            if($stu_number=="221101")                       //查询是否有学号为 221101 的值
            {
                echo "<p align=center>";
                echo $stu_number."的姓名为: ".$stu_name.", ";
                echo "成绩为: ".$stu_score;
                break;                                      //找到则结束循环
            }
        }
    }
?>
```

运行后在页面的表格文本框中依次输入下列 5 行值:

| | | |
|---|---|---|
| 221103 | 王燕 | 68 |
| 201103 | 严红 | 72 |
| 221106 | 李方方 | 90 |
| 221101 | 王林 | 68 |
| 201203 | 刘燕敏 | 82 |

输入后单击"提交"按钮，运行结果如图 4.4 所示。

| 学号 | 姓名 | 成绩 |
|---|---|---|
| | | |
| | | |
| | | |
| | | |
| | | |
| 提交 | | |

注意: 学号值不能重复

排序后成绩表如下:

| 学号 | 姓名 | 成绩 |
|---|---|---|
| 221101 | 王林 | 68 |
| 221103 | 王燕 | 68 |
| 201103 | 严红 | 72 |
| 201203 | 刘燕敏 | 82 |
| 221106 | 李方方 | 90 |

221101的姓名为: 王林, 成绩为: 68

图 4.4　学生成绩排序

# 4.2　字符串操作

无论使用哪种语言，字符串操作都是重要的部分。PHP 提供了大量的字符串操作函数，使用简单、功能全面。前面介绍的 echo()和 print()函数就是典型的字符串操作函数。由于 PHP 是弱语言类型，所以当使用字符串操作函数时，其他类型的数据也会被作为字符串来处理。本节将系统地介绍如何操作字符串。

## 4.2.1　字符串的定义与显示

字符串通过单引号、双引号来标志，但这两种方法是有区别的，前者将单引号内所有的字符都作为字符来处理，而后者则不是。

字符串的显示可以使用 echo()和 print()函数，这在之前已经介绍过。echo()函数和 print()函数并非完全一样，二者存在一些区别：print()函数具有返回值，返回 1；而 echo()函数则没有，所以 echo()函数比 print()函数要快一些，也正是因为这个原因，print()函数能应用于复合语句中，而 echo()函数则不能。例如：

```php
<?php
    $return=print "test";        //输出"test"
    echo $return;                //输出 1
?>
```

另外，echo()函数可以一次输出多个字符串，而 print()函数则不可以。例如：

```php
echo "I", "love", "PHP";        //输出"IlovePHP"
print "I", "love", "PHP";       //将提示错误
```

## 4.2.2　字符串的格式化

除 echo()、print()函数外，PHP 还提供了一些字符串格式化输出的函数，如 printf()、sprintf()、vprintf()和 vsprintf()函数。

printf()函数将一个通过替换值建立的字符串输出到格式字符串中，这个命令和 C 语言中的 printf()函数结构和功能一致。语法格式如下：

```
int printf(string $format [ , mixed $args])
```

第一个参数$format 是格式字符串，$args 是要替换的值，格式字符串里的字符"%"指出了一个替换标记。

格式字符串中的每个替换标记都由一个百分号组成，后面可能跟有一个填充字符、一个对齐方式字符、字段宽度和一个类型说明符。字符串的类型说明符为"s"。例如：

```php
<?php
    //显示字符串
    $str="hello";
    printf("%s\n",$str);        //输出"hello"并回车
    printf("%010s\n",$str);     //在字符串前补 0，将字符串补成 10 位
    //显示数字
    $num=10;
    printf("%d",$num);          //输出 10
?>
```

说明：所有的替换说明都以一个"%"开始，如果想打印一个"%"，则必须使用"%%"。填充字符表明该字符用于填充结果，使结果为适当大小的字符串，默认情况下使用空格填充；对齐方式字符对字符串和数组有不同的作用，对于字符串，减号"–"使该字符串右对齐（默认为左对齐），对于数

字，加号 "+" 使正数在输出的时候以加号开头；字段宽度是指字符串应该输出的宽度，如果字符串实际长度小于该值，则使用填充字符填充；类型说明符表示要替换的值将要转换的数据类型，如字符串的类型说明符为 "s"，十进制整数为 "d"，浮点数为 "f"，八进制整数为 "o" 等。

sprintf()函数所带的参数和 printf()函数一样，但返回的是字符串。

vprintf()函数允许在格式后面用数组作为参数，用法和 printf()函数基本相同。

vsprintf()函数和 vprintf()函数一样，可以用数组作为参数，但不输出字符串。

## 4.2.3  常用的字符串函数

### 1. 计算字符串的长度

在操作字符串时经常需要计算字符串的长度，这时可以使用 strlen()函数。语法格式如下：

```
int strlen(string $string)
```

该函数返回字符串的长度，一个英文字母的长度为一个字符，一个汉字的长度为两个字符，字符串中的空格也算一个字符。例如：

```php
<?php
    $str1="hello ";
    echo strlen($str1);                    //输出 6
    $str2="中国";
    echo strlen($str2);                    //输出 4
?>
```

### 2. 改变字符串的大小写

使用 strtolower()函数可以将字符串全部转换为小写，使用 strtoupper()函数将字符串全部转换为大写。例如：

```php
<?php
    echo strtolower("HelLO,WoRlD");        //输出"hello,world"
    echo strtoupper("hEllo,wOrLd");        //输出"HELLO,WORLD"
?>
```

使用 ucfirst()函数可以将字符串的第一个字符改成大写，使用 lcfirst()函数可以将字符串的第一个字符改成小写，使用 ucwords()函数可以将字符串中每个单词的第一个字母改成大写。例如：

```php
<?php
    echo ucfirst("hello world");           //输出"Hello world"
    echo lcfirst("HelloWorld");            //输出"helloWorld"
    echo ucwords("how are you");           //输出"How Are You"
?>
```

### 3. 裁剪字符串

在实际应用中，字符串经常被读取，以及用于其他函数的操作。当一个字符串的首和尾有多余的空白字符，如空格、制表符等时，参与运算就可能产生错误的结果，这时可以使用 trim()、rtrim()、ltrim()函数来解决。它们的语法格式如下：

```
string trim(string $str [, string $charlist ])
string rtrim(string $str [, string $charlist ])
string ltrim(string $str [, string $charlist ])
```

可选参数$charlist 是一个字符串，指定要删除的字符，如果省略则默认删除字符（如表 4.1 所示）。ltrim()、rtrim()、trim()函数分别用于删除字符串$str 中最左边、最右边和两边的与$charlist 相同的字符，并返回剩余的字符串。例如：

```php
<?php
    $str1="  hello    ";
    echo trim($str1);                      //输出"hello"
```

```php
    $str2="aaahelloa";
    echo ltrim($str2, "a");                    //输出"helloa"
?>
```

表 4.1　trim()、ltrim()、rtrim()函数的默认删除字符

| 字　符 | ASCII 码 | 意　义 |
| --- | --- | --- |
| " " | 32(0x20) | 空格 |
| "\t" | 9(0x09) | 制表符 |
| "\n" | 10(0x0A) | 换行 |
| "\r" | 13(0x0D) | 回车 |
| "\0" | 0(0x00) | 空字节 |
| "\x0B" | 11(0x0B) | 垂直制表符 |

#### 4. 查找字符串

PHP 中用于查找、匹配或定位的函数非常多，这里只介绍比较常用的 strstr()函数和 stristr()函数，这两者的功能、返回值都一样，只是 stristr()函数不区分大小写。

strstr()函数的语法格式如下：

```
string strstr ( string $haystack, mixed $needle [, bool $before_needle = false ] )
```

说明：strstr()函数用于查找字符串指针$needle 在字符串$haystack 中出现的位置，并返回 $haystack 字符串中从$needle 第一次出现的位置开始到$haystack 结尾的字符串。如果没有返回值，即没有发现$needle，则返回 FALSE。如果$needle 不是一个字符串，那么它将被转换为整型并且作为字符的序号来使用。可选的 before_needle 参数若为 TRUE，strstr()函数则返回$needle 在$haystack 中的位置之前的部分。strstr()函数还有一个同名函数 strchr()。例如：

```php
<?php
    echo strstr("hello world","llo");          //输出"llo world"
    echo strstr("hello world","llo",true);     //输出"he"
    $str="I love PHP";
    $needle="PHP";
    if(strstr($str,$needle))
        echo "有 PHP";                          //输出"有 PHP"
    else
        echo "没有 PHP";                        //不输出
?>
```

#### 5. 字符串与 ASCII 码

在字符串处理中，使用 ord()函数可以返回字符的 ASCII 码，也可以使用 chr()函数返回 ASCII 码对应的字符，例如：

```php
<?php
    echo ord("a");                             //输出 97
    echo chr(98);                              //输出"b"
?>
```

### 4.2.4　字符串的比较

在字符串操作中，字符串的比较是很常用的，比较主要是对字符串的类型及大小写的比较。字符串的比较可以使用比较运算符 "=="、"!="、"==="、"!=="，也可以使用比较函数。

使用 "!=" 和 "==" 比较的两个对象不一定必须类型相等，整型也可以和字符串比较，如 "123=="123"" 返回 TRUE。而 "!==" 和 "===" 比较的对象类型必须严格相同才可能返回 TRUE，如

"123=="123"" 返回 FALSE。

经常使用的字符串比较函数有 strcmp()、strcasecmp()、strncmp()和 strncasecmp()。语法格式如下：

```
int strcmp(string $str1, string $str2)
int strcasecmp(string $str1, string $str2)
int strncmp(string $str1, string $str2, int $len)
int strncasecmp(string $str1, string $str2, int $len)
```

这 4 个函数都用于比较字符串的大小。如果$str1 比$str2 大，则它们都返回大于 0 的整数；如果$str1 比$str2 小，则返回小于 0 的整数；如果两者相等，则返回 0。

不同的是，strcmp()函数用于区分大小写的字符串比较；strcasecmp()函数用于不区分大小写的比较；strncmp()函数用于比较字符串的一部分，从字符串的开头开始比较，$len 是要比较的长度；strncasecmp()函数的作用和 strncmp()函数的作用一样，只是 strncasecmp()函数不区分大小写。例如：

```php
<?php
    echo strcmp("aBcd","abde");              //输出-1，比较了"B"和"b"，"B"<"b"
    echo strcasecmp("abcd","aBde");          //输出-1，比较了"c"和"d"，"c"<"d"
    echo strncmp("abcd","aBcd",3);           //输出 1，比较了"abc"和"aBc"
    echo strncasecmp("abcdd","aBcde",3);     //输出 0，比较了"abc"和"aBc"
?>
```

## 4.2.5  字符串的替换

字符串的替换是指使用指定的字符串替换原字符串中的相关字符，以组成新字符串来满足新要求。

在字符串的替换操作中最常用的就是 str_replace()函数，其语法格式如下：

```
mixed str_replace( mixed $search, mixed $replace, mixed $subject [, int &$count ] )
```

说明：str_replace()函数使用新字符串$replace 替换字符串$subject 中的$search 字符串。$count 是可选参数，表示要执行的替换操作的次数。例如：

```php
<?php
    $str="I love you";
    $replace="lucy";
    $end=str_replace("you",$replace,$str);
    echo $end;                               //输出"I love lucy"
?>
```

str_replace()函数对大小写敏感，还可以实现多对一、多对多的替换，但无法实现一对多的替换，例如：

```php
<?php
    $str="What Is Your Name";
    $array=array("a","o","A","O","e");
    echo str_replace($array, "",$str);       //多对一的替换，输出"Wht Is Yur Nm"
    $array1=array("a","b","c");
    $array2=array("d","e","f");
    echo str_replace($array1,$array2, "abcdef");  //多对多的替换，输出"defdef"
?>
```

说明：使用多对多替换时，第一个数组中的元素被第二个数组中对应的元素替换，如果有一个数组的元素比另一个数组的元素数少，则不足的部分会作为空值来处理。

PHP 另外还有一个 substr_replace()函数实现替换字符串的一部分，语法格式如下：

```
mixed substr_replace(mixed $string, string $replacement, int $start [, int $length ])
```

说明：参数$string 为原字符串，$replacement 为要替换的字符串。

$start 是开始替换的位置的偏移量，从 0 开始计算，如果为 0 或是一个正值，则是从字符串开始处计算的偏移量；如果是负值，则是从字符串末尾计算的偏移量。

$length 是可选参数，表示要替换的长度，如果不给定，则从$start 位置开始一直到字符串结束；如果$length 为 0，则替换字符串会插入原字符串中；如果$length 是正值，则表示要用替换字符串替换掉的字符串长度；如果$length 是负值，则表示从字符串末尾开始到$length 个字符为止停止替换。

例如：

```php
<?php
    echo substr_replace("abcdefg","OK",3);        //输出"abcOK"
    echo substr_replace("abcdefg","OK",3,3);       //输出"abcOKg"
    echo substr_replace("abcdefg","OK",-2,2);      //输出"abcdeOK"
    echo substr_replace("abcdefg","OK",3,-2);      //输出"abcOKfg"
    echo substr_replace("abcdefg","OK",2,0);       //输出"abOKcdefg"
?>
```

## 4.2.6　字符串与 HTML

### 1. 将字符转换为 HTML 实体形式

HTML 代码都是由 HTML 标记组成的，如果要在页面上输出这些标记的实体形式，如 "<table></table>"，就需要使用一些特殊的函数将一些特殊的字符（如 "<" 和 ">" 等）转换为 HTML 的字符串格式。函数 htmlspecialchars() 可以将字符转换为 HTML 实体形式，该函数转换的特殊字符及转换后的字符如表 4.2 所示。

表 4.2　可以转换为 HTML 实体形式的特殊字符及转换后的字符

| 原 字 符 | 字 符 名 称 | 转换后的字符 |
| --- | --- | --- |
| & | AND 记号 | &amp; |
| " | 双引号 | &quot; |
| ' | 单引号 | &#039; |
| < | 小于号 | &lt; |
| > | 大于号 | &gt; |

htmlspecialchars() 函数的语法格式如下：

```php
string htmlspecialchars(string $string [, int $quote_style [, string $charset [, bool $double_encode ]]])
```

参数$string 是要转换的字符串，$quote_style、$charset 和$double_encode 都是可选参数。$quote_style 指定如何转换单引号和双引号字符，取值可以是 ENT_COMPAT（默认值，只转换双引号）、ENT_NOQUOTES（都不转换）和 ENT_QUOTES（都转换）等。$charset 是字符集，默认为 UTF-8。参数$double_encode 如果为 FALSE 则不转换成 HTML 实体，默认为 TRUE。例如：

```php
<?php
    $new="<a href='test'>test</a>";
    echo htmlspecialchars($new);                   //在页面中输出"<a href='test'>test</a>"
    echo htmlspecialchars($new,ENT_NOQUOTES);      //在页面中输出"<a href='test'>test</a>"
?>
```

### 2. 将 HTML 实体形式转换为特殊字符

使用 htmlspecialchars_decode() 函数可以将 HTML 实体形式转换为 HTML 格式，这和 htmlspecialchars() 函数的作用刚好相反。使用 html_entity_decode() 函数可以把所有 HTML 实体形式转换为 HTML 格式，和 htmlentities() 函数的作用相反。例如：

```php
<?php
    $html=htmlspecialchars_decode("&lt;a href='test'&gt;test&lt;/a&gt;");
    echo $html;
?>
```

在页面上可看到"<u>test</u>"超链接。

**3. 换行符的转换**

在 HTML 文件中使用"\n"，显示 HTML 代码时不能显示换行的效果，这时可以使用 nl2br()函数，这个函数可以用 HTML 中的"<br />"标记代替字符串中的换行符"\n"。例如：

```php
<?php
    $str="hello\nworld";
    echo $str;                              //直接输出不会有换行符
    echo nl2br($str);                       //"hello"后面换行
?>
```

## 4.2.7 其他字符串函数

**1. 字符串与数组**

（1）字符串转换为数组。

使用 explode()函数可以用指定的字符串分隔另一个字符串，并返回一个数组。

语法格式如下：

```
array explode(string $separator, string $string [, int $limit ])
```

说明：此函数返回由字符串组成的数组，每个元素都是$string 的一个子串，它们被字符串$separator 作为边界点分隔出来。例如：

```php
<?php
    $str="使用 空格 分隔 字符串";
    $array=explode(" ", $str);
    print_r($array);
    //输出 Array ( [0] => 使用 [1] => 空格 [2] => 分隔 [3] => 字符串 )
?>
```

如果设置了$limit 参数，则返回的数组包含最多$limit 个元素，而最后那个元素将包含$string 的剩余部分。如果$limit 参数是负数，则返回除最后的-$limit 个元素外的所有元素。

如果参数$separator 为空字符串("")，explode()函数将返回 FALSE。如果$separator 所包含的值在$string 中找不到，explode()函数将返回包含$string 单个元素的数组。

（2）数组转换为字符串。

使用 implode()函数可以将数组中的字符串连接成一个字符串，语法格式如下：

```
string implode(string $glue, array $pieces)
```

$pieces 是保存要连接的字符串的数组，$glue 是用于连接字符串的连接符。例如：

```php
<?php
    $array=array("hello","how","are","you");
    $str=implode(",",$array);               //使用逗号作为连接符
    echo $str;                              //输出"hello,how,are,you"
?>
```

implode()函数还有一个别名，即 join()函数。

**2. 字符串加密函数**

PHP 提供 crypt()函数完成加密功能，语法格式如下：

```
string crypt(string $str [, string $salt ])
```

这个函数完成的是单向加密的功能，即字符串一旦被加密就无法转换为原来的形式。函数中$str 是需要加密的字符串，第二个可选参数$salt 是一个位字符串，它能影响加密的暗码，进一步排除预计算攻击的可能性。

PHP 包含了它自己的 MD5 Crypt 实现，包括标准 DES 算法、扩展的 DES 算法及 Blowfish 算法。如果系统缺乏相应的实现，那么 PHP 将使用它自己的实现，以便在默认状态下获得更高的安全性。例如：

```php
<?php
    $str="字符串";
    $password=crypt($str);
    echo $password;
    if(crypt("字符串",$password)==$password){
        echo "验证成功！";
    }
?>
```

### 3. 字符串转换函数

字符串转换函数 hex2bin()的功能是将十六进制字符串转换为二进制字符串，语法格式如下：

```
string hex2bin ( string $data )
```

其中，参数$data 是十六进制表示的数据，此函数返回给定数据的二进制表示或者在失败时返回 FALSE。例如：

```php
<?php
    $hex=hex2bin("6578616d706c65206865782064617461");
    var_dump($hex);
?>
```

输出结果如下：

```
string 'example hex data' (length=16)
```

## 4.2.8　实例——留言簿内容处理

【例 4.3】　新建一个留言簿，留言簿上有用户的 E-mail 地址和留言，提取用户的 E-mail 地址和留言，要求在 E-mail 地址中的@符号前不能有点"."或逗号","。将 E-mail 地址中的@符号前的内容作为用户名，并将用户留言中第一人称"我"修改为"本人"。

新建 note.php 文件，输入以下代码：

```php
<!DOCTYPE html>
<!-- HTML5 表单 -->
<style type="text/css">
    p{
        font-family:"方正舒体";
        font-size:18px;
    }
    div{
        font-family:"黑体";
        font-size:18px;
    }
</style>
<form name="f1" method="post" action="">
    <p>
        您的 E-mail 地址：<br/>
        <input type="email" name="Email" size=31><br/>
        您的留言：<br/>
        <textarea name="note" rows=10 cols=30></textarea>
        <br/><input type="submit" name="bt1" value="提交">
        <input type="reset" name="bt2" value="清空">
    </p>
</form>
<!-- 以上是留言簿表单 -->
<?php
    if(isset($_POST['bt1']))
```

```
        {
            $Email=$_POST['Email'];                                //接收 E-mail 地址
            $note=$_POST['note'];                                  //接收留言
            if(!$Email||!$note)                                    //判断是否取得值
                echo "<script>alert('E-mail 地址和留言请填写完整！')</script>";
            else
            {
                $array=explode("@", $Email);                       //分隔 E-mail 地址
                if(count($array)!=2)                               //如果有两个@符号则报错
                    echo "<script>alert('E-mail 地址格式错误！')</script>";
                else
                {
                    $username=$array[0];                           //取得@符号前的内容
                    $netname=$array[1];                            //取得@符号后的内容
                    //如果 username 中含有“.”或“,”则报错
                    if(strstr($username,".") or strstr($username,","))
                        echo "<script>alert('E-mail 地址格式错误！')</script>";
                    else
                    {
                        $str1=htmlspecialchars("<");               //输出符号“<”
                        $str2=htmlspecialchars(">");               //输出符号“>”
                        //将留言中的“我”用“本人”替代
                        $newnote=str_replace("我","本人",$note);
                        echo "<div>";
                        echo "用户". $str1. $username . $str2. "您好! ";
                        echo "您是". $netname. "网友!<br/>";
                        echo "<br/>您的留言是：<br/>    ".$newnote."<br/>";
                        echo "</div>";
                    }
                }
            }
        }
    ?>
```

运行程序，在“您的 E-mail 地址”栏中输入“easybooks@163.com”，在“您的留言”栏中输入“我觉得 PHP 是个很有趣的东西，我要好好钻研钻研，我要成为 PHP 网页制作高手！”，单击“提交”按钮，运行结果如图 4.5 所示。

图 4.5　留言簿提交

# 4.3　正则表达式

正则表达式（regular expression）的应用范围很广泛，不仅 PHP 脚本支持正则表达式，Perl、C#、Java 语言及 JavaScript、MySQL 数据库也都支持正则表达式。PHP 曾同时支持两种风格的正则表达式语法：POSIX 和 Perl。但在实践中，实现相同功能使用 Perl 兼容的正则表达式在效率上明显占优势。自 PHP 5.3 起，POSIX 正则表达式扩展被废弃，故本节只对 Perl 兼容的正则表达式进行介绍。

## 4.3.1　基础知识

在前面的内容中，进行模式匹配时使用了字符串函数，这些都需要给出确切的匹配字符串来进行操作。如果要进行更复杂的模式匹配，则需要使用正则表达式。

正则表达式是指由普通字符（如字符 a~z）和特殊字符（称为元字符）组成的字符串模式。该模式设定了一些规则，当正则表达式函数使用这些规则时，可以根据设定好的内容对指定的字符串进行匹配。

使用正则表达式可以完成以下功能：

● 测试字符串的某个模式。例如，可以对一个输入字符串进行测试，看在该字符串中是否存在一个 E-mail 地址模式或一个信用卡号码模式。这称为数据有效性验证。

● 替换文本。可先在文档中使用一个正则表达式来标志特定字符串，然后将其全部删除，或者替换为别的字符串。

● 根据模式匹配从字符串中提取一个子字符串。可以用来在文本或输入字段中查找特定字符串。

### 1．编写正则表达式

编写正则表达式首先需要了解正则表达式的语法。正则表达式是由普通字符和元字符组成的，通过元字符和普通字符的不同组合，可以写出不同意义的正则表达式。表 4.3 列出了正则表达式支持的语法格式。

表 4.3　正则表达式支持的语法格式

| 字　符 | 描　　述 |
| --- | --- |
| \ | 转义字符，用于转义特殊字符。例如，"." 匹配单个字符，"\." 匹配一个点号。"\-" 匹配连字符 "-"，"\\" 匹配符号 "\" |
| ^ | 匹配输入字符串的开始位置。例如，"^he" 表示以 "he" 开头的字符串 |
| $ | 匹配输入字符串的结束位置。例如，"ok$" 表示以 "ok" 结尾的字符串 |
| * | 匹配前面的子表达式零次或多次。例如，"zo*" 能匹配 "z" 及 "zoo"。*等价于{0,} |
| + | 匹配前面的子表达式一次或多次。例如，"zo+" 能匹配 "zo" 及 "zoo"，但不能匹配 "z"。+等价于{1,} |
| ? | 匹配前面的子表达式零次或一次。例如，"do(es)?" 可以匹配 "do" 或 "does" 中的 "do"。"?" 等价于{0,1} |
| {n} | n 是一个非负整数。匹配确定的 n 次。例如，"o{2}" 不能匹配 "Bob" 中的 "o"，但是能匹配 "food" 中的两个 "o" |
| {n,} | n 是一个非负整数。至少匹配 n 次。例如，"o{2,}" 不能匹配 "Bob" 中的 "o"，但能匹配 "fooooood" 中的所有 "o"。"o{1,}" 等价于 "o+"。"o{0,}" 等价于 "o*" |
| {n,m} | m 和 n 均为非负整数，其中 n≤m。最少匹配 n 次且最多匹配 m 次。例如，"o{1,3}" 匹配 "fooooood" 中的前三个 "o"。"o{0,1}" 等价于 "o？"。请注意在逗号和两个数之间不能有空格 |
| ? | 当该字符紧跟在任何一个其他限制符（*, +, ?, {n}, {n,}, {n,m}）后面时，匹配模式是非贪婪的。非贪婪模式尽可能少地匹配所搜索的字符串，而默认的贪婪模式则尽可能多地匹配所搜索的字符串。例如，对于字符串 "oooo"，"o+?" 将匹配单个 "o"，而 "o+" 将匹配所有 "o" |

| 字　　符 | 描　　述 |
|---|---|
| . | 匹配除 "\n" 外的任何单个字符，若匹配包括 "\n" 在内的任何字符，则使用 "[.\n]" 的模式 |
| (pattern) | 匹配 pattern 并获取这一匹配。所获取的匹配保存到相应的数组中。若匹配圆括号字符，则使用 "\(" 或 "\)" |
| (?:pattern) | 匹配 pattern 但不获取匹配结果，也就是说这是一个非获取匹配，不进行存储。这在使用 "或" "\|" 来组合一个模式的各个部分时很有用。例如，"industr(?:y\|ies)." 就是一个比 "industry\|industries" 更简略的表达式 |
| (?=pattern) | 正向预查，在任何匹配 pattern 的字符串开始处匹配查找字符串。这是一个非获取匹配，也就是说，该匹配不需要获取供以后使用。例如，"Windows(?=XP\|7\|8\|10)" 能匹配 "Windows 10" 中的 "Windows"，但不能匹配 "Windows NT" 中的 "Windows"。预查不消耗字符，也就是说，在一个匹配发生后，在最后一次匹配之后立即开始下一次匹配的搜索，而不是从包含预查的字符之后开始 |
| (?!pattern) | 负向预查，在任何不匹配 pattern 的字符串开始处匹配查找字符串。这是一个非获取匹配，也就是说，该匹配不需要获取供以后使用。例如，"Windows(?!XP\|7\|8\|10)" 能匹配 "Windows NT" 中的 "Windows"，但不能匹配 "Windows 10" 中的 "Windows"。预查不消耗字符，也就是说，在一个匹配发生后，在最后一次匹配之后立即开始下一次匹配的搜索，而不是从包含预查的字符之后开始 |
| x\|y | 匹配 x 或 y。例如，"z\|food" 能匹配 "z" 或 "food"，"(z\|f)ood" 则匹配 "zood" 或 "food" |
| [xyz] | 字符集合。匹配所包含的任意一个字符。例如，"[abc]" 可以匹配 "plain" 中的 "a" |
| [^xyz] | 负值字符集合。匹配未包含的任意字符。例如，"[^abc]" 可以匹配 "plain" 中的 "p" |
| [a-z] | 字符范围。匹配指定范围内的任意字符。例如，"[a-z]" 可以匹配 "a" ～ "z" 范围内的任意小写字母字符 |
| [^a-z] | 负值字符范围。匹配不在指定范围内的任意字符。例如 "[^a-z]" 可以匹配不在 "a" ～ "z" 范围内的任意字符 |

以下是几个简单的正则表达式的例子。

- ' [A-Za-z0-9] '：表示所有的大写字母、小写字母及 0～9 的数字。
- ' ^hello'：表示以 hello 开始的字符串。
- ' world$'：表示以 world 结尾的字符串。
- '.at'：表示以除 "\n" 外的任意单个字符开头并以 "at" 结尾的字符串，如 "cat" 和 "nat" 等。
- '^[a-zA-Z] '：表示一个以字母开头的字符串。
- 'hi{2}'：表示字母 h 后跟着两个 i 即 hii。
- ' (go)+ '：表示至少含有一个 "go" 字符串的字符串，如 "gogo"。

> 👀 注意：
>
> 在 PHP 中最好将正则表达式放在单引号中，使用双引号会带来一些不必要的复杂性。

掌握了一些简单的正则表达式的写法，就可以进一步组合成更复杂的正则表达式。

例如，身份证号码一般由 18 位数字或 17 位数字后面加一个 X 或 Y 字母组成，要匹配身份证号码，表达式可以写为：

```
^[0-9]{17}([0-9]|X|Y)$
```

其中，^[0-9]{17}表示以 17 个数字开头，([0-9]|X|Y)$表示以一个数字或字母 X 或 Y 结尾，组合起来就成为身份证号码的规则。

又如，要匹配 E-mail 地址的正则表达式可以写为：

```
^[a-zA-Z0-9\-]+@[a-zA-Z0-9\-]+\.[a-zA-Z0-9\-\.]+$
```

其中，子表达式'^[a-zA-Z0-9\-]+'表示至少由一个字母、数字、下画线、连字符开始的字符串，由于连字符 "-" 是特殊符号，所以必须使用 "\" 对其转义。符号@匹配 E-mail 地址中的@符号。子表达式' [a-zA-Z0-9\.]+'用于匹配主机的域名，一般由字母、数字和连字符组成。"\." 匹配点号 "."，由于点是特殊字符，所以也需要使用转义字符进行转义。子表达式' [a-zA-Z0-9\-\.]+$'用于匹配域名的剩余部分，由字母、数字、连字符构成，如果需要还可以包含更多的点号。当然，以上的表达式并不能排除所有无效的 E-mail 地址，还可以进一步改进。

另外，在正则表达式比较复杂的时候，可以使用圆括号"()"将表达式分隔为多个子表达式，例如，'(very)*large'可以匹配"large"、"verylarge"和"veryverylarge"等。

## 2．Perl 兼容的语法扩充

Perl 兼容的正则表达式的模式类似于 Perl 中的语法，表达式必须包含在定界符中，除数字、字母、反斜线外的任何字符都可以作为定界符。例如，表达式'/^(?i)php[34]/'中的正斜线"/"就是定界符。另外，如果定界符要出现在表达式中需要使用转义符转义。

Perl 兼容的正则表达式除支持表 4.3 列出的语法格式外，还可以通过转义字符"\"和一些特殊字母的组合实现某些特殊的语法。表 4.4 列出了这些组合及它们的作用，通过表中的组合可以使正则表达式变得简洁。

表 4.4　Perl 兼容正则表达式扩充的语法格式

| 字　符 | 描　　述 |
| --- | --- |
| \b | 匹配一个单词边界，也就是指单词和空格间的位置。例如，'er\b'可以匹配"never"中的"er"，但不能匹配"verb"中的"er" |
| \B | 匹配非单词边界。'er\B'能匹配"verb"中的"er"，但不能匹配"never"中的"er" |
| \cx | 匹配由 x 指明的控制字符。例如，\cM'匹配一个 Control-M 或回车符。X 的值必须为 A～Z 或 a～z 之一。否则，将"c"视为一个原义的 c 字符 |
| \d | 匹配一个数字字符。等价于' [0-9] ' |
| \D | 匹配一个非数字字符。等价于' [^0-9] ' |
| \f | 匹配一个换页符。等价于'\x0c'和'\cL' |
| \n | 匹配一个换行符。等价于'\x0a'和'\cJ' |
| \r | 匹配一个回车符。等价于'\x0d'和'\cM' |
| \h | 匹配一个水平制表符 |
| \H | 匹配一个非水平制表符 |
| \s | 匹配任何空白字符，包括空格、制表符、换页符等。等价于' [ \f\n\r\t\v] ' |
| \S | 匹配任何非空白字符。等价于' [^ \f\n\r\t\v] ' |
| \t | 匹配一个制表符。等价于'\x09'和'\cI' |
| \v | 匹配一个垂直制表符。等价于'\x0b'和'\cK' |
| \V | 匹配一个非垂直制表符 |
| \w | 匹配包括下画线的任何单词字符。等价于'[A-Za-z0-9_]' |
| \W | 匹配任何非单词字符，等价于'[^A-Za-z0-9_]' |
| \K | 用于重置匹配。例如，'foot\Kbar'匹配"footbar"。得到的匹配结果是"bar"。但是，\K 的使用不会干预到子组内的内容，例如，'(foot)\Kbar'匹配"footbar"，第一个子组内的结果仍然会是"foo" |
| \g | 紧跟一个负数代表一个相对的后向引用。例如，'(foo)(bar)\g{-1}'可以匹配字符串"foobarbar"，' (foo)(bar)\g{2}'可以匹配"foobarfoo"。这在长的模式中作为一个可选方案，用来保持对之前一个特定子组的引用的子组序号的追踪。"\g"转义序列可以用于子模式的绝对和相对引用 |
| \xn | 匹配 n，其中 n 为十六进制转义值。十六进制转义值必须为确定的两个数字长。例如，'\x41'匹配"A"。'\x041'则等价于'\x04' & '1'。正则表达式中可以使用 ASCII 编码 |

| 字　　符 | 描　　述 |
|---|---|
| \num | 匹配 num，其中 num 是一个正整数；对所获取的匹配的引用，例如'(.)\1'匹配两个连续的相同字符 |
| \n | 标志一个八进制转义值或一个后向引用。如果"\n"之前至少有 n 个获得子表达式，则 n 为后向引用。否则，如果 n 为八进制数（0～7），则 n 为一个八进制转义值 |
| \nm | 标志一个八进制转义值或一个后向引用。如果"\nm"之前至少有 nm 个获得子表达式，则 nm 为后向引用。如果\nm 之前至少有 n 个获取，则 n 为一个后跟文字 m 的后向引用。如果前面的条件都不满足，且 n 和 m 均为八进制数（0～7），则\nm 将匹配八进制转义值 nm |
| \nml | 如果 n 为八进制数（0～3），且 m 和 1 均为八进制数（0～7），则匹配八进制转义值 nml |
| \Q，\E | 用于在模式中忽略正则表达式元字符。例如，'\w+\Q.\E$'会匹配一个或多个单词字符，紧接着一个点号、一个 $、一个点号，最后锚向字符串末尾 |
| \un | 匹配 n，其中 n 是用 4 个十六进制数表示的 Unicode 字符。例如，'\u00A9'匹配版权符号（©） |

## 4.3.2　PHP 中正则表达式的应用

### 1. 字符串匹配

字符串匹配是正则表达式的主要应用之一。在 PHP 提供的正则表达式函数中，使用 preg_match() 函数进行字符串的匹配查找，语法格式如下：

```
int preg_match(string $pattern, string $subject [, array $matches [, int $flags[,int $offset]]])
```

说明：在$subject 字符串中搜索与$pattern 给出的正则表达式相匹配的内容。preg_match()函数返回 $pattern 所匹配的次数。不是 0 次（没有匹配）就是 1 次，因为 preg_match()函数在第一次匹配之后将停止搜索。例如：

```php
<?php
    $string="PHP is the web scripting language of choice.";
    //模式定界符后面的 "i" 表示不区分大小写字母的搜索
    $num=preg_match('/php/i', $string);
    echo $num;                                              //输出 1
?>
```

函数如果提供了$matches 参数，则其会被搜索的结果所填充。$matches[0]将包含与整个模式匹配的文本，$matches[1]将包含与第一个捕获的括号中的子模式所匹配的文本，以此类推。例如：

```php
<?php
    $string="http://www.php.net/index.html";
    preg_match('/^(http:\/\/)?([^\/]+)/i', $string, $matches1);     //从 URL 中取得主机名
    echo $matches1[0];                                              //输出 http://www.php.net
    $host=$matches1[2];
    echo $host;                                                     //输出 www.php.net
    preg_match('/[^\.\/]+\.[^\.\/]+$/', $host, $matches2);          //从主机名中取得后面两段
    echo "域名为: $matches2[0]";                                    //输出"域名为: php.net"
?>
```

preg_match()函数语法格式中的$flags 是可选参数，值可以是 PREG_OFFSET_CAPTURE。如果设定本标记，则对每个出现的匹配结果也同时返回其附属的字符串偏移量。这改变了返回数组的值，使其中的每个单元也是一个数组，其中第一项为匹配字符串，第二项为偏移量。$offset 也是可选参数，用于指定从目标字符串的某个位置开始搜索（单位是字节）。

PHP 还有一个字符串匹配函数 preg_match_all()，其语法格式如下：

```
int preg_match_all(string $pattern, string $subject, [,array $matches [, int $flags[,int $offset]]])
```

说明：该函数的语法格式与 preg_match()函数相同，作用也是搜索指定字符串并放到相应数组中。

不同的是，preg_match()函数在搜索到第一个匹配结果时即停止匹配，而 preg_match_all()函数在搜索到第一个匹配结果后会从第一个匹配项的末尾开始继续搜索，直到搜索完整个字符串。preg_match_all()函数参数$flags 的值可以取以下三种。

（1）PREG_PATTERN_ORDER。默认项，表示$matches[0]为全部模式匹配的数组，$matches[1]是由第一个括号中的子模式所匹配的字符串组成的数组，以此类推。

（2）PREG_SET_ORDER。如果设定此标记，则$matches[0]为第一组匹配项的数组，$matches[1]为第二组匹配项的数组，以此类推。

（3）PREG_OFFSET_CAPTURE。PREG_OFFSET_CAPTURE 可以和其他两个标记组合使用，如果设定本标记，则对每个出现的匹配结果也同时返回其附属的字符串偏移量。

例如：

```php
<?php
    $html="<b>bold text</b><a href=howdy.html>click me</a>";
    preg_match_all('/(<([\w]+)[^>]*>)(.*)(<\/\2>)/', $html, $matches);
    for ($i=0; $i< count($matches[0]); $i++)
    {
        echo "matched: ".htmlspecialchars($matches[0][$i])."<br/>";
        echo "part 1: ".htmlspecialchars($matches[1][$i])."<br/>";
        echo "part 2: ".htmlspecialchars($matches[3][$i])."<br/>";
        echo "part 3: ".htmlspecialchars($matches[4][$i])."<br/>";
    }
?>
```

输出结果如下：

```
matched: <b>bold text</b>
part 1: <b>
part 2: bold text
part 3: </b>
matched: <a href=howdy.html>click me</a>
part 1: <a href=howdy.html>
part 2: click me
part 3: </a>
```

说明：在上例的正则表达式中，"\\2"是一个逆向引用的例子，其含义是必须匹配正则表达式本身中第二组括号内的内容，本例中就是"([\w]+)"。

#### 2. 字符串的替换

使用 preg_replace()函数在字符串中查找匹配的子字符串，并用指定字符串替换子字符串。语法格式如下：

```
mixed preg_replace(mixed $pattern, mixed $replacement, mixed $subject [, int $limit[, int &$count]])
```

说明：在$subject 中搜索$pattern 模式的匹配项并替换为$replacement。如果指定了$limit，则仅替换$limit 个匹配项；如果省略$limit 或者其值为-1（默认），则所有的匹配项都会被替换。

$replacement 中可以包含如"\\$n"或"$n"的逆向引用，$n 取值为1~99，优先使用后者。当替换模式在 一个逆向引用后面紧接着一个数字（紧接在一个匹配的模式后面的数字）时，不能使用"\\$n"来表示逆向引用。例如，"\\11"将会使 preg_replace()函数无法分清是一个"\\1"的逆向引用后面跟着一个数字1，还是一个"\\11"的逆向引用。解决方法是使用"\${1}1"。这会形成一个隔离的"$1"逆向引用，而另一个"1"只是单纯的字符。例如：

```php
<?php
    $str="<p>phpchina</p>";
    echo preg_replace('/<(.*?)>/', "($1)",$str);            //输出'(p)phpchina(/p)'
?>
```

在函数语法格式中，如果$subject 是一个数组，则会对$subject 中的每个项目执行搜索和替换，并返回一个新数组。如果$pattern 和$replacement 都是数组，则 preg_replace()函数会依次从$pattern 中取出值来对$subject 进行搜索和替换。例如：

```php
<?php
    $array1=array("/a/", "/b/", "/c/");
    $array2=array("d", "e", "f");
    $str="abc";
    $newstr=preg_replace($array1,$array2,$str);        //将 a、b、c 分别替换为 d、e、f
    echo $newstr;                                      //输出"def"
?>
```

### 3. 字符串的分隔

preg_split()函数可以使用正则表达式作为边界分隔一个字符串，并将子字符串存入一个数组返回。语法格式如下：

```
array preg_split(string $pattern, string $subject [, int $limit [, int $flags ]])
```

说明：本函数区分大小写，返回一个数组，数组包含$subject 中沿着与$pattern 匹配的边界所分隔的子串。$limit 是可选参数，如果指定则最多返回$limit 个字串，如果省略则默认为-1，没有限制。$flags 的值可以是以下三种。

- PREG_SPLIT_NO_EMPTY。如果设定本标记，则函数只返回非空的字符串。
- PREG_SPLIT_DELIM_CAPTURE。如果设定本标记，则定界符模式中的括号表达式的匹配项也会被捕获并返回。
- PREG_SPLIT_OFFSET_CAPTURE。如果设定本标记，则对每个出现的匹配结果也同时返回其附属的字符串偏移量。

例如：

```php
<?php
    $str="hi, i am a phper";
    $keywords=preg_split("/[\s,]+/", $str);            //以空白符或逗号作为定界符
    print_r($keywords);
    //输出 Array ( [0] => hi [1] => i [2] => am [3] => a [4] => phper )
?>
```

### 4. 返回匹配的数组单元

使用 preg_grep()函数可以根据条件查找指定的数组，并将符合条件的数组单元返回。语法格式如下：

```
array preg_grep(string $pattern, array $input [, int $flags ])
```

函数返回一个数组，数组包含$input 数组中与$pattern 相匹配的数组单元。$flags 是可选参数，值可以是 PREG_GREP_INVERT，表示返回输入数组中不匹配给定$pattern 的单元。例如：

```php
<?php
    $array=array("name","number","project","input");
    $newarray1=preg_grep("/^n/",$array);              //匹配以字母"n"开头的单词
    print_r($newarray1);                              //输出 Array ( [0] => name [1] => number )
    $newarray2=preg_grep("/e+/",$array);              //匹配含有字母"e"的单词
    print_r($newarray2);                              //输出 Array ( [0] => name [1] => number [2] => project )
?>
```

> 👀 注意：
> preg_grep()函数返回的数组使用原数组的键名进行索引。

总结：在实际应用中，普通字符串函数的运行速度比正则表达式函数要快得多。在处理简单的字

符串时，最好使用字符串函数来完成。例如，使用 explode()函数就可以满足分隔字符串的需要，而不必使用正则表达式函数 preg_split()，因为会影响效率。在处理一些复杂字符串时，若字符串函数不能解决问题，则选择正则表达式函数来完成。

## 4.3.3 实例——验证表单内容

【例 4.4】 使用正则表达式验证用户输入的表单内容是否满足格式要求。

新建 hpage.php 文件，输入以下代码：

```html
<!DOCTYPE html>
<html>
<head>
    <title>注册页面</title>
    <style type="text/css">
    <!--
        .STYLE1{font-size: 14px; color:red;}
    -->
    div{
        text-align:center;
        font-size:24px;
        color:#0000FF;
    }
    table{
        margin:0 auto;
    }
    </style>
</head>
<body>
<form name="fr1" method="post" action="ppage.php">
    <div>新用户注册</div>
    <table border="1">
        <tr>
            <td>用户名: </td>
            <td><input type="text" name="ID"></td>
            <td class="STYLE1">* 不超过 10 个字符(数字，字母和下画线)</td>
        </tr>
        <tr>
            <td>密码: </td>
            <td><input type="password" name="PWD" size="21"></td>
            <td class="STYLE1">* 4～14 个数字</td>
        </tr>
        <tr>
            <td>手机号码: </td>
            <td><input type="tel" name="PHONE"></td>
            <td class="STYLE1">* 11 位数字，第一位为 1</td>
        </tr>
        <tr>
            <td>邮箱: </td>
            <td><input type="email" name="EMAIL"></td>
            <td class="STYLE1">* 有效的邮件地址</td>
        </tr>
        <tr>
```

```
                <td colspan="3" align="center">
                    <input type="submit" name="GO" value="注册">   
                    <input type="reset" name="NO" value="取消">
                </td>
            </tr>
        </table>
    </form>
    </body>
    </html>
```

新建 ppage.php 文件，输入以下代码：

```php
<?php
    include 'hpage.php';                                        //包含文件 hpage.php
    $id=$_POST['ID'];
    $pwd=$_POST['PWD'];
    $phone=$_POST['PHONE'];
    $Email=$_POST['EMAIL'];
    $checkid=preg_match('/^\w{1,10}$/',$id);                    //检查字符串是否在 10 个字符以内
    $checkpwd=preg_match('/^\d{4,14}$/',$pwd);                  //检查是否在 4～14 个数字之间
    $checkphone=preg_match('/^1\d{10}$/',$phone);              //检查是否是以 1 开头的 11 位数字
    //检查 E-mail 地址的合法性
    $checkEmail=preg_match('/^[a-zA-Z0-9_\-]+@[a-zA-Z0-9\-]+\.[a-zA-Z0-9\-\.]+$/',$Email);
    if($checkid&&$checkpwd&&$checkphone&&$checkEmail)          //如果都为 1，则注册成功
        echo "注册成功！";
    else
        echo "注册失败，格式不对";
?>
```

hpage.php 文件的运行结果即注册页面如图 4.6 所示。用户需要输入用户名、密码、手机号码和邮箱，需要遵守的规则在表单中已经列出。输入完成后单击"注册"按钮，如果格式正确则提示"注册成功！"，若不正确则提示"注册失败，格式不对"。

图 4.6  注册页面

# 习题 4

**一、选择题**

1. 下列说法中正确的是（　　）。
A. 数组的下标必须是连续的　　　　　　B. 数组的下标可以是字符串
C. 数组中的元素类型必须一致　　　　　D. 数组的下标必须为数字，且从 0 开始
2. 下列说法中正确的是（　　）。
A. 数组$array 的长度可以通过$array.length 取到

B．unset()方法不能删除数组里的某个元素

C．PHP 只有索引数组

D．PHP 的数组里可以存储任意类型的数据

3．下列说法中不正确的是（　　　）。

A．list()函数可以写在等号左侧

B．for 循环能够遍历关联数组

C．each()函数可以返回数组里的下一个元素

D．foreach()遍历数组的时候可以同时遍历出键名（key）和值（value）

4．下面哪个选项没有将 easy 添加到 users 数组中？（　　　）

A．$users[] = "easy";　　　　　　　　B．$users ["aa"]= "easy" ;

C．array_add($users, "easy");　　　　　D．array_push($users, "easy");

5．下列语句输出拼接字符串正确的是（　　　）。

A．echo $a. "hello"　　B．echo $a+"hello"　　C．echo $a+$b　　　　D．echo '{$a}hello'

6．以下关于字符串处理函数的说法中正确的是（　　　）。

A．implode()可以将字符串拆解为数组

B．substr()可以截取字符串

C．strlen()不能取到字符串的长度

D．substr_replace()不可以替换指定位置的字符串

7．以下关于字符串的说法中正确的是（　　　）。

A．echo "hello\nworld";在页面可以实现换行　　　B．echo 'helloworld{$a}';可以解析变量 a 的值

C．print $a, "hello";可以输出数据不报错　　　　D．用下面的方式可以定义字符串：

```
$str=<<
Hello world
AA;
```

8．以下代码输出的结果为（　　　）。

```
$attr = array("0"=>"aa", "1"=>"bb", "2"=>"cc");
echo $attr[1];
```

A．空　　　　　　　　B．aa　　　　　　　　C．bb　　　　　　　　D．出错

9．以下程序横线处应该使用的函数分别为（　　　）。

```
<?php
    $email = 'easybooks@163.com';
    $str = ____($email, '@');
    $info = ____('.', $str);
    ____($info);                    //输出 Array ([0] => @163 [1]=>com)
?>
```

A．strstr, explode, print_r　　　　　　B．strstr, explode, echo

C．strchr, split, var_dump　　　　　　D．strchr, split, var_dump

10．以下代码在页面上会输出（　　　）行数据。

```
<?php
    $attr = array(1, 2, 3, 4);
    while(list($key, $value) = each($attr))
    {
        echo $key."=>".$value."";
    }
    while(list($key, $value) = each($attr))
    {
```

```
        echo $key."=>".$value."";
    }
?>
```

A. 12                    B. 6                    C. 8                    D. 4

11. 以下代码运行结果为（      ）。

```php
<?php
    $first = "PHP is a very easy language !";
    $second = explode(" ", $first);
    $first = implode(",", $second);
    echo $first;
?>
```

A. PHP is a very easy language !          B. PHP is a very easy language !,
C. PHP,is,a,very,easy,language,!          D. 提示出错

## 二、简答题

1. 在数组中查找一个值是否存在使用哪个函数？试举一例。

2. 遍历数组的方法有哪几种？分别举例说明。

3. 在 PHP 中合并两个数组使用哪个函数？试举一例。

4. 计算字符串的长度使用哪个函数？

5. PHP 支持的正则表达式有哪两种风格？

## 三、编程题

1. 用 PHP 代码分别创建一个一维数组和一个多维数组，并用 print_r()函数打印出数组的信息。

2. 编程使用字符串比较函数比较两个字符串是否相等（区分大小写）。

3. 编程输出 HTML 标记的实体 "<a href='PHP'>PHP</a>"。

4. 编程使用 "str" 替换 "system" 中的 "s"。

5. 写出验证日期的正则表达式。

# 第5章 PHP 常用功能模块

学习完 PHP 语言的语法后，就需要了解 PHP 的一些常用功能模块。PHP 为用户提供的功能模块有很多，如目录与文件操作、图形处理、日期和时间等这些最常用的功能早已成为 PHP 基础语言的一部分，因为它们都是在 PHP 项目开发时必须用到的。

## 5.1 目录与文件操作

一般情况下，程序中的数据只能存储在内存中，程序结束时，数据就随之消失了。如果要永久地存储数据，就要使用文件。本节将重点介绍在 PHP 中如何操作目录和文件。

### 5.1.1 目录操作

目录是指存储在磁盘中的文件的索引，也可以将其视为一个文件夹。在这个文件夹中可以存放其他文件或文件夹。顶层的目录是磁盘的根目录，用 "/" 或 "\\" 表示。"./" 代表当前工作目录，"../" 表示 Apache 的文件根目录即 htdocs 目录。若文件夹前不指定位置，则默认在当前工作目录中查找。

#### 1. 创建和删除目录

使用 mkdir()函数可以根据提供的目录名或目录的全路径，创建新的目录，如果创建成功则返回 TRUE，否则返回 FALSE。例如：

```php
<?php
    if(mkdir("./path",0700))          //在当前目录中创建 path 目录
        echo "创建成功！";
?>
```

说明：以上代码表示在当前目录下建立一个 path 目录。0700 是一个八进制数，指定文件的模式，即文件的访问权限，该参数可以省略。默认值为 0777，最大值也为 0777，代表最大的访问权限。目录创建成功后，函数将返回 TRUE，否则返回 FALSE。

使用 rmdir()函数可以删除一个空目录，但是必须具有相应的权限。如果目录不为空，则必须在删除目录中的文件后才能删除目录。例如：

```php
<?php
    mkdir("ok");                      //在当前工作目录中创建 ok 目录
    if(rmdir("ok"))                   //删除 ok 目录
        echo "删除成功！";
?>
```

如果 rmdir()函数删除目录成功则返回 TRUE，否则返回 FALSE。

#### 2. 获取和更改当前工作目录

当前工作目录是指正在运行的文件所处的目录。使用 getcwd()函数可以取得当前的工作目录，该函数没有参数。若成功则返回当前的工作目录，若失败则返回 FALSE。例如：

```php
<?php
    echo getcwd();                    //输出'C:\Program Files\Php\Apache24\htdocs\Practice'
?>
```

使用 chdir()函数可以设置当前的工作目录，该函数的参数是新的当前目录，例如：

```php
<?php
    echo getcwd()."<br/>";              //输出'C:\Program Files\Php\Apache24\htdocs\Practice'
    @mkdir("../good");                  //在 Apache 文件根目录中建立 good 目录
    @chdir('../good');                  //设置 good 目录为当前工作目录
    echo getcwd();                      //输出'C:\Program Files\Php\Apache24\htdocs\good'
?>
```

说明："@"错误控制运算符可以用于抑制错误信息。

### 3. 打开和关闭目录句柄

目录的访问是通过句柄实现的，使用 opendir()函数可以打开一个目录句柄，该函数的参数是打开的目录路径，若打开成功则返回 TRUE，若失败则返回 FALSE。打开句柄后，其他函数就可以调用该句柄。为了节省服务器资源，在使用完一个已经打开的目录句柄后，应该使用 colsedir()函数关闭这个句柄。例如：

```php
<?php
    $dir="../good";                     //目录位置为 good 目录
    $dir_handle=opendir($dir);          //打开 good 目录句柄
    if($dir_handle)                     //如为 TRUE 则打开成功
        echo "打开目录句柄成功！";
    else
        echo "打开失败！";
    closedir($dir_handle);              //关闭目录句柄
?>
```

### 4. 读取目录内容

PHP 提供了 readdir()函数读取目录内容，该函数参数是一个已经打开的目录句柄。该函数在每次调用时返回目录中下一个文件的文件名，在列出了所有的文件名后，函数返回 FALSE。因此，该函数结合 while 循环可以实现对目录的遍历。

例如，假设根目录的 good 目录下已经创建了一个目录 html，其中保存了 1.php、2.php、3.php 这三个文件，要遍历 html 目录可以使用如下代码：

```php
<?php
    $dir="../good/html";
    $dir_handle=opendir($dir);          //打开目录句柄
    if($dir_handle)
    {
        //通过 readdir()函数返回值是否为 FALSE 判断是否到最后一个文件
        while(FALSE!==($file=readdir($dir_handle)))
        {
            echo $file."<br/>";         //输出文件名
        }
        closedir($dir_handle);          //关闭目录句柄
    }
    else
        echo "打开目录失败！";
?>
```

输出结果如下：

```
.
..
1.php
2.php
3.php
```

⊙⊙**注意：**
　　由于 PHP 是弱类型语言，所以将整型值 0 和布尔值 FALSE 视为等价，如果使用比较运算符"=="或 "!="，当遇到目录中有一个文件的文件名为 "0" 时，则遍历目录的循环将停止。因此，在设置判断条件时要使用 "===" 和 "!==" 运算符进行强类型检查。

#### 5. 获取指定路径的目录和文件

scandir()函数列出指定路径中的目录和文件，语法格式如下：

`array scandir(string $directory [, int $sorting_order [, resource $context ]])`

　　说明：$directory 为指定路径。参数$sorting_order 默认为按字母升序排列，如果设为 1 则表示按字母的降序排列。$context 是可选参数，是一个资源变量，可以用 stream_context_create()函数生成，这个变量保存着与具体的操作对象有关的一些数据。若函数运行成功则返回一个包含指定路径下的所有目录和文件名的数组，若失败则返回 FALSE。例如：

```php
<?php
    $dir="../good/html";
    $file1=scandir($dir);
    $file2=scandir($dir,1);
    if($file1==FALSE)
    {
        echo "读取失败";
    }
    else
    {
        print_r($file1);          //输出：Array ( [0] => . [1] => .. [2] => 1.php [3] => 2.php [4] => 3.php )
    }
    print_r($file2);              //输出：Array ( [0] => 3.php [1] => 2.php [2] => 1.php [3] => .. [4] => . )
?>
```

## 5.1.2　文件的打开与关闭

　　对目录可以进行打开、读取、关闭、删除等操作。文件的操作与对目录的操作有类似之处，操作文件的一般方法有打开、读取、写入、关闭等。

　　如果要将数据写入一个文件，则先要打开该文件。如果文件不存在则先创建它，然后将数据写入文件，最后还需要关闭这个文件。

　　如果要读取一个文件中的数据，则同样需要先打开该文件。如果文件不存在则自动退出，如果文件存在则读取该文件的数据，读完后也要关闭文件。

　　总之，无论如何，如果想对文件进行操作，则必须先打开文件。使用完文件后需要关闭文件。

#### 1. 打开文件

打开文件使用的是 fopen()函数，语法格式如下：

`resource fopen(string $filename, string $mode [, bool $use_include_path [, resource $context ]])`

　　（1）$filename 参数。fopen()函数将$filename 参数指定的名字资源绑定到一个流上。

　　如果$filename 的值是一个由目录和文件名组成的字符串，则 PHP 认为指定的是一个本地文件，将尝试在该文件上打开一个流。如果文件存在，则函数返回一个句柄；如果文件不存在或没有该文件的访问权限，则返回 FALSE。

　　如果$filename 是 "scheme://..." 的格式，则被当成一个 URL，PHP 将搜索协议处理器（也称为封装协议）来处理此模式。例如，如果文件名是以 "http://" 开始的，则 fopen()函数将建立一个到指定服务器的 HTTP 连接，并返回一个指向 HTTP 响应的指针；如果文件名是以 "ftp://" 开始的，则 fopen()

函数将建立一个连接到指定服务器的被动模式，并返回一个文件开始的指针。如果访问的文件不存在或没有访问权限，则函数返回 FALSE。

> **注意:**
> 访问本地文件时，在 UNIX 环境下，目录中的分隔符为正斜线 "/"。在 Windows 环境下可以是正斜线 "/" 或双反斜线 "\\"。另外，访问 URL 形式的文件时，首先要确定 PHP 配置文件中的 allow_url_fopen 选项处于打开状态，如果处于关闭状态，PHP 会发出一个警告，而 fopen()函数则调用失败。

（2）$mode 参数。$mode 参数指定了 fopen()函数访问文件的模式，如表 5.1 所示。

表 5.1　fopen()函数访问文件的模式

| $mode | 说　明 |
| --- | --- |
| 'r' | 以只读方式打开文件，从文件头开始读 |
| 'r+' | 以读写方式打开文件，从文件头开始读写 |
| 'w' | 以写入方式打开文件，将文件指针指向文件头。如果文件已经存在则删除已有内容，如果文件不存在则尝试创建它 |
| 'w+' | 以读写方式打开文件，将文件指针指向文件头。如果文件已经存在则删除已有内容，如果文件不存在则尝试创建它 |
| 'a' | 以写入方式打开文件，将文件指针指向文件末尾，如果文件已存在则从文件末尾开始写。如果文件不存在则尝试创建它 |
| 'a+' | 以读写方式打开文件，将文件指针指向文件末尾。如果文件已存在则从文件末尾开始读写。如果文件不存在则尝试创建它 |
| 'x' | 创建并以写入方式打开文件，将文件指针指向文件头。如果文件已存在，则 fopen()函数调用失败并返回 FALSE，并生成一条 E_WARNING 级别的错误信息。如果文件不存在则尝试创建它。此选项仅用于本地文件 |
| 'x+' | 创建并以读写方式打开文件，将文件指针指向文件头。如果文件已存在，则 fopen()函数调用失败并返回 FALSE，并生成一条 E_WARNING 级别的错误信息。如果文件不存在则尝试创建它。此选项仅用于本地文件 |
| 'c' | 以只读方式打开文件。如果文件不存在则尝试创建它。如果文件已存在，则它既不是截断的（与'w'相对），也不是调用失败的（就像'x'一样）。将文件指针指向文件头。如果在试图修改文件之前希望得到一个咨询文件锁定，而在得到锁定之前用 'w'可能截断文件（如果期望被截断，则可以在请求锁定后使用 ftruncate()函数），该选项可能有用 |
| 'c+' | 以读写方式打开文件，否则它的行为与'c'一样 |
| 'b' | 二进制模式，用于连接在其他模式后面。如果文件系统能够区分二进制文件和文本文件（Windows 区分，而 UNIX 不区分），则需要使用这个选项，推荐一直使用这个选项以便获得最大的可移植性 |

如果需要打开本地的二进制文件，则操作与打开本地文件基本相同，主要区别是在操作二进制文件时，应在$mode 取值的后面加上标记 "b" 作为最后一个字符，如 "wb" 和 "rb" 等。在操作二进制文件（如图片）时，不使用此标记可能会损坏文件。

（3）$use_include_path 参数。如果需要在 include_path（PHP 的 include 路径，在 PHP 的配置文件中设置）中搜寻文件，可以将可选参数$use_include_path 的值设为 1 或 TRUE，默认为 FALSE。

（4）$context 参数。可选的$context 参数只在文件被远程打开（如通过 HTTP 打开）时才使用，它是一个资源变量，其中保存着与 fopen()函数的具体操作对象有关的一些数据。如果 fopen()函数打开的是一个 HTTP 地址，那么这个变量记录着 HTTP 请求的请求类型、HTTP 版本及其他头信息；如果打开的是 FTP 地址，记录的可能是 FTP 的被动/主动模式。

例如：

```php
<?php
$handle=fopen("../good/html/1.txt","r+");          //以读写方式打开文件
```

```php
    if($handle)
        echo "打开成功";
    else
        echo "打开文件失败";
    $URL_handle=fopen("http://www.php.net", "r");          //以只读方式打开 URL 文件
?>
```

### 2. 关闭文件

处理完文件后，需要使用 fclose()函数关闭文件，语法格式如下：

```
bool fclose(resource $handle)
```

参数$handle 为要打开的文件指针，文件指针必须有效，如果关闭成功则返回 TRUE，否则返回 FALSE。例如：

```php
<?php
    $handle=fopen("../good/html/1.php","w");          //以写入方式打开文件
    if(fclose($handle))                               //判断是否成功关闭文件
        echo "关闭文件成功";
    else
        echo "关闭失败";
?>
```

## 5.1.3　文件的写入

在写入文件前需要打开文件，如果文件不存在则先要创建它。在 PHP 中没有专门用于创建文件的函数，一般可以使用 fopen()函数来创建，文件模式可以是"w"、"w+"、"a"和"a+"。

例如，下面的代码将在 D 盘 data 目录下新建一个名为 index.txt 的文件（data 目录存在）：

```php
<?php
    $handle=fopen("D:\\data\\index.txt", "w");
?>
```

（1）fwrite()函数。打开文件后，向文件中写入内容可以使用 fwrite()函数，语法格式如下：

```
int fwrite(resource $handle, string $string [, int $length ])
```

说明：参数$handle 是写入的文件句柄，$string 是将要写入文件中的字符串数据，$length 是可选参数，如果指定了$length，则在写入了$string 中的前$length 个字节的数据后停止写入。如果字符串$string 中字节数小于$length，则写入整个字符串后就停止写入。如果写入操作成功，fwrite()函数将返回写入的字节数，出现错误时返回 FALSE。

例如：

```php
<?php
    $handle=fopen("D:/data/index.txt", "w+");          //打开 index.txt 文件，若不存在则先创建它
    $num=fwrite($handle,"北京 2022 冬奥会",14);
    if($num)
    {
        echo "写入文件成功<br/>";
        echo "写入的字节数为".$num."个";                //成功写入的字节数为 14 个
        fclose($handle);                               //关闭文件
    }
    else
        echo "文件写入失败";
?>
```

fwrite()函数还有一个别名，即 fputs()。fwrite()函数还可用于写入二进制文件。

👀 注意：

如果以写入方式"w"打开文件，则写入的新数据将覆盖旧数据；如果不想覆盖之前的数据而将新数据添加到文件末尾，则可以使用追加模式"a"来打开文件。

（2）file_put_contents()函数。这个函数的功能与依次调用 fopen()、fwrite()及 fclose()函数的功能一样。语法格式如下：

```
int file_put_contents(string $filename, string $data [, int $flags [, resource $context ]])
```

说明：$filename 是要写入数据的文件名。$data 是要写入的字符串，$data 也可以是数组，但不能为多维数组。在使用 FTP 或 HTTP 向远程文件写入数据时，可以使用可选参数$flags 和$context，这里不具体介绍。写入成功后，函数返回写入的字节数，否则返回 FALSE。例如：

```php
<?php
    $str="这是文件 1";
    $array=array("将数组","内容写入","文件 2 中");
    file_put_contents("../good/html/1.txt",$str);        //将$str 写入 html 目录下的 1.txt 文件中
    file_put_contents("../good/html/2.txt",$array);       //将$array 写入 html 目录下的 2.txt 文件中
?>
```

（3）fputcsv()函数。CSV 是一种比较常用的文件格式，一般以.csv 作为扩展名。CSV 格式把文件的一行看成一条记录，记录里的字段使用逗号分隔。在 PHP 中使用 fputcsv()函数可以把指定的数组格式化为符合 CSV 文件格式的内容，并写入文件指针指向的当前行。语法格式如下：

```
int fputcsv(resource $handle, array $fields [, string $delimiter [, string $enclosure ]])
```

说明：参数$handle 是要写入的文件句柄。参数$fields 是要格式化的数组。可选的$delimiter 参数用于设定字段分界符（只允许一个字符），默认为逗号。可选的$enclosure 参数设定字段环绕符（只允许一个字符），默认为双引号。例如：

```php
<?php
    $stu=array(
            array("学号", "姓名", "专业名", "性别"),
            array("1", "王林", "计算机", "男"),
            array("2", "马琳琳", "通信工程", "女")
            );
    $handle=fopen("../good/html/stu.csv", "w");
    foreach($stu as $line)
    {
        fputcsv($handle,$line);
    }
    fclose($handle);
?>
```

## 5.1.4  文件的读取

在文件操作中最常用的操作是读取操作。在 PHP 中，文件的读取函数非常多，这里介绍较常用的读取函数。

### 1. 读取任意长度

fread()函数用于读取文件的内容，语法格式如下：

```
string fread(resource $handle, int $length)
```

说明：参数在$handle 是已经打开的文件指针，$length 是指定读取的最大字节数，$length 的最大取值为 8192。如果在读完$length 个字节数之前遇到文件结尾标志（EOF），则返回所读取的字符，并停止读取操作。如果读取成功则返回所读取的字符串，如果出错则返回 FALSE。例如：

```php
<?php
    $handle=fopen("http://www.ilucking.com/writer/DA012341", "rb");      //打开一个远程文件
```

```
    $content="";                                    //将字符串$content 初始化为空
    while(!feof($handle))                           //判断是否到文件末尾
    {
        $data=fread($handle,8192);                  //读取文件内容
        $content.=$data;                            //将读取到的数据赋给字符串
    }
    echo $content;                                  //输出内容
    fclose($handle);                                //关闭文件
?>
```

程序运行结果显示一个远程网页，如图 5.1 所示。

图 5.1　读取显示远程网页

说明：上述代码中的 feof()函数用于判断是否到达文件末尾，feof()函数只有一个参数，就是文件句柄，如果文件指针到达文件末尾，则 feof()函数返回 TRUE，否则返回 FALSE。

👀注意：

　　在读取文件后显示文件内容时，文本中可能含有无法直接显示的字符，如 HTML 标记。这时，需要使用 htmlspecialchars()函数将 HTML 标记转换为实体才能显示文件中的字符。例如，html 目录下有一个 1.php 文件，文件内容为 "<?php phpinfo()?>"，如果读取文件后直接显示，则显示不出其中的字符，要显示其中的内容可以使用以下代码：

```
<?php
    $filename="../good/html/1.php";                //文件名
    $handle=fopen($filename,"rb");                  //打开文件
    $data=fread($handle,filesize($filename));       //读取文件内容
    echo htmlspecialchars($data);                   //将"<"和">"转换为实体并输出
    fclose($handle);
?>
```

说明：代码中的 filesize()函数的作用是取得文件内容的字节数。

## 2．读取整个文件

（1）file()函数。file()函数用于将整个文件读取到一个数组中，语法格式如下：

```
array file(string $filename [, int $flags [, resource $context ]])
```

说明：本函数的作用是将文件作为一个数组返回，数组中的每个单元都是文件中相应的一行，包

括换行符在内，如果失败则返回 FALSE。

参数$filename 是读取的文件名。

$flags 可以是以下一个或多个常量。

FILE_USE_INCLUDE_PATH：在 include_path 中查找文件。

FILE_IGNORE_NEW_LINES：在数组每个元素的末尾不要添加换行符。

FILE_SKIP_EMPTY_LINES：跳过空行。

参数$context 的意义与之前介绍的相同，这里不具体解释。例如：

```php
<?php
    $line=file("../good/html/1.txt");              //将文件 1.txt 中的内容读取到数组$line 中
    foreach($line as $file)                        //浏览$line 数组
    {
        echo $file. "<br/>";                       //输出内容"这是文件 1"
    }
?>
```

👀 注意：

file()函数不适合用于操作很大的文件，如果文件过大，加载到数组中，数组需要的内存可能会超过可用内存。

（2）readfile()函数。readfile()函数用于输出一个文件的内容到浏览器中，语法格式如下：

```
int readfile(string $filename [, bool $use_include_path [, resource $context ]])
```

说明：该函数打开一个文件，读取该文件并写入输出缓冲区，并返回从文件中读入的字节数。如果出错则返回 FALSE，最后关闭这个文件。

例如，读取 html 目录下的 1.txt 文件中的内容到浏览器中：

```php
<?php
    $filename="../good/html/1.txt";
    $num=readfile($filename);                      //输出文件的所有内容
    echo $num;                                     //输出读取到的字节数
?>
```

最终输出：

这是文件 19

其中，"这是文件 1"为文件 1.txt 的内容，"9"为从文件 1.txt 中读入的字节数。

（3）fpassthru()函数。fpassthru()函数用于将给定的文件指针从当前的位置读取到 EOF，并把结果写到输出缓冲区。若使用这个函数，则必须先使用 fopen()函数打开文件，然后将文件指针作为参数传递给 fpassthru()函数。如果操作成功则返回读取到的字节数，否则返回 FALSE。例如：

```php
<?php
    $filename="../good/html/1.txt";
    $handle=fopen($filename, "rb");
    fpassthru($handle);
    fclose($handle);
?>
```

说明：如果既不修改文件也不在特定位置检索，只想将文件的内容下载到输出缓冲区，则应该使用 readfile()函数，这样可以省去 fopen()函数的调用。

（4）file_get_contents()函数。file_get_contents()函数用于将整个或部分文件内容读取到一个字符串中，功能与依次调用 fopen()、fread()及 fclose()函数的功能一样。语法格式如下：

```
string file_get_contents ( string $filename [, bool $use_include_path = false [, resource $context [, int $offset[, int $maxlen ]]]] )
```

说明：$filename 是要读取的文件名，可选参数$use_include_path 用来触发 include_path 查找；参

数$context 的意义与之前介绍的相同，这里不具体解释；$offset 可以指定从文件头开始的偏移量，file_get_contents()函数可以返回从$offset 所指定的位置开始长度为$maxlen 的内容。如果失败，file_get_contents()函数将返回 FALSE。例如：

```php
<?php
    $filestring=file_get_contents("../good/html/1.txt");
    echo $filestring;
?>
```

file_get_contents()函数是用来将文件的内容读入一个字符串中的首选方法。

### 3. 读取一行数据

（1）fgets()函数。fgets()函数用于从文件中读出一行文本，语法格式如下：

```
string fgets(resource $handle [, int $length ])
```

说明：$handle 是已经打开的文件句柄，可选参数$length 指定了返回的最大字节数，考虑到行结束符，最多可以返回 length–1 字节的字符串。如果没有指定$length，则默认为 1024 字节。例如：

```php
<?php
    $handle=@fopen("../good/html/1.txt","r");          //打开文件
    if($handle)
    {
        while(!feof($handle))                          //判断是否到文件末尾
        {
            $buffer=fgets($handle);                    //逐行读取文件内容
            echo $buffer. "<br/>";
        }
        fclose($handle);                               //关闭文件
    }
?>
```

（2）fgetss()函数。fgetss()函数的作用与 fgets()函数的基本相同，也是从文件指针处读取一行数据，但 fgetss()函数会尝试从读取的文本中去掉任何 HTML 和 PHP 标记。语法格式如下：

```
string fgetss(resource $handle [, int $length [, string $allowable_tags ]])
```

说明：可选的第三个参数$allowable_tags 用于指定哪些标记不被去掉。

例如，假设 html 目录下的 1.txt 文件的第一行内容为 "php"，在显示内容时不显示 "php" 的加黑效果可以使用以下代码：

```php
<?php
    $handle=fopen("../good/html/1.txt","rb");
    $one=fgetss($handle);                              //获取第一行数据，并去除 HTML 标记
    echo $one;                                         //输出第一行内容
    fclose($handle);
?>
```

（3）fgetcsv()函数。fgetcsv()函数用于读取指定文件的当前行，使用 CSV 格式解析出字段，并返回一个包含这些字段的数组。语法格式如下：

```
array fgctcsv(resource $handle [, int $length [, string $delimiter [, string $enclosure[,string $escape]]]])
```

说明：$handle 是打开的文件句柄，$length 指定获取的字符的最大长度。可选的$dclimiter 参数用于设定字段分界符（只允许一个字符），默认为逗号。可选的$enclosure 参数设定字段环绕符（只允许一个字符），默认为双引号。可选的$escape 设定转义字符（只允许一个字符），默认为反斜杠。例如：

```php
<?php
    $row=1;
    $handle=fopen("../good/html/stu.csv","r");         //打开一个 CSV 文件
    while($data=fgetcsv($handle, 1000, ","))           //获取当前行内容，并返回一个数组
    {
```

```php
            $num=count($data);                              //计算数组元素个数
            echo "<p>第".$row. "行: <br/>";
            $row++;
            for ($c=0; $c < $num; $c++)
            {
                echo $data[$c] . "<br/>";                   //输出数组内容
            }
        }
        fclose($handle);
?>
```

输出结果如下：

第 1 行:
学号
姓名
专业名
性别

第 2 行:
1
王林
计算机
男

第 3 行:
2
马琳琳
通信工程
女

### 4. 读取一个字符

fgetc()函数。fgetc()函数用于从文件指针处读取一个字符，语法格式如下：

```
string fgetc(resource $handle)
```

该函数返回$handle 指针指向的文件中的一个字符，遇到 EOF 则返回 FALSE。例如：

```php
<?php
    $handle=fopen("../good/html/1.txt", "r");
    while(!feof($handle))                                   //判断是否到文件尾
    {
        $char=fgetc($handle);                               //获取当前一个字符
        echo($char=="\n"? '<br/>':$char);
    }
?>
```

说明：这段代码一次从文件中读出一个字符并保存到$char 中输出，直到文件结束。如果文本中有换行符 "\n"，则在显示时使用 "<br/>" 标记来代替，这里使用三元运算符实现。

### 5. 使用指定格式读取文件

fscanf()函数。fscanf()函数用于读取文件中的数据，并根据指定的格式进行格式化，以及返回一个数组。语法格式如下：

```
mixed fscanf(resource $handle, string $format [, mixed &$...])
```

说明：fscanf()函数从与$handle 关联的文件中接收输入并根据指定的$format 来解释输入。如果只给此函数传递了这两个参数，解析后的值会被作为数组返回。否则，如果提供了可选参数，此函数将返回被赋值的数目。可选参数必须用引用传递。

格式字符串中的任何空白会与输入流中的任何空白匹配。这意味着甚至格式字符串中的制表符
"\t"也会与输入流中的一个空格字符匹配。

例如，html 目录下的 1.txt 文件有以下几行数据：

| 课程号 | 课程名 | 学分 |
|------|-------------|---|
| 101 | 计算机导论 | 5 |
| 102 | 程序设计与语言 | 4 |
| 206 | 离散数学 | 4 |
| 208 | 数据结构 | 4 |

其中，各字段间以\t 分隔。

要显示这些数据可以使用以下代码：

```php
<?php
    $handle=fopen("../good/html/1.txt","r");
    while($kcinfo=fscanf($handle, "%s\t%s\t%s\n"))      //读取并格式化文件中的数据
    {
        list($kch,$kcm,$xf)=$kcinfo;                     //将返回数组中的值赋给变量
        echo $kch." ".$kcm." ".$xf."<br/>";     //输出数据
    }
    fclose($handle);
?>
```

## 5.1.5　文件的上传与下载

在 PHP 中实现文件的上传与下载，需要使用文件系统函数来完成。实现文件上传的函数是
move_uploaded_file()，实现文件下载的函数是 header()和 readfile()。

### 1. 文件上传

文件上传可以通过提交 HTML 表单来实现。由 HTML 表单生成的文件上传变量，以数组的形式
记录了上传文件的详细信息，在第 3.3.3 节中介绍预定义变量时提到了这一变量$_FILES。

$_FILES 是一个二维数组，上传后的文件信息可以使用以下形式获取。

● $FILES['file']['name']。客户端上传的原文件名。其中，"file"是 HTML 表单中文件域控件的
名称。

● $FILES['file']['type']。上传文件的类型，需要浏览器提供该信息的支持。常用的值有："text/plain"
表示普通文本文件；"image/gif"表示 GIF 图片；"image/pjpeg"表示 JPEG 图片；
"application/msword"表示 Word 文件；"text/html"表示 html 格式文件；"application/pdf"表示
PDF 格式文件；"audio/mpeg"表示 MP3 格式的音频文件；"application/x-zip-compressed"表示
ZIP 格式的压缩文件；"application/octet-stream"表示二进制流文件，如 EXE 文件、RAR 文件、
视频文件等。

● $FILES['file']['tmp_name']。文件被上传后在服务端存储的临时文件名。

● $FILES['file']['size']。已上传文件的大小，单位为字节。

● $FILES['file']['error']。错误信息代码。值为 0 表示没有错误发生，文件上传成功；值为 1 表示
上传的文件超过了 php.ini 文件中 upload_max_filesize 选项限制的值；值为 2 表示上传文件的大
小超过了 HTML 表单中规定的最大值；值为 3 表示文件只有部分被上传；值为 4 表示没有文
件被上传；值为 5 表示上传文件大小为 0。

文件上传结束后，默认地存储在临时目录中，这时必须将其从临时目录中删除或移动到其他地方。
不管是否上传成功，脚本执行完后，临时目录里的文件肯定会被删除。因此，在删除之前要使用 PHP
的 move_uploaded_file()函数将它移动到其他位置，此时，才完成了上传文件过程。move_uploaded_file()
函数的语法格式如下：

```
bool move_uploaded_file(string $filename, string $destination)
```

说明：$filename 参数是上传的文件名，如果$filename 指定的是合法的文件，则函数会将该文件移至由$destination 参数指定的文件。如果目标文件已经存在，则会被新文件覆盖。如果上传文件不合法或文件无法移动，函数则不会进行任何操作并返回 FALSE。

例如：

```
move_uploaded_file($_FILES['myfile']['tmp_name'], "html/index.txt")
```

上面一句代码表示将由表单文件域控件"myfile"上传的文件移动到 html 目录下并将文件命名为 index.txt。

> **👀 注意：**
> 在将文件移动之前需要检查文件是否是通过 HTTP POST 上传的，以确保恶意的用户无法欺骗脚本去访问本不能访问的文件，这时需要使用 is_uploaded_file()函数。该函数的参数为文件的临时文件名，若文件是通过 HTTP POST 上传的，则函数返回 TRUE。

**【例 5.1】** 将由 HTML 表单上传的 GIF 图片文件移动到 html 目录下。

新建 upload.php 文件，输入以下代码：

```php
<!DOCTYPE html>
<!-- HTML5 表单 -->
<form enctype="multipart/form-data" action="" method="post">
    <input type="file" name="myFile">
    <input type="submit" name="up" value="上传文件">
</form>
<!-- PHP 代码 -->
<?php
    if(isset($_POST['up']))
    {
        if($_FILES['myFile']['type']=="image/gif")              //判断文件格式是否为 GIF
        {
        if($_FILES['myFile']['error']>0)                        //判断上传是否出错
            echo "错误：".$_FILES['myFile']['error'];           //输出错误信息
        else
        {
            $tmp_filename=$_FILES['myFile']['tmp_name'];        //临时文件名
            $filename=$_FILES['myFile']['name'];                //上传的文件名
            $dir="../good/html/";                               //上传后文件的位置
            if(is_uploaded_file($tmp_filename))                 //判断是否通过 HTTP POST 上传
            {
                //上传并移动文件
                if(move_uploaded_file($tmp_filename, "$dir.$filename"))
                {
                    echo "文件上传成功！";
                    //输出文件大小
                    echo "文件大小为：". ($_FILES['myFile']['size']/1024)."KB";
                }
                else
                    echo "上传文件失败！";
            }
        }
        }
        else
```

```
            {
                echo "文件格式非 GIF 图片！";
            }
        }
    ?>
```

说明：运行程序后单击文件域的"选择文件"按钮，选择一张 GIF 格式的图片后单击"上传文件"按钮，操作过程和结果如图 5.2 所示。

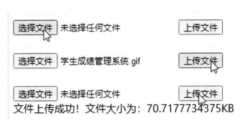

图 5.2　上传 GIF 文件

---

📷 **注意：**

要使 HTML 表单产生文件上传变量必须满足三个条件：表单必须使用 POST 方法提交；<form> 标记 enctype 属性规定了在提交表单时要使用哪种内容类型，在表单需要二进制数据时（如文件内容），必须使 enctype 值为"multipart/form-data"；表单中要含有一个文件域控件。

---

### 2．文件下载

如果是普通的文件下载，建立一个超链接指向目标文件就可以了。但是这样就直接暴露了文件所在路径，可能会有安全隐患。要实现安全的文件下载，在 PHP 中一般使用 header()和 readfile()函数。

header()函数的作用是向浏览器发送正确的 HTTP 报头，该报头指定了网页内容的类型、页面的属性等信息。header()函数的功能很多，这里只列出以下几点。

（1）页面跳转。如果 header()函数的参数为"Location: xxx"，页面就会自动跳转到"xxx"指向的 URL 地址。例如：

```
header("Location: http://www.baidu.com");                //跳转到百度页面
header("Location: first.php");                           //跳转到工作目录的 first.php 页面
```

（2）指定网页内容。例如，同样的一个 XML 格式的文件，如果 header()函数的参数指定为 "Content-type: application/xml"，浏览器会将其按照 XML 文件格式来解析。但如果是"Content-type: text/xml"，浏览器就会将其看成文本解析。

（3）文件下载。header()函数结合 readfile()函数可以下载将要浏览的文件，例如，下载 html 目录下的 1.txt 文件可以使用以下代码：

```
<?php
    $textname="../good/html/1.txt";                      //源文件
    $newname="index.txt";                                //新文件名
    header("Content-type: text/plain");                  //设置下载文件的类型
    header("Content-Length:" .filesize($textname));      //设置下载文件的大小
    header("Content-Disposition: attachment; filename=$newname");  //设置下载文件的名称
    readfile($textname);                                 //读取文件
?>
```

说明：以上这段代码执行后会弹出"新建下载任务"对话框，新文件的名称为 index.txt，单击"浏览"按钮选择要下载到的路径，再单击"下载"按钮即可在指定路径下保存文件，如图 5.3 所示。

图 5.3　实现文件下载

---

👀 **注意：**

　　在服务器的输出缓存没有开启的情况下，如果在调用 header() 函数之前输出了内容，如普通的 HTML 标记、空格、PHP 输出等，再调用 header() 函数就会出错。在开启输出缓存之后，输出的内容在执行过程中被放进缓存里，再调用 header() 函数就不会出错。开启输出缓存的方法是，修改 PHP 配置文件 php.ini 文件中的"output_buffering"选项的值。因为在本书的 PHP 版本中，"output_buffering"的默认值为 4096，表示 4096 字节内的输出会被放进缓存，所以这里不必修改。

---

## 5.1.6　其他常用文件函数

### 1. 计算文件大小

之前使用过的 filesize() 函数用于计算文件大小，以字节为单位。例如：

```php
<?php
    $filename="../good/html/1.txt";
    $num=filesize($filename);                          //计算文件大小
    echo ($num/1024). "KB";                            //以 KB 为单位输出文件大小
?>
```

说明：filesize() 函数结合 fread() 函数可以实现一次读取整个文件（或某部分）。

PHP 还有一系列获取文件信息的函数，如 fileatime() 函数用于取得文件的上次访问时间，fileowner() 函数用于取得文件的所有者，filetype() 函数用于取得文件的类型等。

### 2. 判断文件是否存在

如果希望在不打开文件的情况下检查文件是否存在，可以使用 file_exists() 函数。该函数的参数为指定的文件或目录，如果该文件或目录存在则返回 TRUE，否则返回 FALSE。例如：

```php
<?php
    $filename='../good/html/user.txt';
    if(file_exists($filename))                    //检查 user.txt 文件是否存在
    {
        echo "文件存在";
    }
    else
    {
        echo "该文件不存在";
    }
?>
```

PHP 还有一些用于判断文件或目录的函数，如 is_dir() 函数用于判断给定文件名是否是目录，is_file() 函数用于判断给定文件名是否是文件，is_readable() 函数用于判断给定文件名是否可读，is_writeable() 函数用于判断给定文件是否可写。

### 3. 删除文件

使用 unlink()函数可以删除不需要的文件，如果成功则返回 TRUE，否则返回 FALSE。例如：

```php
<?php
    $filename='../data/1.txt';
    unlink($filename);                      //删除磁盘根目录下 data 目录中的 1.txt 文件
?>
```

### 4. 复制文件

在文件操作中经常会遇到需要将一个文件或目录复制到某个文件夹的情况，在 PHP 中使用 copy()函数来完成此操作，语法格式如下：

```
bool copy(string $source, string $dest[, resource $context ])
```

说明：参数$source 为需要复制的源文件，参数$dest 为目标文件，参数$context 的意义与之前介绍的相同，这里不具体解释。复制后的新文件的内容与源文件的完全相同，并且在复制文件的同时，也可以为新文件重新命名。如果复制成功则返回 TRUE，否则返回 FALSE。如果目标文件已经存在则被覆盖。例如：

```php
<?php
    $rootfile="../good/html/1.txt";
    $targetfile="../good/copy.txt";
    if(copy($rootfile,$targetfile))
    {
        echo "文件复制成功！";
    }
?>
```

### 5. 移动、重命名文件

除 move_uploaded_file()函数外，rename()函数也可用于移动文件，语法格式如下：

```
bool rename ( string $oldname, string $newname [, resource $context ] )
```

说明：rename()函数主要用于对一个文件进行重命名，$oldname 是文件的旧名，$newname 为新的文件名。当然，如果$oldname 与$newname 的路径不相同，则实现了移动该文件的功能，例如：

```php
<?php
    $file="../good/copy.txt";
    $newname="../good/recopy.txt";
    if(rename($file,$newname))              //重命名 copy.txt 文件
    {
        echo "文件重命名成功！";
    }
    if(rename("../good/html/2.txt","../good/2.txt"))    //移动 html 目录下的 2.txt 文件
    {
        echo "文件移动成功！";
    }
?>
```

### 6. 文件指针操作

PHP 中有很多操作文件指针的函数，如 rewind()、ftell()、fseek()函数等。之前用过的 feof()函数用于测试文件指针是否处于文件尾部，也属于文件指针操作函数。

- rewind()函数。用于重置文件的指针位置，使指针返回到文件头。它的参数只有一个，就是已经打开的指定文件的文件句柄。
- ftell()函数。可以以字节为单位，报告文件中指针的位置，也就是文件流中的偏移量。它的参数也是已经打开的文件句柄。

● fseek()函数。可以用于移动文件指针，语法格式如下：

```
int fseek ( resource $handle, int $offset [, int $whence ] )
```

说明：fseek()函数可以将文件指针$handle 从$whence 位置移动$offset 字节。新位置从文件头开始以字节数度量，以$whence 指定的位置加上$offset。可选参数$whence 的值可以是：SEEK_SET（文件开始处）、SEEK_CUR（文件指针的当前位置）和 SEEK_END（文件的末尾）。如果没有指定$whence，则默认为 SEEK_SET；若要移动到文件末尾的位置，则需要给$offset 传递一个负值。函数如果操作成功则返回 0，否则返回-1。注意，移动到 EOF 之后的位置不算错误。例如：

```php
<?php
$file="C:\Program Files\Php\php7\php.ini";        //php.ini 文件
$handle=fopen($file, "r");                         //以只读方式打开
echo "当前指针为："  .ftell($handle). "<br/>";       //显示指针的当前位置，为 0
fseek($handle,100);                                //将指针移动 100 字节
echo "当前指针为："  .ftell($handle). "<br/>";       //显示当前指针值为 100
rewind($handle);                                   //重置指针位置
echo "当前指针为："  .ftell($handle). "<br/>";       //指针值为 0
?>
```

## 5.1.7　实例——投票统计

【例 5.2】　使用之前学过的文件操作方法，编写一个计算投票数量的程序。

新建 vote.php 文件，输入以下代码：

```html
<!DOCTYPE html>
<!-- HTML5 表单 -->
<style type="text/css">
    div{
        font-size:18px;
        color:#0000FF;
    }
    li{
        font-size:24px;
        color:#FF0000;
    }
</style>
<form enctype="multipart/form-data" action="" method="post">
    <table>
        <tr>
            <td bgcolor="#CCCCCC">
                <div>当前最流行的 Web 开发语言：</div>
            </td>
        </tr>
        <tr>
            <td><input type="radio" name="vote" value="PHP">PHP</td>
        </tr>
        <tr>
            <td><input type="radio" name="vote" value="ASP">ASP</td>
        </tr>
        <tr>
            <td><input type="radio" name="vote" value="JSP">JSP</td>
        </tr>
```

```
            <tr>
                <td><input type="submit" name="sub" value="请投票"></td>
            </tr>
        </table>
    </form>
    <?php
        $votefile="vote.txt";                              //用于计数的文本文件$votefile
        if(!file_exists($votefile))                         //判断文件是否存在
        {
            $handle=fopen($votefile,"w+");                  //若不存在则创建该文件
            fwrite($handle,"0|0|0");                        //将文件内容初始化
            fclose($handle);
        }
        if(isset($_POST['sub']))
        {
            if(isset($_POST['vote']))                        //判断用户是否投票
            {
                $vote=$_POST['vote'];                        //接收投票值
                $handle=fopen($votefile,"r+");
                $votestr=fread($handle,filesize($votefile)); //读取文件内容到字符串$votestr
                fclose($handle);
                $votearray=explode("|", $votestr);           //将$votestr 根据"|"分隔
                echo "<h3>投票完毕！</h3>";
                if($vote=='PHP')
                    $votearray[0]++;                          //如果选择 PHP，则数组第一个值加 1
                echo "目前 PHP 的票数为：<li>".$votearray[0]."</li><br/>";
                if($vote=='ASP')
                    $votearray[1]++;                          //如果选择 ASP，则数组第二个值加 1
                echo "目前 ASP 的票数为：<li>".$votearray[1]."</li><br/>";
                if($vote=='JSP')
                    $votearray[2]++;                          //如果选择 JSP，则数组第三个值加 1
                echo "目前 JSP 的票数为：<li>".$votearray[2]."</li><br/>";
                //计算总票数
                $sum=$votearray[0]+$votearray[1]+$votearray[2];
                echo "总票数为：<li>".$sum."</li><br/>";
                $votestr2=implode("|",$votearray);            //将投票后的新数组用"|"连接成字符串$votestr2
                $handle=fopen($votefile,"w+");
                fwrite($handle,$votestr2);                    //将新字符串写入文件$votefile
                fclose($handle);
            }
            else
            {
                echo "<script>alert('未选择投票选项！')</script>";
            }
        }
    ?>
```

保存后运行该文件，选择单选按钮进行投票，运行效果如图 5.4 所示。

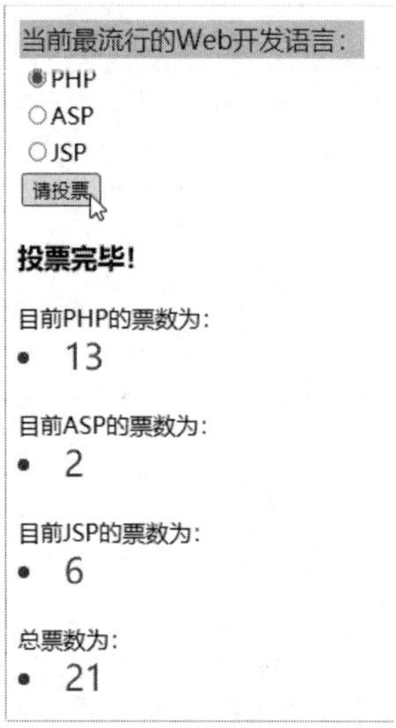

图 5.4　投票统计运行效果

# 5.2　图形处理

图形处理在 PHP 中的应用十分广泛。图形处理包括图形学、字体、颜色、几何等方面的知识。PHP 可以使用内置的图形函数来处理图形，从而得到一些有趣又实用的效果。

## 5.2.1　安装 PHP 图像库

在 PHP 中，有的图形函数可以直接使用，但大多数函数需要在安装 GD 2 函数库后才能使用。有关 GD 2 的详细信息，读者可以自行参考相关资料。在 Windows 平台下，安装 GD 2 库很简单，PHP 7 中自带了 GD 2 库扩展（PHP 的 ext 目录中的 php_gd2.dll 文件），其实本书在安装 PHP 开放基本扩展库时就已经设置开放了 GD 2 库（extension=gd2）。PHP 所能处理的图像格式取决于所安装的 GD 版本，以及其他 GD 可能用到的访问这些图像格式的库。低于 GD-1.6 版本的 GD 支持 GIF（Graphics Interchange Format，图形文件交换格式），不支持 PNG（Portable Network Graphics，可移植的网络图像），高于 GD-1.6 低于 GD-2.0.28 的版本支持 PNG，不支持 GIF。在 GD-2.0.28 版本中又重新支持了 GIF。

目前的 GD 2 库支持 JPEG、PNG、GIF、WBMP 等文件格式。JPEG（Joint Photographic Experts Group，联合图像专家小组）通常用来存储照片或者具有丰富色彩和色彩层次的图像。这种格式使用了有损压缩方法，图像质量有所下降，因此该格式不适合绘制线条、文本或颜色块。GIF 广泛应用于网络，适合存储包含文本、线条和简单颜色块的图像。PNG 是无损压缩格式，所以适合直线、文本或简单颜色块的图像，出于 GIF 的专利原因，PNG 在一段时间内是作为 GIF 的替代品使用的。WBMP（Wireless Bitmap，无线位图）是专门为无线通信设备设置的文件格式，但没有得到广泛的发展。

## 5.2.2　创建图形

在 PHP 中创建图形的步骤一般有 4 个：创建一个背景、在背景中绘制图形或输入文本、输出图形、释放所有资源。

【例 5.3】　绘制一条直线，并输出到浏览器中。

新建 imageline.php 文件，输入以下代码：

```
<?php
    $image=imagecreate(400, 400);                      //创建一个背景，背景默认为黑色
    //设置背景颜色为白色
    $background_color=imagecolorallocate($image, 255, 255, 255);
    $black=imagecolorallocate($image,0,0,0);            //定义颜色为黑色
    imageline($image, 0,0,100,100,$black);              //设置直线颜色为黑色
    header("Content-type: image/png");                  //向浏览器发送头信息，输出 PNG 图片
    imagepng($image);                                   //输出图形
    imagedestroy($image);                               //清除资源
?>
```

运行结果如图 5.5 所示。

图 5.5　绘制直线

说明：若查看结果，则只需要浏览 PHP 页面。如果在 Web 页面中使用该图片，则使用如下 HTML
代码：

```
<img src="imageline.php">
```

> 👀 注意：
> 在使用 PHP 输出图形时，一定要使用 header()函数向浏览器发送头信息，指定浏览器输出相应
> 格式的文件。若头信息为 "Content-type: image/png"，则表示浏览器将输出 PNG 格式的图片。如果
> 在程序中输出文本信息，则在浏览器中不会显示。

imageline.php 中的代码简要地说明了创建一个图形的过程，下面对该过程进行详细的介绍。

### 1. 创建背景图形

创建背景图形可以使用 imagecreate()和 imagecreatetruecolor()函数，这两个函数都可以创建一个空
白的图形，并返回一个图形标志符（也称为句柄），供其他函数使用。

语法格式如下：

```
resource imagecreate(int $x_size, int $y_size)
resource imagecreatetruecolor(int $x_size, int $y_size)
```

说明：$x\_size$ 是背景的宽度，$y\_size$ 是背景的高度，imagecreate()函数用于建立一个基于调色板
的图形，创建后可改变背景颜色。imagecreatetruecolor()函数用于创建一个真彩色图形，背景颜色默认
为黑色。如果图形创建成功，则函数返回一个句柄；如果失败，则不会像其他函数一样返回 FALSE，
这时可以使用 die()函数来捕获错误信息。例如：

```
$image=imagecreate(200,200) or die("创建图形失败!");
```

类似 imagecreate()的函数都可以使用 die()函数来捕获错误信息。

背景创建之后，就可以使用图形函数在背景中绘制图形或输入文本。图形的绘制和处理比较复杂，
将在后面具体介绍。

### 2. 使用已有图片创建新图形

除可以创建空白的背景图形外，还可以将已有的图片作为背景图形来创建新的图形。例如，
imagecreatefromgif()函数可以根据已有的 GIF 图片创建新图形，imagecreatefromjpeg()函数可以根据已

有的 JPEG 图片创建新图形，$imagecreatefrompng()函数可以根据已有的 PNG 图片创建新图形。已有
的图片也可以是远程的图片文件。例如：

```php
<?php
    $imfile="../good/html/..cow.gif";
    $image=imagecreatefromgif($imfile);          //根据..cow.gif 图片创建一个新图形
    header("Content-type: image/gif");           //向浏览器发送头信息，输出 GIF 图片
    imagegif($image);                            //输出图形
?>
```

使用这些函数后，已有的图片将作为新图形的背景，之后的操作和用 imagecreate()函数创建背景
图形的操作方法一样。

### 3. 选择颜色

在处理图形的操作中，经常需要为图形的某些部分分配颜色。这时，颜色值的选择就需要使用
imagecolorallocate()函数来完成。语法格式如下：

```
int imagecolorallocate(resource $image, int $red, int $green, int $blue)
```

说明：imagecolorallocate()函数返回一个标志符，代表了由给定的红、绿、蓝（RGB）值组成的颜
色。$red、$green 和$blue 分别是所需颜色的红、绿、蓝成分。这些参数是 0～255 的整数或者十六进
制的 0x00～0xFF。imagecolorallocate()函数必须被调用以创建每种用在$image 所代表的图形中的颜色。
例如：

```php
<?php
    $im=imagecreate(200, 200);                       //新建背景图形
    $background=imagecolorallocate($im, 255, 0, 0);  //背景设为红色
    //设定一些颜色
    $white=imagecolorallocate($im, 255, 255, 255);   //白色
    $black=imagecolorallocate($im, 0, 0, 0);         //黑色
    //十六进制方式
    $white=imagecolorallocate($im, 0xFF, 0xFF, 0xFF);
    $black=imagecolorallocate($im, 0x00, 0x00, 0x00);
?>
```

说明：第一次调用 imagecolorallocate()函数时，会给基于调色板的图形（用 imagecreate()函数建立
的图形）填充背景颜色。例中的$white、$black 颜色定义后，就可以在其他函数中使用该颜色对图形
中的某一部分进行着色了。

在实际应用中，颜色使用的数据值无法直观地反映使用的是什么颜色，在分配颜色时可以记忆一
些经常使用的值，如黑色（0,0,0）、红色（255,0,0）、蓝色（0,0,255）、白色（255,255,255）、绿色（0,255,0）
等，不经常使用的值可以通过其他方式获取。

### 4. 输出图形

如果需要将已经绘制的图形输出到浏览器或文件中，可以使用相应的函数来完成。例如，使用
imagegif()函数可以将图形以 GIF 格式输出到浏览器或文件，imagejpeg()函数将图形以 JPEG 格式输出，
imagepng()函数将图形以 PNG 格式输出等。语法格式如下：

```
bool imagepng(resource $image [, string $filename ])
bool imagegif(resource $image [, string $filename ])
bool imagejpeg(resource $image [, string $filename [, int $quality ]])
```

说明：$image 是已经创建的图像句柄，如果不提供参数$filename，则直接输出原始图形。如果提
供参数$filename，则以$filename 为文件名创建一个相应格式的图片，保存以后在 Web 页面中就可以使
用该图片了。imagejpeg()函数中的可选参数$quality，其范围从 0（最差质量、文件最小）到 100（最佳
质量、文件最大）。

不管输出什么格式的图片，都要使用 header()函数向浏览器发送相应的头信息，如输出 GIF 格式

的图片应使用"header("Content-type: image/gif");"；输出 JPEG 格式的图片应使用"header("Content-type: image/jpeg");"；输出 PNG 格式的图片应使用"header("Content-type: image/png");"。例如：

```php
<?php
    $image=imagecreate(400,400);                        //创建背景图形
    $back_color=imagecolorallocate($image,255,0,0);     //设置背景颜色为红色
    header("Content-type: image/gif ");                 //发送头信息，使脚本输出 GIF 格式文件
    imagegif($image, "../good/html/back.gif");          //将图形保存为 back.gif 文件
    imagegif($image);                                   //在浏览器中输出图形
?>
```

### 5. 清除资源

为了节省资源，图片创建后返回的句柄如果不再使用，则应用 imagedestroy()函数来释放与之相关的内存。例如：

```php
imagedestroy($image);
```

其中，$image 是已经创建的句柄。

## 5.2.3　绘制图形

在掌握了一些最基本的图形操作后，就可以在已经创建的画布（背景图形）上绘制具体的图形。在 PHP 中可以绘制的图形有几何图形、文本文字、颜色块等。

### 1. 绘制几何图形

一般的几何图形包括直线、矩形、椭圆、多边形等，可将这些一般的几何图形组合成更复杂的图形。

（1）画一个点。

使用 imagesetpixel()函数可以在已经创建的背景图形上画一个单一像素，即一个点。语法格式如下：

```php
bool imagesetpixel(resource $image, int $x, int $y, int $color )
```

说明：imagesetpixel()函数在已经创建的图形$image 上用$color 颜色在($x,$y)坐标上画一个点。起始坐标从左上角开始，坐标为(0,0)，到右下角的坐标为($x_size,$y_size)，其中$x_size 和$y_size 是背景图形的宽与高。例如：

```php
<?php
    $image=imagecreate(200,200);                        //创建背景图形
    $background=imagecolorallocate($image,255,255,255); //背景颜色设为白色
    $blue=imagecolorallocate($image,0,0,255);           //定义蓝色
    imagesetpixel($image,100,100,$blue);                //画一个蓝色的点
    header("Content-type: image/gif");                  //发送头信息
    imagegif($image);                                   //输出图形
    imagedestroy($image);                               //清除资源
?>
```

（2）画一条线段。

使用 imageline()函数可以画出一条线段，语法格式如下：

```php
bool imageline(resource $image, int $x1, int $y1, int $x2, int $y2, int $color)
```

说明：imageline()函数可以在已经创建的图形$image 上使用$color 颜色画出一条坐标从($x1,$y1)到($x2,$y2)的线段。例 5.3 中的线段就是使用 imageline()函数画出来的。

（3）画一个矩形。

几何学中最重要的图形就是矩形，绘制矩形可以使用 imagerectangle()函数来完成。语法格式如下：

```php
bool imagerectangle(resource $image, int $x1, int $y1, int $x2, int $y2, int $color)
```

说明：imagerectangle()函数在已经创建的图形$image 上使用$color 颜色画出一个矩形，矩形的左上角坐标为($x1,$y1)，右下角坐标为($x2,$y2)。

（4）画一个椭圆。

使用 imageellipse()函数可以画出一个椭圆，语法格式如下：

bool imageellipse( resource $image, int $cx, int $cy, int $w, int $h, int $color )

说明：imageellipse()函数在图形$image 上画一个中心坐标为($cx,$cy)的椭圆。$w 和$h 分别指定椭圆的宽度与高度，椭圆线条的颜色由$color 指定。当椭圆的宽度和高度相等时，画出的将是一个圆。

【例 5.4】　使用 imageellipse()函数画一个椭圆和一个圆。

新建 imageellipse.php 文件，输入以下代码：

```php
<?php
    $image=imagecreate(500,300);                      //创建背景图形
    $background=imagecolorallocate($image,255,255,255);  //背景颜色设为白色
    $red=imagecolorallocate($image,255,0,0);          //定义红色
    imageellipse($image,100,100,200,100,$red);        //画一个椭圆
    imageellipse($image,200,100,200,200,$red);        //画一个圆
    header("Content-type: image/gif");                //发送头信息
    imagegif($image);                                 //输出图形
    imagedestroy($image);                             //清除资源
?>
```

运行结果如图 5.6 所示。

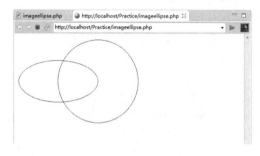

图 5.6　画一个椭圆和一个圆

（5）画一个椭圆弧。

imageellipse()函数用于创建一个完整的椭圆。如果只创建一个椭圆弧，则可以使用 imagearc()函数。语法格式如下：

bool imagearc(resource $image, int $cx, int $cy, int $w, int $h, int $s, int $e, int $color)

说明：imagearc()函数以坐标($cx,$cy)为中心在图形$image 上画一个椭圆弧。$w 和$h 分别指定椭圆的宽度与高度，当高度和宽度相等时，画出来的就是圆弧。起始点和结束点用$s 和$e 参数以角度指定。0°位于三点钟位置，以顺时针方向绘画。例如：

```php
imagearc($image,100,100,150,150,0,180,$color);     //画一个半圆弧
imagearc($image,200,100,150,150,0,360,$color);     //画一个圆
imagearc($image,300,100,200,150,90,180,$color);    //画一个椭圆弧
```

（6）画一个多边形。

使用 imagepolygon()函数可以画出一个多边形，语法格式如下：

bool imagepolygon(resource $image, array $points, int $num_points, int $color)

说明：imagepolygon()函数在图形$image 上画一个多边形。$points 是一个 PHP 数组，包含多边形的各个顶点坐标，即$points[0]=x0, $points[1]=y0, $points[2]=x1, $points[3]=y1，以此类推。$num_points 是顶点的总数。

【例 5.5】　绘制一个五边形。

新建 imagepolygon.php 文件，输入以下代码：

```php
<?php
    $image=imagecreate(200,200);                        //创建背景图形
    $background=imagecolorallocate($image,255,255,255); //背景颜色设为白色
    $blue=imagecolorallocate($image,0,0,255);           //定义蓝色
    $coords=array(100,25,24,80,53,170,147,170,176,80);  //定义坐标数组
    imagepolygon($image,$coords,5,$blue);               //画出多边形
    header("Content-type: image/gif");
    imagegif($image);
    imagedestroy($image);
?>
```

运行结果如图 5.7 所示。

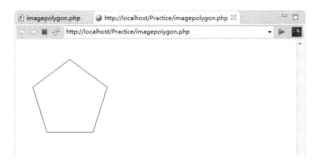

图 5.7　画五边形

### 2. 输出文本

（1）输出一个字符。

使用 imagechar()函数可以在图形上水平地输出一个字符，语法格式如下：

```
bool imagechar(resource $image, int $font, int $x, int $y, string $c, int $color)
```

说明：imagechar()函数用颜色$color 将字符$c 画到图形$image 的($x,$y)坐标处（这是字符串左上角坐标）。如果$c 是一个字符串，则只输出第一个字符。$font 表示字符串的字体，如果值为 1~5 中的一个数，则使用内置字体，值为 5 时，字号最大；为 1 时，字号最小。例如：

```
imagechar($image,5,50,50, 'C',$color);
```

imagecharup()函数可以垂直地输出一个字符，用法与 imagechar()函数相同。

（2）输出字符串。

使用 imagestring()函数可以在已经创建的背景图形上输出字符串，语法格式如下：

```
bool imagestring(resource $image, int $font, int $x, int $y, string $s, int $color)
```

说明：imagestring()函数用颜色$color 将字符串$s 画到图形$image 的($x,$y)坐标处（这是字符串左上角坐标）。例如：

```php
<?php
    $image=imagecreate(100, 30);                         //建立一幅 100 像素×30 像素的图像
    $bg=imagecolorallocate($image, 255, 255, 255);       //定义白色背景
    $textcolor=imagecolorallocate($image, 0, 0, 255);    //定义蓝色文本
    imagestring($image, 5, 0, 0, "Hello world!", $textcolor);  //把字符串写在图形左上角
    header("Content-type: image/gif");
    imagegif($image);                                    //输出图形
?>
```

使用 imagestringup()函数可以垂直地输出字符串，用法与 imagestring()函数相同。

> 👀👀 **注意：**
> imagestring()函数不支持中文显示。

（3）使用指定字体输出字符串。

使用 imagettftext()函数可以在输出字符的同时指定输出字符所使用的字体，并根据参数的不同输出不同角度的字符串，语法格式如下：

array imagettftext(resource $image, float $size, float $angle, int $x, int $y, int $color, string $fontfile, string $text)

说明：本函数用颜色$color 将字符串$text 输出到$image 图形的($x,$y)坐标上，函数还可以使用$size参数指定字体的大小，使用$angle 参数指定字体的角度，水平时角度值为 0，沿逆时针变大。使用$fontfile参数指定想要使用的 TrueType 的字体文件，该文件必须是一个有效的字体文件，否则运行时会产生错误。

**【例5.6】** 以不同角度输出字符串，并指定字体。

新建 imagettftext.php 文件，输入以下代码：

```php
<?php
    $image=imagecreate(200, 200);                              //创建背景图形
    $background=imagecolorallocate($image, 255, 255, 255);     //背景颜色设为白色
    $grey=imagecolorallocate($image, 128, 128, 128);           //定义灰色
    $text='Testing...';                                        //初始化字符串
    $font='C:\WINDOWS\Fonts\simhei.ttf';                       //字体文件
    imagettftext($image, 20, 0, 10, 150, $grey, $font, $text); //水平地输出字符串$text
    imagettftext($image, 20, 45, 10,140, $grey, $font, $text); //以 45°输出字符串$text
    header("Content-type: image/gif");
    imagegif($image);                                          //输出图形
    imagedestroy($image);
?>
```

运行结果如图5.8 所示。

> **👀 注意：**
>
> "simhei.ttf"是 TrueType 字体的字体文件，在 Windows 平台下，字体文件全部位于 C:\Windows\Fonts 目录中。如果要指定输出字符的字体，则必须在代码中指定字体文件的位置，例如：
>
> $font='C:\WINDOWS\Fonts\simhei.ttf';

（4）输出中文字符。

PHP 7.4 以前版本的中文字符不可以使用 imagettftext()函数在图片中直接输出。如果要输出中文字符，则要先使用 iconv()函数对中文字符进行编码。语法格式如下：

string iconv ( string $in_charset, string $out_charset, string $str )

说明：参数$in_charset 是中文字符原来的字符集，$out_charset 是编码后的字符集，$str 是需要转换的中文字符串。iconv()函数最后返回编码后的字符串。这时，使用 imagettftext()函数就可以在图片中输出中文字符了。例如：

```php
<?php
    header("Content-type: image/gif");
    $image=imagecreate(200, 200);                              //创建图形
    $background=imagecolorallocate($image, 255, 255, 255);     //背景颜色设为白色
    $red=imagecolorallocate($image, 0, 255, 0);                //定义绿色
    $text='北京 2022 冬奥会';                                   //初始化字符串
    $font='C:\WINDOWS\Fonts\simhei.ttf';                       //字体文件，黑体
    $codetext=iconv("GB2312", "UTF-8", $text);                 //对中文进行编码
    imagettftext($image, 20, 0, 10, 150, $red, $font, $codetext); //水平输出字符串$codetext
    imagegif($image);                                          //输出图形
    imagedestroy($image);
?>
```

从 PHP 7.4 开始能够直接输出中文，无须再进行编码操作。输出效果如图 5.9 所示。

　　　图 5.8　以不同角度、指定字体输出字符串　　　　　图 5.9　在图片中输出中文

### 3. 绘制带填充色的几何图形

在实际绘图过程中，经常需要对图形中的某一区域进行颜色填充，使图形变得更加美观。在 PHP 中可以使用 imagefill()函数对某一区域进行颜色填充，语法格式如下：

```
bool imagefill(resource $image, int $x, int $y, int $color )
```

说明：本函数在$image 图形的坐标($x,$y)处用颜色$color 进行区域填充，即与($x,$y)点颜色相同且相邻的点都会被填充该颜色。例如：

```php
<?php
    $image=imagecreatetruecolor(100,100);
    $red=imagecolorallocate($image,255,0,0);                //设定红色
    imagefill($image,0,0,$red);                             //填充红色
    header('Content-type: image/gif');
    imagegif($image);
    imagedestroy($image);
?>
```

上面这段代码最终实现的功能是将整个背景图形的颜色填充为红色。

> 👀 **注意：**
> 　　创建背景图形时使用了 imagecreatetruecolor()函数，背景图形原来为黑色，使用 imagefill()函数将其填充为红色。推荐使用 imagecreatetruecolor()函数来创建图形。

使用 imagefill()函数填充颜色（简称填色）时要计算填充点，这是一件很麻烦的事。PHP 可以在画几何图形的时候就将几何图形填充为指定颜色。

（1）画一个矩形并填色。

使用 imagefilledrectangle()函数可以画一个矩形，并使用指定颜色填充该矩形。语法格式如下：

```
bool imagefilledrectangle(resource $image, int $x1, int $y1, int $x2, int $y2, int $color )
```

说明：imagefilledrectangle()函数的功能和参数结构与 imagerectangle()函数类似。不同之处是，imagerectangle()函数的$color 参数指定的是矩形线条的颜色，imagefilledrectangle()函数的$color 参数指定的是整个矩形区域的颜色。例如：

```php
<?php
    $image=imagecreatetruecolor(200,200);
    $white=imagecolorallocate($image,255,255,255);          //定义白色
    $grey=imagecolorallocate($image, 128, 128, 128);        //定义灰色
    imagefill($image,0,0,$white);                           //背景颜色设为白色
    imagefilledrectangle($image,10,10,150,150,$grey);       //画一个矩形，并填充灰色
```

```
        header('Content-type: image/gif');
        imagegif($image);                                        //输出图形
        imagedestroy($image);
    ?>
```

另外，用 imagefilledpolygon()函数可以画一个多边形并填充颜色，用法与 imagepolygon()函数类似。

（2）画一个椭圆并填色。

使用 imagefilledellipse()函数可以在已经创建的图形上画一个椭圆，并使用指定颜色进行填充。语法格式如下：

```
bool imagefilledellipse(resource $image, int $cx, int $cy, int $w, int $h, int $color)
```

说明：imagefilledellipse()函数的功能和参数结构与 imageellipse()函数类似，只不过 imagefilledellipse()函数画的椭圆的区域是使用颜色$color 填充的。

（3）画一个椭圆弧并填色。

用 imagefilledarc()函数可以画一个椭圆弧并填充颜色，语法格式如下：

```
bool imagefilledarc(resource $image, int $cx, int $cy, int $w, int $h, int $s, int $e, int $color, int $style)
```

说明：在$image 中以坐标($cx,$cy)为中心画一个椭圆弧。如果成功则返回 TRUE，若失败则返回 FALSE。$w 和$h 分别指定椭圆的宽与高，$s 和$e 参数以角度指定起始点与结束点。$style 指定椭圆弧画出来的效果，值可以是以下几个：IMG_ARC_PIE（产生圆形边界）、IMG_ARC_CHORD（用直线连接起始点和结束点）、IMG_ARC_NOFILL（指明弧或弦只有轮廓，不填充）和 IMG_ARC_EDGED（用直线将起始点和结束点与中心点相连）。$style 的值可以一起使用，不过当 IMG_ARC_PIE 和 IMG_ARC_CHORD 一起使用时，只有 IMG_ARC_CHORD 起作用。IMG_ARC_EDGED 和 IMG_ARC_NOFILL 一起使用是画饼状图轮廓的好方法。

【例5.7】 通过一个饼状图，显示某人某月的生活支出分布情况。

新建 hpage.php 文件，输入以下代码：

```
<!DOCTYPE html>
<html>
<head>
    <title>生活费用统计</title>
    <style type="text/css">
    table{
        width:300px;
        height:210px;
        margin:0 auto;
    }
    div{
        font-family:"黑体";
        font-size:18px;
        color:#0000FF;
    }
    td{
        text-align:center;
        background:#CCCCCC;
    }
    </style>
</head>
<body>
<form name="fr" method="post" action="ppage.php">
    <table border=1>
        <tr>
```

```
                    <td colspan="2"><div>每月生活费用支出表</div></td>
            </tr>
            <tr>
                    <td width="60">伙食</td>
                    <td width="240"><input type="text" name="array[]"> 元</td>
            </tr>
            <tr>
                    <td>住房</td>
                    <td><input type="text" name="array[]"> 元</td>
            </tr>
            <tr>
                    <td>交通</td>
                    <td><input type="text" name="array[]"> 元</td>
            </tr>
            <tr>
                    <td>通信</td>
                    <td><input type="text" name="array[]"> 元</td>
            </tr>
            <tr>
                    <td>其他</td>
                    <td><input type="text" name="array[]"> 元</td>
            </tr>
            <tr>
                    <td height="23" colspan="2">
                            <input type="submit" name="Submit" value="提交">
                    </td>
            </tr>
        </table>
</form>
</body>
</html>
```

新建 ppage.php 文件，输入以下代码：

```php
<?php
    $array=$_POST['array'];                                        //接收所有的值并存入数组$array 中
    $options=array('伙食','住房','交通','通信','其他');              //定义存放选项的数组$options
    $image=imagecreatetruecolor(400,400);
    imagefill($image,0,0, imagecolorallocate($image,255,255,255)); //背景颜色设为白色
    $black=imagecolorallocate($image,0,0,0);
    $x=200;$y=200;                                                  //圆心的坐标
    $w=360;$h=360;                                                  //圆的宽和高，即半径为 180
    $i=0;                                                           //存放初始角度为 0，在 3 点钟位置
    $sum=0;                                                         //存放总数据量
    $temp=0;
    $font="C:/Windows/Fonts/simfang.ttf";                          //字体文件，仿宋体
    foreach($array as $value)
    {
        $sum=$sum+$value;                                          //计算总数据量
    }
    for($k=0;$k<count($array);$k++)                                 //遍历数组$array
    {
        $temp=$temp+$array[$k];                                    //中间数据
        //饼状图中的每条分界线所在的角度赋到数组$points 中
```

```
            $points[$k]=($temp/$sum)*360;
            $percent[$k]=number_format(($array[$k]/$sum)*100,1);        //计算每组数据占总数据的百分比
            if($k==0)
            {
                //如果是数组$array 的第一组数据
                $startdegrees=$i;                                        //起始角度设为0
                $enddegrees=$points[$k];                                 //终点角度为第一条分界线所在角度
            }
            else
            {
                //如果不是数组$array 的第一组数据
                $startdegrees=$points[$k-1];                             //起始角度为前一条分界线的角度
                $enddegrees=$points[$k];                                 //终点角度为下一条分界线的角度
            }
            $midpoints=$startdegrees+($enddegrees-$startdegrees)/2;      //计算画出的扇形中心线所在角度
            $radian=$midpoints*pi()/180;                                //将角度转换为弧度
            //随机产生颜色
            $color=imagecolorallocate($image,rand(0,255),rand(0,255),rand(0,255));
            //使用随机颜色画圆弧
            imagefilledarc($image, $x, $y, $w, $h, $i, $points[$k], $color, IMG_ARC_PIE);
            //要在饼状图中输入的中文
            $text=$options[$k].$percent[$k]."%";
            //$text=iconv("GB2312","UTF-8",$options[$k].$percent[$k]."%");    //版本低于 PHP 7.4 要先进行编码
            if($midpoints>=90&&$midpoints<=270)
            {
                //如果中心线处于左半圆则从中心线 3/4 处的点开始输入
                $mid_x=(cos($radian)*$w/2)*3/4+$x;
                $mid_y=(sin($radian)*$h/2)*3/4+$y;
                $angle=180-$midpoints;                                   //文字的偏斜角度
            }
            else
            {
                //如果中心线处于右半圆则从中心线 1/2 处的点开始输入
                $mid_x=(cos($radian)*$w/2)/2+$x;
                $mid_y=(sin($radian)*$h/2)/2+$y;
                $angle=360-$midpoints;
            }
            //在饼状图的扇形中以角度$angle 输入$codetext 中的内容
            imagettftext($image, 12, $angle,$mid_x,$mid_y, $black, $font, $codetext);
            $i=$points[$k];                                              //重新定义起始角度
        }
        $file="../good/image/sum.gif";                                  //定义一个文件名
        imagegif($image,$file);                                         //将图像保存为 sum.gif 文件
        echo "<font face='黑体' size='5' color='blue'>生活费用百分比分布图: </font><br/>";
        echo "<img src=$file>";                                         //输出图形
        imagedestroy($image);
    ?>
```

运行 hpage.php 文件，在页面的表格中依次输入一组数据，如图 5.10 所示。单击"提交"按钮，结果如图 5.11 所示。

说明：在实际的绘图过程中，经常将绘图的代码写进类中，在画图时调用就可以动态地创建图像了。关于类和面向对象的内容将在第 6 章中介绍。

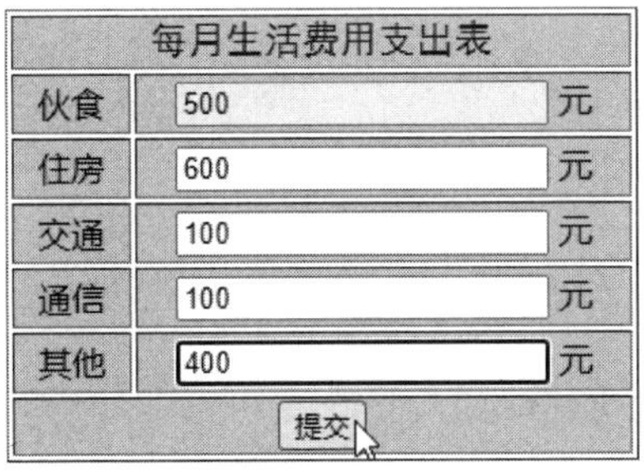

生活费用百分比分布图：

图 5.10　输入生活费用支出

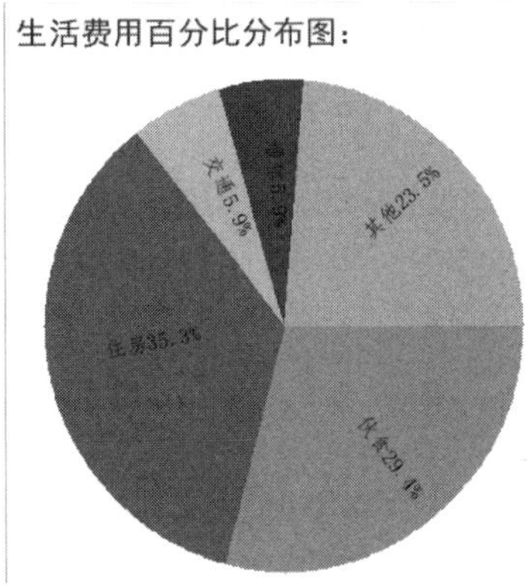

图 5.11　饼状图

**注意：**

程序中用到了多个数学函数，如 number_format()、pi()、cos()、sin()。pi()函数的作用是返回圆周率的值，cos()和 sin()函数的作用是返回一个弧度的余弦值和正弦值。number_format()函数的作用是格式化一个浮点数，语法格式如下：

```
string number_format(float $number [, int $decimals [, string $dec_point [, string $thousands_sep]]])
```

参数$number 是要格式化的浮点数；参数$decimals 指定返回的小数的位数，若省略则只返回整数部分；$dec_point 表示小数点的表示方式，默认值是“.”；参数$thousands_sep 为整数部分每三位的分隔符，默认值是“,”。例如，要取得只有一个小数的浮点数，可以使用以下一句代码：

```
$return=number_format($float,1);
```

## 5.2.4　图形的处理

### 1. 颜色处理

（1）指定颜色填充。

使用 imagefilltoborder()函数可以为指定点进行颜色填充，如果遇到指定颜色的边界，则停止填充。语法格式如下：

```
bool imagefilltoborder(resource $image, int $x, int $y, int $border, int $color)
```

说明：该函数从坐标($x, $y)开始用$color 颜色执行区域填充，直到遇到颜色为$border 的边界为止。边界内的所有颜色都会被填充。例如：

```php
<?php
    $image=imagecreatetruecolor(300,300);
    $white=imagecolorallocate($image,255,255,255);          //定义白色
    $grey=imagecolorallocate($image,128,128,128);           //定义灰色
    $red=imagecolorallocate($image,255,0,0);                //定义红色
    $black=imagecolorallocate($image,0,0,0);                //定义黑色
    imagefill($image,0,0,$white);                           //背景颜色设为白色
    imagerectangle($image,10,10,250,250,$grey);             //画一个矩形，线条为灰色
    imageellipse($image,100,100,50,60,$red);                //画一个椭圆，线条为红色
    imagefilltoborder($image,80,80,$red,$black);            //用黑色填充，遇到边界为红色时停止
    header('Content-type: image/gif');
    imagegif($image);                                       //输出图形
    imagedestroy($image);
?>
```

说明：如果指定的边界颜色和该点颜色相同，则没有填充。如果图像中没有该边界颜色，则整幅图像都会被填充。

（2）定义透明色。

使用 imagecolorallocatcalpha()函数也可以为指定的图形分配颜色，还可以设置颜色的透明度。语法格式如下：

```
int imagecolorallocatealpha ( resource $image, int $red, int $green, int $blue, int $alpha )
```

说明：imagecolorallocatealpha()函数比 imagecolorallocate()函数多了一个参数$alpha，这个参数就用于设置颜色的透明度，其值为 0～127。0 表示完全不透明，127 表示完全透明。

例如：

```php
<?php
    $image=imagecreatetruecolor(200,200);
    imagefill($image,0,0,imagecolorallocate($image,255,255,255));
    $red=imagecolorallocatealpha($image,255,0,0,60);        //红色，透明度为 60
    $blue=imagecolorallocatealpha($image,0,0,255,60);       //蓝色，透明度为 60
    imagefilledellipse($image,50,50,100,100,$red);          //画红色圆
    imagefilledellipse($image,70,70,100,100,$blue);         //画蓝色圆
    header('Content-type: image/gif');
    imagegif($image);
    imagedestroy($image);
?>
```

**2．复制图片的一部分**

使用 imagecopy()函数能够复制一个图片的一部分到另一个图片中，语法格式如下：

```
bool imagecopy(resource $dst_im, resource $src_im, int $dst_x, int $dst_y, int $src_x, int $src_y, int $src_w, int
$src_h )
```

说明：将$src_im 中坐标从($src_x, $src_y)开始，宽度为$src_w、高度为$src_h 的一部分复制到$dst_im 中坐标为($dst_x, $dst_y)的位置上。

【例 5.8】 复制图片的一部分到另一个图片（图片位于工作目录中的 image 目录下）中。

新建 imagecopy.php 文件，输入以下代码：

```php
<?php
    header("Content-type: image/jpeg");                     //发送头信息
    $image1=imagecreatefromjpeg("../good/image/n1.jpg");    //根据已经存在的图片创建图形
    $image2=imagecreatefromjpeg("../good/image/n2.jpg");
    imagecopy($image1,$image2,50,5,50,0,160,160);           //复制图片的一部分
    imagejpeg($image1);                                     //输出图形$image1
    imagedestroy($image1);
    imagededtroy($image2);
?>
```

运行结果如图 5.12 所示。

图 5.12　复制图片的一部分

### 3. 复制图片并调整大小

使用 imagecopyresized()函数也可以实现 imagecopy()函数的功能,并可以对复制的图片大小进行调整。语法格式如下:

```
bool imagecopyresized(resource $dst_image, resource $src_image, int $dst_x, int $dst_y, int $src_x, int $src_y, int $dst_w, int $dst_h, int $src_w, int $src_h )
```

说明:imagecopyresized()函数比 imagecopy()函数多了两个参数:$dst_w 和$dst_h。这两个参数表示将复制的图片宽度与高度分别调整为$dst_w 和$dst_h,即实现了图片的缩放功能。例如:

```
imagecopyresized($image1,$image2,50,5,50,0,50,50,160,160);    //复制图片的一部分并调整其大小
```

以上这句代码将从$image2 复制的一部分从宽160、高160缩小为宽50、高50之后再复制到$image1 中。

**【例 5.9】** 上传图片,并用缩略图显示。

新建 upsmall.php 文件,输入以下代码:

```php
<!DOCTYPE html>
<!-- HTML5 表单 -->
<form method="post" action="" enctype="multipart/form-data">
    <h2>文件上传</h2>
    <input type="file" name="picture"><br/>
    <input type="submit" name="submit" value="提交">
</form>
<!-- PHP 代码部分 -->
<?php
    if(isset($_POST['submit']))
    {
        $filename=$_FILES['picture']['name'];            //获取上传文件的名称
        $type=$_FILES['picture']['type'];                //获取上传文件的类型
        $upfile="../good/image/up.jpg";                  //上传后文件所在的路径和文件名
        $small_upfile="../good/image/small.jpg";         //上传后缩略图所在的路径和文件名
        if(!$filename)                                   //判断文件是否存在
        {
            echo "<script>alert('文件不存在!')</script>";
        }
        else if($type!='image/pjpeg')                    //判断文件是否为 JPEG 格式
        {
            echo "<script>alert('文件格式不正确!')</script>";
        }
        else
        {
            //复制上传文件并将文件保存为$upfile
            move_uploaded_file($_FILES['picture']['tmp_name'],$upfile);
            $dst_w=150;                                  //设定缩略图的宽
            $dst_h=150;                                  //设定缩略图的高
            $src_image=imagecreatefromjpeg($upfile);     //读取上传后的文件并创建图像
            $src_w=imagesx($src_image);                  //获得图像的宽
            $src_h=imagesy($src_image);                  //获得图像的高
            $dst_image=imagecreatetruecolor($dst_w,$dst_h);  //创建新图像
            //将图像$src_image 重新定义大小并写入新图像$dst_image 中
            imagecopyresized($dst_image,$src_image,0,0,0,0,$dst_w,$dst_h,$src_w,$src_h);
            imagejpeg($dst_image,$small_upfile);         //将新图像保存为$small_upfile
            echo "文件上传成功,缩略图如下:<br/>";
            echo "<img src=$small_upfile>";              //显示图像
```

```
                imagedestroy($src_image);
                imagedestroy($dst_image);
            }
        }
    ?>
```

运行 upsmall.php 文件，选择一个 JPEG 图片，单击"提交"按钮，结果如图 5.13 所示。

图 5.13　生成图片缩略图

说明：代码中的 imagesx()和 imagesy()函数的作用是获取一个图像的宽度与高度，它们的参数是已经创建的图像句柄，这两个函数在实际应用中十分有用。

**4. 旋转图像**

使用 imagerotate()函数可以将图像旋转指定角度，语法格式如下：

resource imagerotate(resource $src_im, float $angle, int $bgd_color [, int $ignore_transparent ] )

说明：参数$src_im 是指定的图像，$angle 是指定的旋转角度，$bgd_color 指定了旋转后没有覆盖到的部分的颜色。旋转的中心是图像的中心，旋转后的图像会按比例缩小以适合目标图像的大小，边缘不会被剪去。可选参数$ignore_transparent 若被设为非零值，则透明色会被忽略（否则会被保留）。例如，将图像旋转 45° 后显示：

```
<?php
    $filename='../good/image/n1.jpg';              //指定一个图像
    $degrees=45;                                    //旋转的角度
    header('Content-type: image/jpeg');
    $image=imagecreatefromjpeg($filename);          //根据已有图像创建图像
    $rotate=imagerotate($image, $degrees, 0,0);     //旋转图像
    imagejpeg($rotate);
    imagedestroy($image);
?>
```

说明：旋转时将参数$bgd_color 设为 0 表示旋转后没有覆盖到的部分用黑色填充。

## 5.2.5　其他的图形函数

**1. 取得图形信息**

之前介绍的 imagesx()和 imagesy()函数可以获取图形的宽与高，这里介绍的 getimagesize()函数可以获取指定图形的尺寸、宽度、高度和类型等信息。该函数将这些信息以数组的形式返回，如果不是有效图像的文件，则返回 FALSE。例如：

```
<?php
    $image="../good/image/sum.gif";
```

```
    $message=getimagesize($image);
    print_r($message);
    /*输出结果:
    Array ( [0] => 400 [1] => 400 [2] => 1 [3] => width="400" height="400"
            [bits] => 8 [channels] => 3 [mime] => image/gif )
    */
?>
```

说明：键名为 0 的键值表示图形文件宽的像素值；键名为 1 的键值表示图形文件高的像素值；键名为 2 的键值表示图形类型的标记，其中 1 为 GIF，2 为 JPG，3 为 PNG，4 为 SWF，5 为 PSD，6 为 BMP 等；键名为 3 的键值是一个字符串，width 表示图形宽度，height 表示图形高度；键名为 bits 的键值表示图形颜色的位数；键名为 channels 的键值 3 表示图形是 RGB 图形；键名为 mime 的键值表示图形的类型信息。

### 2. 设置画线

使用 imagesetthickness()函数可以设置画几何图形时画线的宽度，语法格式如下：

```
bool imagesetthickness(resource $image, int $thickness)
```

说明：该函数将画线宽度设为$thickness 个像素，例如：

```php
<?php
    $image=imagecreatetruecolor(400,400);
    imagefill($image,0,0,imagecolorallocate($image,255,255,255));
    $black= imagecolorallocate($image,0,0,0);
    imagesetthickness($image,5);
    imageline($image,0,200,300,0,$black);
    header("Content-type: image/gif");
    imagegif($image);
    imagedestroy($image);
?>
```

## 5.2.6　实例——自动生成验证码

【例 5.10】　在制作一个用户留言页面时需要进行验证，本例自动生成验证码图片，用户输入验证码图片中的字符，系统进行验证。

新建 image.php 文件，用于输入验证码图片中的字符，系统进行验证。输入以下代码：

```php
<?php
    session_start();                                      //启动 session
    header('Content-type: image/gif');                    //输出头信息
    $image_w=100;                                         //验证码图片的宽
    $image_h=25;                                          //验证码图片的高
    $number=range(0,9);                                  //定义一个成员为数字的数组
    $character=range("Z","A");                            //定义一个成员为大写字母的数组
    $result=array_merge($number,$character);             //合并两个数组
    $string="";                                          //初始化
    $len=count($result);                                 //新数组的长
    for($i=0;$i<4;$i++)
    {
        $new_number[$i]=$result[rand(0,$len-1)];         //在$result 数组中随机取出 4 个字符
        $string=$string.$new_number[$i];                 //生成验证码字符串
    }
    $_SESSION['string']=$string;                         //使用$_SESSION 变量传值
    $check_image=imagecreatetruecolor($image_w,$image_h); //创建图片对象
    $white=imagecolorallocate($check_image, 255, 255, 255);
```

```php
$black=imagecolorallocate($check_image, 0, 0, 0);
imagefill($check_image,0,0,$white);                              //设置背景颜色为白色
for($i=0;$i<100;$i++)                                            //加入 100 个干扰的黑点
{
    imagesetpixel($check_image, rand(0,$image_w), rand(0,$image_h),$black);
}
for($i=0;$i<count($new_number);$i++)                             //在背景图片中循环输出 4 位验证码
{
    $x=mt_rand(1,8)+$image_w*$i/4;                               //设定字符所在位置 X 坐标
    $y=mt_rand(1,$image_h/4);                                    //设定字符所在位置 Y 坐标
    //随机设定字符颜色
    $color=imagecolorallocate($check_image,mt_rand(0,200),mt_rand(0,200),mt_rand(0,200));
    //输入字符到图片中
    imagestring($check_image,5,$x,$y,$new_number[$i],$color);
}
imagepng($check_image);
imagedestroy($check_image);
?>
```

新建 check.php 文件，输入以下代码：

```php
<!DOCTYPE html>
<html>
<head>
    <title>留言页面</title>
</head>
<body>
<form method="post" action="">
    验证码：<input type="text" size="10" name="check">
    <img src="image.php">
    <input type="submit" name="ok" value="提交">
</form>
</body>
</html>
<?php
    session_start();                   //启动 session
    if(isset($_POST['ok']))
    {
        $checkstr=$_SESSION['string'];  //使用$_SESSION 变量获取 image.php 页面上的验证码
        $str=$_POST['check'];           //用户输入的字符串
        if(strcasecmp($str,$checkstr)==0) //不区分大小写进行比较
            echo "<script>alert('验证码输入正确！');</script>";
        else
            echo "<script>alert('输入错误！');</script>";
    }
?>
```

运行 check.php 文件，效果如图 5.14 所示。

说明：因为验证码一般用于防止恶意用户通过识别技术等工具进行密码破获等行为，所以在实际编程中一般都将验证码保存在 session（会话）中。本例中使用 session_start()函数启用了会话，使用 $_SESSION 预定义变量来保存产生的随机验证码$string。有关会话的内容将在第 7 章介绍，$_SESSION 变量的用法可以参见第 7 章。

图 5.14　提交验证码

# 5.3　日期和时间

在操作数据库时，经常需要处理一些日期和时间类型的数据。PHP 提供了一系列函数来处理这些数据。

## 5.3.1　UNIX 时间戳

在了解日期和时间类型的数据时，需要了解 UNIX 时间戳的意义。在当前大多数的 UNIX 系统中，保存当前日期和时间的方法是：保存格林尼治标准时间（Greenwich Mean Time，GMT）从 1970 年 1 月 1 日零点起到当前时刻的秒数，以 32 为整列表示。1970 年 1 月 1 日零点也称为 UNIX 纪元。在 Windows 系统下也可以使用 UNIX 时间戳，简称为时间戳，但如果时间是在 1970 年以前或 2038 年以后，处理的时候可能会出现问题。

PHP 在处理有些数据，特别是对数据库中时间类型的数据进行格式化时，经常需要先将时间类型的数据转换为 UNIX 时间戳后再进行处理。另外，不同的数据库系统对时间类型的数据不能兼容转换，这时就需要先将时间转换为 UNIX 时间戳后，再对时间戳进行操作，这样就实现了不同数据库系统的跨平台性。

## 5.3.2　时间转换为时间戳

如果要将用字符串表达的日期和时间转换为时间戳的形式，可以使用 strtotime()函数。语法格式如下：
```
int strtotime(string $time [, int $now ])
```
说明：$time 是包含英文日期格式的字符串，$time 值如果有毫秒数则被忽略。其值相对于$now 参数给出的时间，如果没有给出则默认使用系统当前时间。例如：
```php
<?php
    echo strtotime('2022-02-04').'<br/>';               //输出 1643932800
    echo strtotime('2022-02-04 10:24:30').'<br/>';       //输出 1643970270
    echo strtotime("4 February 2022");                   //输出 1643932800
?>
```

> 👀注意：
> 如果给定的年份是 2 位数字的格式，则年份值 0～69 表示 2000 年～2069 年，70～100 表示 1970 年～2000 年。

另一个取得日期的 UNIX 时间戳的函数是 mktime()函数，语法格式如下：
```
int mktime([int $hour [, int $minute [, int $second [, int $month [, int $day [, int $year]]]]]])
```
说明：$hour 表示小时数，$minute 表示分钟数，$second 表示秒数，$month 表示月份，$day 表示天数，$year 表示年份，$year 的合法范围为 1901 年～2038 年，但此限制自 PHP 5.1.0 起已被解除了。

如果所有的参数都为空，则默认为当前时间。例如：

```php
<?php
    echo $timenum1=mktime(0,0,0,2,4,2022).'<br/>';        //输出 1643932800
    echo $timenum2=mktime(10,24,30,2,4,2022);             //输出 1643970270
?>
```

👀👀 注意：

在使用此函数的参数时，参数的顺序一定要正确，时间参数$hour、$minute、$second 不能遗漏，否则会得到错误的结果。

## 5.3.3　获取日期和时间

### 1. date()函数

PHP 中最常用的日期和时间函数就是 date()函数，该函数的作用是将时间戳按照给定的格式转换为具体的日期和时间字符串，语法格式如下：

```
string date(string $format [, int $timestamp ])
```

说明：$format 指定了转换后的日期和时间的格式，$timestamp 是需要转换的时间戳，如果省略则使用本地当前时间，即默认值为 time()函数的值。time()函数返回当前时间的时间戳，例如：

```
echo time();                                //输出当前时间的时间戳
```

date()函数支持的格式代码如表 5.2 所示。

表 5.2　date()函数支持的格式代码

| 字　符 | 说　明 | 返回值例子 |
|---|---|---|
| d | 月份中的第几天，有前导零的 2 位数字 | 01～31 |
| D | 星期中的第几天，用 3 个字母表示 | Mon～Sun |
| j | 月份中的第几天，没有前导零 | 1～31 |
| l | 星期几，完整的文本格式 | Sunday～Saturday |
| N | ISO 8601 格式数字表示的星期中的第几天 | 1（星期一）～7（星期天） |
| S | 每月天数后面的英文后缀，用 2 个字符表示 | st、nd、rd 或 th，可以和 j 一起用 |
| w | 星期中的第几天，数字表示 | 0（星期天）～6（星期六） |
| z | 年份中的第几天 | 0～365 |
| W | ISO 8601 格式年份中的第几周，每周从星期一开始 | 例如，42（当年的第 42 周） |
| F | 月份，完整的文本格式，如 January 或 March | January～December |
| m | 数字表示的月份，有前导零 | 01～12 |
| M | 3 个字母缩写表示的月份 | Jan～Dec |
| n | 数字表示的月份，没有前导零 | 1～12 |
| t | 给定月份所应有的天数 | 28～31 |
| L | 是否为闰年 | 如果是闰年为 1，否则为 0 |
| o | ISO 8601 格式年份数字。这和 Y 的值相同，只是如果 ISO 的星期数（W）属于前一年或下一年，则用那一年 | 例如，1999 或 2003 |
| Y | 4 位数字完整表示的年份 | 例如，1999 或 2003 |
| y | 2 位数字表示的年份 | 例如，99 或 03 |
| a | 小写的上午和下午值 | am 或 pm |

续表

| 字　符 | 说　明 | 返回值例子 |
|---|---|---|
| A | 大写的上午和下午值 | AM 或 PM |
| B | Swatch Internet 标准时间 | 000～999 |
| g | 小时，12 小时格式，没有前导零 | 1～12 |
| G | 小时，24 小时格式，没有前导零 | 0～23 |
| h | 小时，12 小时格式，有前导零 | 01～12 |
| H | 小时，24 小时格式，有前导零 | 00～23 |
| i | 有前导零的分钟数 | 00～59 |
| s | 秒数，有前导零 | 00～59 |
| u | 毫秒。需要注意的是 date()函数总是返回 000000，因为它只接收 integer 参数，而 DateTime::format() 才支持毫秒 | 654 321 |
| e | 时区标志 | 例如，UTC、GMT、Atlantic/Azores |
| I | 是否为夏令时 | 如果是夏令时则为 1，否则为 0 |
| O | 与格林尼治标准时间相差的小时数 | 例如，+0200 |
| P | 与格林尼治标准时间的差别，小时和分钟之间用冒号分隔 | 例如，+02:00 |
| T | 本机所在的时区 | 例如，EST、MDT（在 Windows 下为完整文本格式，如 "Eastern Standard Time"，中文版会显示 "中国标准时间"） |
| Z | 时区偏移量的秒数。UTC 西边的时区偏移量总是负的，UTC 东边的时区偏移量总是正的 | -43 200～43 200 |
| c | ISO 8601 格式的日期 | 2023-02-12T15:19:21+00:00 |
| r | RFC 822 格式的日期 | Thu, 21 Dec 2000 16:01:07 +0200 |
| U | 从 UNIX 纪元开始至今的秒数 | 参见 time()函数 |

例如：

```php
<?php
    echo date('jS-F-Y').'<br/>';                           //输出 10th-May-2023
    echo date('Y-m-d').'<br/>';                            //输出 2023-05-10
    echo date('l M ',strtotime('2022-02-04')).'<br/>';      //输出 Friday Feb
    echo date("l",mktime(0,0,0,7,1,2000)).'<br/>';          //输出 Saturday
    echo date('U');                                        //输出当前时间的时间戳（此时为 1683687203）
?>
```

👀注意：

读者在不同时间运行上面代码，第 1、2、5 句的输出会不一样，以当时时刻为准。

## 2. getdate()函数

使用 getdate()函数也可以获取日期和时间信息，语法格式如下：

```
array getdate([ int $timestamp ])
```

说明：$timestamp 是要转换的时间戳，如果不给出则使用当前时间。getdate()函数根据$timestamp 返回一个包含日期和时间信息的数组，数组的键名和值如表 5.3 所示。

表 5.3　getdate()函数返回的数组的键名和值

| 键　　名 | 说　　　　明 | 值　的　例　子 |
|---|---|---|
| seconds | 秒的数字表示 | 0～59 |
| minutes | 分钟的数字表示 | 0～59 |
| hours | 小时的数字表示 | 0～23 |
| mday | 月份中第几天的数字表示 | 1～31 |
| wday | 星期中第几天的数字表示 | 0（表示星期天）～6（表示星期六） |
| mon | 月份的数字表示 | 1～12 |
| year | 4 位数字表示的完整年份 | 例如，1999 或 2003 |
| yday | 一年中第几天的数字表示 | 0～365 |
| weekday | 星期几的完整文本表示 | Sunday～Saturday |
| month | 月份的完整文本表示 | January～December |
| 0 | 自 UNIX 纪元开始至今的秒数 | 系统相关，典型值从–2 147 483 648～2 147 483 647 |

例如：

```php
<?php
    $array1=getdate();
    $array2=getdate(strtotime('2022-02-04'));
    print_r($array1);
    /*输出
    Array ( [seconds] => 44 [minutes] => 51 [hours] => 3 [mday] => 20
        [wday] => 2 [mon] => 3 [year] => 2018 [yday] => 78
        [weekday] => Tuesday [month] => March [0] => 1521517904 )
    */
    print_r($array2);
    /*输出
    Array ( [seconds] => 0 [minutes] => 0 [hours] => 0 [mday] => 4
        [wday] => 5 [mon] => 2 [year] => 2022 [yday] => 34
        [weekday] => Friday [month] => February [0] => 1643932800 )
    */
?>
```

👀 注意:

以上输出是笔者在 2018 年 3 月 20 日运行此代码得到的结果。读者测试时请另外指定日期参数，结果会不同，但输出形式是一样的。

## 5.3.4　其他日期和时间函数

### 1. 日期和时间的计算

由于时间戳是 32 位整型数据，所以通过对时间戳进行加、减法运算可计算两个时间的差值。例如：

```php
<?php
    $oldtime=mktime(0,0,0,3,20,2018);
    $newtime=mktime(0,0,0,2,4,2022);
    $days=($newtime-$oldtime)/(24*3600);          //计算两个时间相差的天数
    echo $days;                                     //输出 1417
?>
```

### 2. 检查日期

checkdate()函数可以用于检查一个日期数据是否有效，语法格式如下：

```
bool checkdate( int $month, int $day, int $year)
```

说明：$year 的值为 1～32767，$month 的值为 1～12，$day 的值在给定的$month 值所具有的天数范围内，其中闰年的情况也考虑在内。当给定的日期是有效的日期时，checkdate()函数返回 TRUE，否则返回 FALSE。

例如：

```php
<?php
    var_dump(checkdate(12,31,2000));              //输出 boolean true

    var_dump(checkdate(2,29,2001));               //输出 boolean false
?>
```

### 3. 设置时区

因为系统默认的是格林尼治标准时间，所以显示的当前时间时可能会与本地时间有差别。PHP 提供了可以修改时区的函数 date_default_timezone_set()，语法格式如下：

```
bool date_default_timezone_set (string $timezone_identifier)
```

参数$timezone_identifier 为要指定的时区，中国大陆可用的值是 Asia/Chongqing、Asia/Shanghai、Asia/Urumqi（依次为重庆、上海、乌鲁木齐）。北京时间可以使用 PRC。例如：

```php
<?php
    date_default_timezone_set('PRC');             //时区设置为北京时间
    echo date("h:i:s",time());                    //输出当前时间
?>
```

另外，还可以通过修改 PHP 配置文件的方法来修改默认时区：打开 php.ini，找到 date.timezone 选项，将选项前面的分号“;”去掉，将选项的值设为要设置的默认时区的时区标志符，如 Asia/Chongqing、PRC 等。保存后重启 Apache，系统默认的时区就设置完了。

## 5.3.5　实例——生成日历

【例 5.11】　输出某个月的日历，要求可以选择年份和月份。

新建 date.php 文件，输入以下代码：

```php
<?php
    $year=@$_GET['year'];                         //获得地址栏的年份
    $month=@$_GET['month'];                       //获得地址栏的月份
    if(empty($year))
        $year=date("Y");                          //初始化为本年度的年份
    if(empty($month))
        $month=date("n");                         //初始化为本月的月份
    $day=date("j");                               //获取当天的天数
    $wd_ar=array("日","一","二","三","四","五","六"); //星期数组
    $wd=date("w",mktime(0,0,0,$month,1,$year));   //计算当月第一天是星期几
    //年链接
    $y_lnk1=$year<=1970?$year=1970:$year-1;       //上一年
    $y_lnk2=$year>=2037?$year=2037:$year+1;       //下一年
    //月链接
    $m_lnk1=$month<=1?$month=1:$month-1;          //上个月
    $m_lnk2=$month>=12?$month=12:$month+1;        //下个月
    echo "<table cellpadding=6 cellspacing=0 width=200 bgcolor=#eeeeee><tr align=center bgcolor=#cccccc>";
    //输出年份，单击 "<" 链接跳到上一年，单击 ">" 链接跳到下一年
    echo "<td colspan=4><a href='date.php?year=$y_lnk1&month=$month'>
            <</a>".$year."年<a href='date.php?year=$y_lnk2&month=$month'>></a></td>";
```

```
//输出月份，单击 "<" 链接跳到上个月，单击 ">" 链接跳到下个月
echo "<td colspan=3><a href='date.php?year=$year&month=$m_lnk1'>
        <</a>".$month."月<a href='date.php?year=$year&month=$m_lnk2'>></a></td></tr>";
echo "<tr align=center>";
for($i=0;$i<7;$i++)
{
    echo "<td>$wd_ar[$i]</td> ";                    //输出星期数组
}
echo "</tr>";
$tnum=$wd+date("t",mktime(0,0,0,$month,1,$year));   //计算星期几加上当月的天数
for($i=0;$i<$tnum;$i++)
{
    $date=$i+1-$wd;                                 //计算日数在表格中的位置
    if($i%7==0)   echo "<tr align=center>";         //一行的开始
    echo "<td>";
    if($i>=$wd)
    {
        if($date==$day&&$month==date("n"))          //如果是当月的当天则将天数加黑
            echo "<b>".$day."</b>";
        else
            echo $date;                             //输出日数
    }
    echo "</td> ";
    if($i%7==6)
        echo "</tr> ";                              //一行结束
}
echo "</table>";
?>
```

运行结果如图 5.15 所示。

图 5.15　显示日历

说明：代码中在使用超链接时，超链接的地址中包含了年份和月份信息，例如，代码中的一句：
`<a href='date.php?year=$y_lnk1&month=$month'> < </a>`
这句中的 URL 形式为 "url?参数 1=值 1&参数 2=值 2"，当单击超链接时，将跳转到该 URL 页面，在该页面中使用 "$_GET['参数']" 就可以获得 URL 中参数的值。

# 习题 5

## 一、选择题

1. 以下能输出当前时间格式形如 2023-5-13 14:53:56 的是（　　）。

A．echo date();

B．echo time();

C．echo date("Y-m-d H:i:s");

D．echo time("Y-m-d H:i:s");

2. 下面程序的运行结果是（　　　）。

```php
<?php
    $nextWeek = time() + (7 * 24 * 60 * 60);
    echo 'Now: '. date('Y-m-d') ."\n";
    echo 'Next Week: '. date('Y-m-d', $nextWeek) ."\n";
?>
```

A．输出现在的时间（小时-分-秒）

B．输出现在到下周的时间间隔

C．输出今天的日期（月-日）

D．输出今天的日期（年-月-日）与下周的日期（年-月-日）

二、简答题

1．操作文件的一般步骤有哪些？如何读取指定长度的文件内容？

2．如何创建一个文件？如何向文件中写入指定内容？

3．在实现文件上传和下载时需要注意哪些方面？

4．绘制直线、椭圆、点分别使用哪几个图形处理函数？

5．如何在浏览器上显示已经绘制的图形？

6．如何在图形上输出中文字符？

7．如何将当前日期以 xxxx-xx-xx 的格式输出？

8．如何判断一个日期是否有效？

# 第 *6* 章 PHP 面向对象程序设计

从 PHP 4 起就引进了面向对象程序设计（Object Oriented Programming），但其语言模型并不完善，析构函数、抽象类（接口）、异常处理等基本元素类的缺乏极大地限制了 PHP 设计大规模应用程序的能力。如今发展到 PHP 7，其语法设计已经有了根本性的变革，成为设计完备、真正具有面向对象能力的脚本语言。本章具体介绍 PHP 面向对象程序设计。

## 6.1 基本概念

在传统的结构化程序设计方法中，数据和处理数据的程序是分离的。当对某段程序进行修改或删除时，对整个程序中所有与其相关的部分都要进行相应的修改，从而使程序代码的维护比较困难。为了避免这种情况的发生，PHP 引进了面向对象程序设计方法，它将数据及处理数据的相应函数"封装"到一个"类（class）"中，类的实例称为"对象"。在一个对象内，只有属于该对象的函数才可以存取该对象的数据。这样，其他函数就不会无意中破坏它的内容，从而达到保护和隐藏数据的效果。

面向对象程序设计有三个主要特征：封装、继承和多态。

### 1. 封装

封装将数据和代码捆绑到一起，以避免外界的干扰和不确定性。在 PHP 中，封装是通过类来实现的。类是抽象数据类型的实现，一个类的所有对象都具有相同的数据结构，并且共享相同的实现操作的代码，而各对象又有着各自不同的状态，即私有的存储。因此，类是所有对象的共同的行为和不同状态的结合体。

由一个特定的类所创建的对象称为这个类的实例，因此类是对象的抽象及描述，它是具有共同行为的若干对象的统一描述体。类中还包含生成对象的具体方法。

### 2. 继承

继承提供了创建新类的方法。这种方法是，一个新类可以通过对已有的类进行修改或扩充来满足新类的需求。新类共享已有类的行为，而自己还具有修改的或额外添加的行为。因此，可以说继承的本质特征是行为共享。

在一个已有类的基础上派生出的新类，将自动继承已有类的所有方法和属性，并且可以添加所需要的新方法和属性。新类称为已有类的子类或派生类，已有类称为父类或基类。

### 3. 多态

不同的类对于不同的操作具有不同的行为，称为多态。多态机制使具有不同的内部结构的对象可以共享相同的外部接口，通过这种方式降低代码的复杂度。

# 6.2　PHP 中的类

## 6.2.1　创建类

类是面向对象程序设计的核心，它是一种数据类型。类由变量和函数组成，变量称为属性或成员变量，函数称为方法。定义类的语法格式如下：

```
class 类名
{
    [ var $属性[= 值];…]
    [function 函数名($参数)
    {
        //代码
    }]
}
```

在 PHP 中，类需要使用关键字 class 来定义，关键字 class 后面跟类名，类的命名规则要符合 PHP 标记的命名规则，并且不能是 PHP 的保留字。类名后跟一对花括号，花括号里面包含类的属性和方法。

自 PHP 5.5 起，关键字 class 也可用于类名的解析。使用"类名::class"可以获取一个字符串，包含了类的完全限定名称。这对使用了命名空间的类尤其有用。例如：

```
<?php
namespace NS {
{
    class 类名
    {
        //类定义代码
    }
    echo 类名::class;
}
?>
```

以上程序会输出：

```
NS\类名
```

## 6.2.2　类的属性和方法

在类中，使用关键字 var 来声明变量，即类的属性。使用关键字 function 来定义函数，即类的方法。例如，以下是一个简单的类定义：

```
class a
{
    var $a='hello world';
    function fun($b)
    {
        echo "hello world";
    }
}
```

> 👀注意：
> 在定义属性时，给属性赋的值不能是表达式，不能包含括号，不能通过其他变量赋值。另外，在类的方法内部的变量只是普通变量，不属于类的属性，因为它的作用范围只限于方法内部。

也可以使用 nowdoc（详见 3.2.3 节）来初始化属性，例如：

```
class a
{
    var $a=<<<'EOT'
hello world
    EOT;
    …
}
```

不能将类的定义放到多个文件或多个 PHP 块中，例如，以下的做法是错误的：

```
<?php
class test
{?>
    var $tmp;
<?php
    function test()
    {
        echo "test";
    }
}
?>
```

## 6.2.3　类的实例化

在声明一个类后，类只存在文件中，程序不能直接调用。在创建一个对象后，程序才能被使用，创建一个类对象的过程称为类的实例化。类的实例化使用 new 关键字，该关键字后面需要指定实例化的类名。例如，定义一个 Ctest 类并实例化：

```
<?php
    class Ctest                              //定义一个类 Ctest
    {
        var $stunumber;                      //声明一个属性
        function add ($str)                  //声明一个方法
        {
            $this->stunumber=$str;           //使用$this 指针引用类内部的属性
            echo $this->stunumber;
        }
    }
    $obj=new Ctest;                          //创建 Ctest 类的一个对象$obj
?>
```

说明：在一个类中，可以访问一个特殊的指针 "$this"。如果当前类有一个属性$attribute，则在类的内部要访问这个属性时，可以使用 "$this->attribute" 来引用。

在实例化一个类时，有些类允许在实例化时接收参数。如果能够接收参数，则可以使用以下代码创建对象，其中$args 是所带参数：

```
$obj=new Ctest([$args,…]);
```

## 6.2.4　类的访问

在对象被创建之后，可以在类的外部对该类的属性和方法进行访问。访问的方法是，在该类对象后面使用 "->" 符号加上要访问的属性和方法。例如，创建了对象 "$obj"，类中有属性 "$stunumber"，要访问该属性可以使用 "$obj->stunumber"，注意属性的前面没有 "$"。

例如，访问 Ctest 类的属性和方法：

```
$obj->stunumber='221102';                        //给类属性$stunumber 赋值
echo $obj->stunumber;                            //输出'221102'
$obj->add('221101');                             //输出'221101'
```

说明：有的类会对其中的属性进行访问控制，如果设置了类外部不能访问类中属性，则直接访问会发生错误。

访问修饰符 public、private、protected 可以控制属性和方法的可见性，通常放置在属性和方法的声明之前。

- public。声明为公有的属性和方法，可以在类的外部或内部进行访问。public 是默认选项，如果没有为一个属性或方法指定修饰符，那么它将是 public 的。
- private。声明为私有的属性和方法，只可以在类的内部进行访问。私有的属性和方法将不会被继承。
- protected。声明为被保护的属性和方法，只可以在类的内部和子类的内部进行访问。

说明：为了向后兼容 PHP 4，PHP 7 声明属性依然可以直接使用关键字 var 来替代（或者附加于）public、private 或 protected，但是已不再需要 var 了。如果直接使用 var 声明属性，而没有用 public、private 或 protected 之一，PHP 7 则将其视为 public。例如：

```
<?php
    class Cstu
    {
        var $number;                         //PHP 视其为 public
        protected $name;
        private $phone;
        public function Stuinfo()
        {
            echo "学生信息";
        }
    }
    $object=new Cstu;
    $object->number="221101";
    echo $object->number;                    //输出"221101"
    $object->Stuinfo();                      //输出"学生信息"
    $object->phone="84565879";               //本语句出错，访问权限不够
?>
```

在进行类设计时，通常将类的属性设为私有的，而将大多数方法设为公有的。这样，类以外的代码不能直接访问类的私有数据，从而实现了数据的封装。而公有的方法可为内部的私有数据提供外部接口，但接口实现的细节在类外又是不可见的。

## 6.2.5  静态属性和方法

在类中还可以定义静态属性和方法，所谓"静态"是指所定义的属性和方法与类的实例无关，只与类本身有关。静态属性和方法一般用来包含类要封装的数据与功能，可以为该类的所有实例所共享。在类里可以使用 static 关键字定义静态属性和方法。

访问静态属性和方法时需要使用范围解析符"::"，格式如下：

```
类名::$属性;                      //访问静态属性
类名::Cfunction([$参数,…]);      //访问静态方法
```

例如：

```
<?php
    class Cteacher
    {
```

```php
        public $num="tom";
        public static $name="未命名";
        public static function setname($name)
        {
            Cteacher::$name=$name;
        }
        public static function getname()
        {
            echo Cteacher::$name;
        }
    }
    echo Cteacher::$name;                //输出"未命名"
    Cteacher::setname("王林");            //访问 setname()方法
    Cteacher::getname();                 //输出"王林"
    echo Cteacher::$name;                //输出"王林"
    echo Cteacher::$num                  //出错
?>
```

> **注意:**
> 只有静态属性和方法才能使用范围解析符，不能使用范围解析符访问非静态属性和方法，如本例最后一句会产生出错警告。

## 6.2.6 构造函数和析构函数

构造函数是类中的一个特殊函数。当创建一个类的实例时，构造函数将被自动调用，其主要功能通常是对类的对象完成初始化工作。与构造函数相对的是析构函数，析构函数在类的对象被销毁时将被自动调用。

- 构造函数。在 PHP 7 中，构造函数的名称为__construct，"construct"的前面是两个下画线。如果一个类同时拥有__construct 构造函数和与类名相同的函数，PHP 7 则把__construct 看成构造函数。PHP 中的构造函数既可以带参数，也可以不带参数。
- 析构函数。类的析构函数的名称是__destruct，如果在类中声明了__destruct 函数，PHP 则在对象被销毁前调用析构函数将对象从内存中销毁，以节省服务器资源。

例如：

```php
<?php
    class Con
    {
        function __construct($num)
        {
            echo "执行构造函数$num";
        }
        function __destruct()
        {
            echo "执行析构函数";
        }
    }
    $a=new Con('1');                     //输出"执行构造函数 1"
    $b=new Con('2');                     //输出"执行构造函数 2"
?>
```

说明：如果构造函数中带了参数，则在创建对象时也可以在类名后面为构造函数指定参数。

## 6.3  类的继承

### 6.3.1  子类访问父类

在 PHP 中，允许通过继承其他类的方法来调用这些类里已经定义好的属性和方法，PHP 不支持多继承，所以一个子类只能继承一个父类。可以使用 extends 关键字来指明类与类之间的继承关系。例如，以下是子类 B 继承父类 A 的代码：

```php
<?php
class A                          //定义父类A
{
    public $a_str1;
    private $a_str2="string2";
    protected $a_str3="string3";
    public function a_fun()
    {
        $this->a_str1= "string1";
    }
}
class B extends A                //定义子类B，继承自父类A
{
    public $b_str;
    public function b_fun()
    {
        parent::a_fun();         //子类访问父类的方法
        echo $this->a_str1;      //在子类中访问父类的public属性
        $this->a_str3="str3";    //在子类中访问父类的protected属性
    }
}
$b=new B;                        //创建对象$b
$b->a_fun();                     //调用父类A的a_fun()方法
echo $b->a_str1;                 //输出"string1"
$b->b_fun();                     //访问子类B的方法
?>
```

说明：由于子类 B 继承自父类 A，所以子类 B 的对象可以访问父类 A 的属性和方法，但父类 A 中的 private 的属性和方法不能被继承，父类 A 中的 protected 的属性和方法只能在子类 B 的内部访问，子类 B 创建的对象无法访问 protected 的属性和方法，否则将产生错误。子类 B 作为父类 A 的子类，具有与父类 A 一样的数据和功能，此外，子类 B 还可以声明自己的属性和方法。

值得注意的是，继承是单方向的，子类可以从父类中继承特性，但父类却无法从子类中继承特性。

如果子类中没有自己的构造函数，那么子类在实例化时会自动调用父类的构造函数。如果子类中有自己的构造函数，则执行自己的构造函数。

如果要在子类中调用父类的方法，除可以使用 "$this->" 外，还可以使用 parent 关键字加范围解析符，如 "parent::方法名()"。建议使用后一种方法，因为前一种方法不易分清调用的是子类方法还是父类方法。而对于父类的属性，在子类中只能使用 "$this->" 来访问，属性是不区分父类和子类的。

继承可以是多重的，例如，子类 B 继承了父类 A，子类 C 继承了子类 B，那么子类 C 也就继承了子类 B 和子类 B 的父类的所有特性。

## 6.3.2  方法重载

方法重载是指在一个类中可以定义多个拥有相同名称的方法，通过参数个数和类型来区分这些方法，而 PHP 目前并不支持这一特性。但可以通过类的继承，在子类中定义和父类中相同名称的方法来实现类似于方法重载的特性。例如：

```php
<?php
class A
{
    public $attribute="stringA";
    function func()
    {
        echo "父类 A";
    }
}
class B extends A
{
    public $attribute="stringB";
    function func()
    {
        echo "子类 B";
    }
}
$b=new B;
echo $b->attribute;              //输出"stringB"
$b->func();                      //输出"子类 B"
?>
```

在上述代码中，子类 B 重载了父类 A 的属性$attribute 和方法 func()，但父类 A 的初始定义不会改变，例如，在以上代码的最后添加如下两行：

```php
$a=new A;
$a-> func();                     //输出"父类 A"
```

## 6.3.3  使用 final 关键字

在声明类时使用 final 关键字，将使这个类不能被继承。例如，定义一个父类 A：

```php
final class A
{
    //…
}
```

如果子类 B 尝试继承父类 A，将会提示以下错误：

```
Fatal error: Class B may not inherit from final class (A)
```

另外，如果将 final 关键字用于声明类中的方法，该方法将不能在任何子类中重载。

> 👀注意：
>
> final 关键字只能用于声明类和方法。

## 6.3.4  Traits 机制

PHP 实现了代码复用的一个机制，即 Traits 机制。Traits 类似于 PHP 的单继承，但它减少了单继承语言的限制，使开发人员能够自由地在不同层次结构内独立的类中复用方法集。Traits 和一个类相似，但仅旨在用细粒度和一致的方式来组合功能。Traits 不能通过其自身实现实例化。它为传统继承增加了水平特性的组合。例如：

```php
<?php
class Base
{
    public function sayHello()
    {
        echo 'Hello ';
    }
}

trait SayWorld {
    public function sayHello()
    {
        parent::sayHello();
        echo 'World!';
    }
}

class MyHelloWorld extends Base
{
    use SayWorld;
}

$o = new MyHelloWorld();
$o->sayHello();
?>
```

从基类继承的成员被插入的 SayWorld Trait 中的 MyHelloWorld 方法所覆盖。其行为与 MyHelloWorld 类中定义的方法一致。优先顺序是当前类中的方法会覆盖 Trait 方法，而 Trait 方法又覆盖了基类中的方法。输出结果：Hello World!

# 6.4　抽象类与接口

## 6.4.1　抽象类

抽象类是一种特殊的类，使用关键字 abstract 来定义，不能被实例化。一个抽象类中至少包含一个抽象方法，抽象方法也是由 abstract 关键字来定义的。抽象方法只提供了方法的声明，不提供方法的具体实现。例如：

```php
abstract function func($name, $number);
```

包含抽象方法的类必须是抽象类。

因为抽象类不能用于创建对象，所以只能通过继承来使用。继承抽象类的子类，必须重载抽象类中的所有抽象方法才能被实例化。例如：

```php
<?php
//定义抽象类 teacher
abstract class teacher
{
    var $number="221101";
    var $project;
    abstract function shownumber();            //定义抽象方法 shownumber()
```

```
        abstract function getproject($project);        //定义抽象方法 getproject()
        function showproject()                         //在抽象类中定义普通方法 showproject()
        {
            echo $this->project;
        }
    }
    //定义子类 stu
    class stu extends teacher
    {
        function shownumber()                          //重载父类中的 shownumber()方法
        {
            echo $this->number;
        }
        function getproject ($pro)                     //重载父类中的 getproject()方法
        {
            $this->project= $pro;
        }
    }
    $obj=new stu;                                      //创建对象
    $obj->shownumber();                                //输出"221101"
    $obj->getproject("计算机");
    $obj->showproject();                               //输出"计算机"
    ?>
```

## 6.4.2 接口

### 1. 接口的概念

PHP 只能进行单继承，即一个类只能有一个父类。为了解决这个问题，PHP 引入了接口的概念，接口是一个特殊的抽象类，使用 interface 关键字取代 class 关键字来定义。抽象类中允许存在非抽象的方法和属性，而在接口中定义的方法都是抽象方法。在接口中不能使用属性，但可以使用 const 关键字定义的常量。例如：

```
const con="Tom";
```

定义接口的方法和定义类的方法类似，在接口中定义抽象方法不使用 abstract 关键字。例如：

```
<?php
interface stu
{
    const name="Tom";
    function show();
    function getname($name);
}
?>
```

👀👀注意：

接口中所有的方法都要求使用 public 定义，由于默认的访问修饰符就是 public，所以可以省略。

接口和类一样，也支持继承，接口之间的继承也使用 extends 关键字。例如：

```
<?php
interface A
{
    const name="";
    function show();
```

```
}
interface B extends A
{
    function getname();
}
?>
```

### 2. 接口的实现

定义接口之后可以将其实例化，接口的实例化称为接口的实现。实现一个接口需要用一个子类来实现接口的所有抽象方法。定义接口的子类使用 implements 关键字。另外，一个子类还可以实现多个接口，这样就解决了多继承的问题。例如：

```php
<?php
interface Teacher                              //定义接口 Teacher
{
    const name="";
    function getname($name);
}
interface Stu                                  //定义接口 Stu
{
    function showname();
}
class Cteacher implements Teacher              //定义继承接口 Teacher 的类 Cteacher
{
    var $name="";
    function getname($name)
    {
        $this->name=$name;
    }
}
class Cstu implements Teacher,Stu              //定义继承接口 Teacher 和 Stu 的类 Cstu
{
    var $name="";
    function getname($name)
    {
        $this->name=$name;
    }
    function showname()
    {
        echo $this->name;
    }
}
$obj=new Cstu;
$obj->getname("王林");
$obj->showname();                              //输出"王林"
?>
```

一个子类还可以同时继承一个父类和多个接口，例如，假设类 base 和上面代码中的接口已经创建，创建一个子类继承它们可以使用如下代码：

```php
class test extends base implements Teacher, Stu
{
    //类内容省略
}
```

# 6.5  类的魔术方法

因 PHP 规定以两个下画线"\_\_"开头的方法都保留为魔术方法，故在定义函数名时尽量不要用"\_\_"开头，除非是为了重载已有的魔术方法。前面介绍的构造函数\_\_construct 和析构函数\_\_destruct 都属于魔术方法。这里再介绍其他的 PHP 魔术方法。

## 6.5.1  复制对象

PHP 使用 clone 关键字建立一个与原对象拥有相同属性和方法的对象，这种方法用于通过一个类实例化两个类似对象的情况。例如：

```
$new_obj=clone $old_obj;
```

$new_obj 是新的对象名，$old_obj 是待复制的对象名。

复制后的对象拥有被复制对象的全部属性，如果需要改变这些属性，可以使用 PHP 提供的魔术方法\_\_clone。这个方法在复制一个对象时将被自动调用，类似于\_\_construct 和\_\_destruct 方法。在\_\_clone 方法中，可以定义确切的复制行为或执行一些操作。例如：

```php
<?php
class Cid
{
    public $id=1;
    public function __clone()
    {
        $this->id=$this->id+1;
    }
}
$c1=new Cid;
$c2=clone $c1;
echo $c1->id;                           //输出 1
echo $c2->id;                           //输出 2
?>
```

## 6.5.2  方法重载

PHP 5 中有一个魔术方法\_\_call，该方法可以用于实现方法的重载。\_\_call 方法必须有两个参数。第一个参数包含被调用的方法名称，第二个参数包含传递给该方法的参数数组。\_\_call 方法在类中的方法被访问时被调用。例如：

```php
<?php
class C_call
{
    function getarray($a)
    {
        print_r($a);
    }
    function getstr($str)
    {
        echo $str;
    }
    function __call($method, $array)
    {
```

```php
        if($method=='show')
        {
            if(is_array($array[0]))
                $this->getarray($array[0]);
        else
                $this->getstr($array[0]);
        }
    }
}
$obj=new C_call;                      //类的实例化
$obj->show(array(1,2,3));             //输出：Array ( [0] => 1 [1] => 2 [2] => 3 )
$obj->show('string');                //输出：'string'
?>
```

在上面这段代码中，实例化类 C_call 后，调用的方法是 show 方法。而类中没有定义 show 方法，此时调用__call 方法，__call 方法中参数$method 表示被调用的方法名，参数$array 表示被调用的方法中的参数组成的数组，如果只有一个参数则在__call 中表示为$array[0]。__call 方法可以根据参数的不同而调用不同的方法，例如，如果 show 方法的参数为数组则调用 getarray()方法，如果不是则调用 getstr()方法，这样就实现了方法的重载。PHP 5.3.0 新增了__callStatic()魔术方法，其用法与__call 方法类似，在静态方式调用重载方法时使用。

## 6.5.3　属性重载

通常情况下，从类的外部直接访问类的属性是不建议使用的方法。若一定要这么做，可以通过 PHP 的"属性重载"机制，使用__get 和__set 方法来检查和设置属性的值，这样就可以实现封装性。例如：

```php
<?php
class classname
{
    var $attribute=1;
    function __get($name)
    {
        if($name=='attribute')
            return $this->$name;
    }
    function __set($name,$value)
    {
        if($name=='attribute')
            $this->$name=$value;
    }
}
$a='attribute';
$obj=new classname;                   //初始化
echo $obj->$a;                        //输出 1
$set=$obj->$a=10;                     //输出 10
echo $set;
?>
```

在上例代码中，__get 方法带有一个参数：属性的名称，并返回属性的值；__set 方法中带有两个参数：待设置值的属性名称和待设置的值。语句"$obj->$a"将间接调用__get 方法，将$name 参数设置为'attribute'，并返回属性$attribute 的值。语句"$obj->$a=10"将间接调用__set 方法，将$name 参数的值设为'attribute'，$value 参数的值设为 10。这两个方法的主要作用是，在属性被访问时进行检查或设置相关的值。

### 6.5.4 字符串转换

由于类创建的对象的数据类型是对象，所以不能用 print 或 echo 语句直接输出。如果要输出对象，则在类中定义一个 __toString 方法，在该方法中返回一个可输出的字符串，例如：

```php
<?php
class TestClass
{
    public $foo;
    public function __construct($foo)
    {
        $this->foo = $foo;
    }
    public function __toString()
    {
        return $this->foo;
    }
}
$class = new TestClass('Hello');
echo $class;                        //输出'Hello'
?>
```

在 PHP 5.2.0 之前，__toString 方法只有在直接使用于 echo 或 print 时才能生效。在 PHP 5.2.0 之后，可以在任何字符串环境中生效（如通过 printf()，使用%s 修饰符），但不能用于非字符串环境（如使用%d 修饰符）。

### 6.5.5 自动加载对象

__autoload 方法用于自动加载对象，它不是一个类方法，而是一个单独的函数。如果脚本中定义了__autoload 函数，当使用 new 关键字实例化一个没有声明的类时，这个类的名字将作为参数传递给__autoload 函数，__autoload 函数根据参数自动包含含有类的文件，并加载类文件中的同名类。例如：

```php
<?php
function __autoload($name)
{
    require_once $name.".php";
}
$obj=new stu();
?>
```

在以上代码中，使用 new 关键字实例化 stu 类时，字符串"stu"将作为参数传递给__autoload 函数，__autoload 函数根据参数包含文件 stu.php，并试图实例化文件内的 stu 类。

### 6.5.6 对象序列化

对象序列化是指将一个对象转换成字节流的形式，将序列化后的对象在一个文件或网络上传输，再反序列化还原为原数据。对象序列化使用 serialize()函数，反序列化使用 unserialize()函数。在对象序列化时，如果存在魔术方法__sleep，则 PHP 会调用__sleep 方法，主要用于清除数据提交、关闭数据库链接等工作，并返回一个数组，该数组包含需要序列化的所有变量；在反序列化一个对象后，PHP 会调用__wakeup 方法，主要用于重建对象序列化时丢失的资源。这两个魔术方法都不接收参数。例如：

```php
<?php
class Serialization
{
    private $number= '221101';
```

```
        private $name= '王林';
        public function show()
        {
            echo $this->number;
            echo $this->name;
        }
        function __sleep()
        {
            return array('number', 'name');
        }
        function __wakeup()
        {
            $this->number= '221102';
            $this->name= '程明';
        }
    }
    $test=new Serialization;              //实例化
    $demo=serialize($test);               //序列化$test 对象，将序列化后的字符保存在$demo 变量中
    echo $demo;                           //输出一串序列化后的字符串
    $ntest=unserialize($demo);            //反序列化
    $ntest->show();                       //输出'221102' '程明'
    ?>
```

在上面代码中，__sleep 方法中指定了要序列化的变量为$number 和$name。

## 6.5.7　对象调用

当尝试以调用函数的方式调用一个对象时，__invoke 方法会被自动调用。例如：

```
<?php
class CallableClass
{
    function __invoke($x) {
        var_dump($x);
    }
}
$obj = new CallableClass;
$obj(5);
var_dump(is_callable($obj));
?>
```

以上程序会输出：

```
int(5) bool(true)
```

# 6.6　类型判断与引用

## 6.6.1　对象类型的判断

当系统很大时，往往需要判断某个对象是否由某个类创建。这时，可以使用 instanceof 关键字来实现。它可以检查一个对象的类型，判断一个对象是否为特定类的实例，是否继承自某个类或实现某个接口。用法如下：

```
$var instanceof 类;
```

如果变量$var 是类创建的对象，则返回 TRUE，否则返回 FALSE。例如：

```php
<?php
class C
{
    //类内容
}
$var=new C;
if($var instanceof C)
    echo 'yes';                          //输出'yes'
else
    echo 'no';
?>
```

## 6.6.2 通过变量引用类

可以通过变量来引用类（动态调用类），例如：

```php
<?php
class MyClass {
    const CONST_VALUE = 'A constant value';
}

$classname = 'MyClass';
echo $classname::CONST_VALUE;            //输出'A constant value'

echo MyClass::CONST_VALUE;               //输出'A constant value'
?>
```

👀 注意：

该变量的值不能是关键字（如 self、parent 和 static）。

## 6.6.3 引用静态调用的类

PHP 有一个称为"后期静态绑定"的功能，用于在继承范围内引用静态调用的类。

举个例子说明，使用 self::或者 __CLASS__ 对当前类的静态引用，取决于定义当前方法所在的类：

```php
<?php
class A {
    public static function who()
    {
        echo __CLASS__;
    }
    public static function test()
    {
        self::who();
    }
}

class B extends A {
    public static function who()
    {
        echo __CLASS__;
    }
}
```

```
B::test();
?>
```
以上代码会输出：A。

"后期静态绑定"使用已经预留的 static 关键字表示运行时最初调用的类，能够让用户在上述例子中调用 test()时引用的类是 B 而不是 A，代码如下：

```php
<?php
class A {
    public static function who()
    {
        echo __CLASS__;
    }
    public static function test()
    {
        static::who();          // "后期静态绑定"从这里开始
    }
}

class B extends A {
    public static function who()
    {
        echo __CLASS__;
    }
}

B::test();
?>
```
此时的代码输出变为：B。

# 6.7  实例——设计一个学生管理类

【例 6.1】 设计一个学生管理类，用于获取学生信息。

新建 student.php 文件，输入以下代码：

```php
<!DOCTYPE html>
<html>
<head>
    <title>学生管理类</title>
</head>
<body>
<form method="post">
    学号：<input type="text" name="number"><br/>
    姓名：<input type="text" name="name"><br/>
    性别：<input type="radio" name="sex" value="男" checked="checked">男
    <input type="radio" name="sex" value="女">女<br/>
    <input type="submit" name="ok" value="显示">
</form>
</body>
</html>
<?php
```

```
class student
{
    private $number;
    private $name;
    private $sex;
    function show($XH,$XM,$XB)
    {
        $this->number=$XH;
        $this->name=$XM;
        $this->sex=$XB;
        echo "学号: ".$this->number."<br/>";
        echo "姓名: ".$this->name."<br/>";
        echo "性别: ".$this->sex."<br/>";
    }
}

if(isset($_POST['ok']))
{
    $XH=$_POST['number'];
    $XM=$_POST['name'];
    $XB=$_POST['sex'];
    $stu=new student();
    $stu->show($XH,$XM,$XB);
}
?>
```

运行程序，在页面上输入学号和姓名、选择性别，单击"显示"按钮，执行结果如图 6.1 所示。

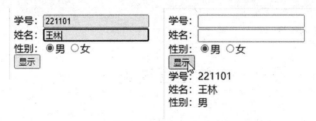

图 6.1 用"学生管理类"显示学生信息

# 习题 6

## 一、选择题

1. 下列关于面向对象的说法中不正确的是（　　）。

A. 普通成员是属于类的　　　　　　　　B. 静态成员是属于类的

C. OOP 是面向对象的简称　　　　　　　D. 类里面的$this 关键字代表该对象本身

2. 下列哪一项不属于 OOP 的三大特性？（　　）

A. 继承　　　　　　B. 重载　　　　　　C. 封装　　　　　　D. 多态

3. 在面向对象的三大特性中，（　　）不属于封装的做法。

A. 封装方法来操作成员　　　　　　　　B. 将成员变为私有

C. 将成员变为公有　　　　　　　　　　D. 使用__get()和__set()方法来操作成员

4．以下关于构造函数说法中不正确的是（　　　）。

A．构造函数写法和普通函数没有区别

B．研究一个类首先要研究的函数就是构造函数

C．构造函数执行方式比较特殊

D．如果父类中存在构造函数并且需要参数，子类在实例化对象的时候也应该传入相应的参数

5．下列描述中错误的是（　　　）。

A．父类的构造函数与析构函数不会自动被调用

B．父类中定义的静态成员，不可以在子类中直接调用

C．包含抽象方法的类必须为抽象类，抽象类不能被实例化

D．成员变量需要用 public/protected/private 修饰，在定义变量时不再需要 var 关键字

6．以下关于多态的说法中正确的是（　　　）。

A．多态的产生不需要条件

B．多态是由于子类里面定义了不同的函数而产生的

C．多态在每个对象调用方法时都会发生

D．当父类引用指向子类实例的时候，由于子类对父类的方法进行了重写，在父类引用调用相应的函数的时候表现出的不同称为多态

**二、简答题**

1．请列举面向对象程序设计的主要特征。

2．如何在 PHP 中创建类、属性和方法？

3．如何在 PHP 中定义类的构造函数和析构函数？

4．如何实例化一个抽象类？接口和抽象类有什么区别？

**三、编程题**

1．实例化一个类，并分别访问其 public、private、protected 属性，查看有何不同。

2．定义一个类的子类，在子类中访问父类的属性和方法。

# 第 7 章 构建 PHP 互动网页

使用 PHP 和 HTML 可以制作出内容丰富的动态网页。网页的实体内容可以通过 HTML 完成，数据的处理和与数据库的交互通过 PHP 完成。本章将具体介绍如何使用 PHP 处理 Web 页面，实现与用户的交互。与数据库交互的内容将在后面的章节中介绍。

## 7.1 PHP 与表单

在 Web 开发中，通常使用表单来实现程序与用户输入的交互。用户在 HTML 表单上输入数据，然后通过单击按钮或超链接提交表单，将数据传输到网站的程序以进行相应的处理。本节主要介绍如何使用 PHP 处理表单数据，实现与用户的交互。

### 7.1.1 提交表单数据

在之前的章节中，已经介绍了表单数据的提交方法。表单数据的提交方法主要分为两种：POST方法和 GET 方法。POST 方法是在 HTTP 请求中嵌入表单数据；GET 方法则将表单数据附加到请求该页的 URL 中。提交表单时要将表单标记<form>的属性 method 设为 POST 或 GET，POST 表示使用 POST方法提交，GET 表示使用 GET 方法提交。属性 action 指定数据提交到的 URL 地址，提交后，页面将跳转到这个地址。而用户输入的数据也将提交到该地址，例如：

```
<form method= "get" action= "test.php">
```

说明：使用 POST 方法提交数据后，地址栏除 action 指定的 URL 外不包含其他额外的数据；而使用 GET 方法提交数据后，地址栏包含用户所输入的数据。

### 7.1.2 接收表单数据

提交表单数据后就可以在目标页面接收用户输入的数据。接收表单数据可以使用$_POST、$_GET和$_REQUEST 来完成。$_POST 用于接收以 POST 方法传来的值，$_GET 用于接收以 GET 方法传来的值，$_REQUEST 可以取得包括 POST、GET 和 Cookie 在内的外部变量。这些内容已在第 3 章介绍过。

表单可以包含很多控件，如文本框、单选按钮、复选框、文件域、滚动文本框、按钮等。接收表单数据指获取表单控件的 value 属性的值。不同的控件可以设置不同的 name 属性，在接收数据时根据name 属性确定是哪个控件的值。不同的控件设置 value 属性的方式也不一样。例如，单选按钮可能由多个选项组成，这些选项的 name 属性值都相同时表示这些选项属于同一个表单控件，每个选项都有一个 value 值，接收控件的值后可以根据这个 value 值判断用户选择了哪个选项。又例如，复选框控件可以使用户选择多个选项，复选框中选项的 name 属性值都设置为相同，并且设置为数组的形式，如"name="XQ[]""，而每个选项都有一个 value 值，接收数据时接收到的是一个数组，数组中保存了用户选择的选项，遍历数组的值就可以确定用户选择了哪些选项。

与其他控件不同，文件域控件不是通过$_POST、$_GET、$REQUEST 来接收数据，而是通过

\$_FILES 数组来接收数据的，详细内容请参见第 5 章。

## 7.1.3　常用表单数据的验证方法

填写某些表单数据时必须符合一定的条件，例如，出生日期必须符合日期的格式，电话号码必须填写正确位数的数字。这时就需要通过验证表单数据来判断用户所填写数据的正确性。

表单数据的验证一般可以使用正则表达式（见 4.3 节）来完成。例如，一个简单的验证日期的正则表达式可以写成"^\d{4}-(0?\d|1?[012])-(0?\d|[12]\d|3[01])\$"。验证 E-mail 格式的正则表达式可以写成"^[a-zA-Z0-9_\-]+@[a-zA-Z0-9\-]+\.[a-zA-Z0-9\-\.]+\$"。

## 7.1.4　实例——使用 PHP 处理表单数据

**【例 7.1】** 制作一个学生个人信息表单，包括学号、姓名、性别、出生日期、所学专业、毕业去向、备注和爱好信息。要求学号必须为 6 位数字，出生日期必须符合日期格式，学号和姓名不允许为空。表单数据以 GET 方法提交到另一个页面，在另一个页面判断表单数据的正确性并输出。

新建 hpage.php 文件，输入以下代码：

```
<!DOCTYPE html>
<html>
<head>
    <title>学生个人信息</title>
    <style type="text/css">
    table{
        width:400px;
        margin:0 auto;
        background:#CCFFCC;
    }
    div{
        text-align:center;
    }
    </style>
</head>
<body>
<form method="get" action="ppage.php">
<table border="0">
    <tr>
        <td colspan="2"><div>学生个人信息</div></td>
    </tr>
    <tr>
        <td width="120">学号：</td>
        <td><input name="XH" type="text" value=""></td>
    </tr>
    <tr>
        <td>姓名：</td>
        <td><input name="XM" type="text" value=""></td>
    </tr>
    <tr>
        <td>性别：</td>
        <td>
            <input name="SEX" type="radio" value="男" checked="checked">男
            <input name="SEX" type="radio" value="女">女
        </td>
```

```html
    </tr>
    <tr>
        <td>出生日期：</td>
        <td><input name="Birthday" type="text" value=""></td>
    </tr>
    <tr>
        <td>所学专业：</td>
        <td>
            <select name="ZY">
                <option>计算机</option>
                <option>通信工程</option>
                <option>软件工程</option>
            </select>
        </td>
    </tr>
    <tr>
        <td>毕业去向：</td>
        <td><select name="QX[]" size="3" multiple>
            <option selected>考研</option>
            <option selected>出国留学</option>
            <option>考公务员</option>
            <option>直接就业</option>
            <option>创业</option>
        </select></td>
    </tr>
    <tr>
        <td>备注：</td>
        <td><textarea name="BZ"></textarea></td>
    </tr>
    <tr>
        <td>爱好：</td>
        <td>
            <input name="AH[]" type="checkbox" value="书法" checked="checked">书法
            <input name="AH[]" type="checkbox" value="运动">运动
            <input name="AH[]" type="checkbox" value="音乐">音乐
            <input name="AH[]" type="checkbox" value="绘画" checked="checked">绘画
        </td>
    </tr>
    <tr>
        <td colspan="2" align="center">
            <input type="submit" name="BUTTON1" value="提交">
            <input type="reset" name="BUTTON2" value="重置">
        </td>
    </tr>
</table>
</form>
</body>
</html>
```

再新建 ppage.php 文件，输入以下代码：

```php
<?php
$XH=$_GET['XH'];
$XM=$_REQUEST['XM'];
```

```php
$XB=$_GET['SEX'];
$CSSJ=$_GET['Birthday'];
$ZY=$_GET['ZY'];
$QX=$_GET['QX'];
$BZ=$_GET['BZ'];
$AH=@$_GET['AH'];
$checkbirthday=preg_match('/^\d{4}-(0?\d|1?[012])-(0?\d|[12]\d|3[01])$/',$CSSJ);
if($XH==NULL)
{
    echo "学号不能为空！";
}
elseif(preg_match('/^\d{6}/',$XH)==0)
{
    echo "学号格式错误！";
}
elseif($XM==NULL)
{
    echo "姓名不能为空！";
}
elseif($CSSJ&&$checkbirthday==0)
{
    echo "日期格式错误！";
}
else
{
    echo "学号："."$XH."<br/>";
    echo "姓名："."$XM."<br/>";
    echo "性别："."$XB."<br/>";
    echo "出生日期："."$CSSJ."<br/>";
    echo "专业："."$ZY."<br/>";
    if($QX)
    {
        echo "毕业去向：";
        foreach($QX as $value)
        {
            echo $value." ";
        }
        echo "<br/>";
    }
    echo "备注："."$BZ."<br/>";
    if($AH)
    {
        echo "爱好：";
        foreach($AH as $value)
        {
            echo $value." ";
        }
        echo "<br/>";
    }
}
?>
```

运行 hpage.php 文件，显示学生个人信息表单如图 7.1 所示。在表单中输入学生信息，单击"提交"

按钮，程序会验证输入的信息，然后转到如图 7.2 所示的页面。

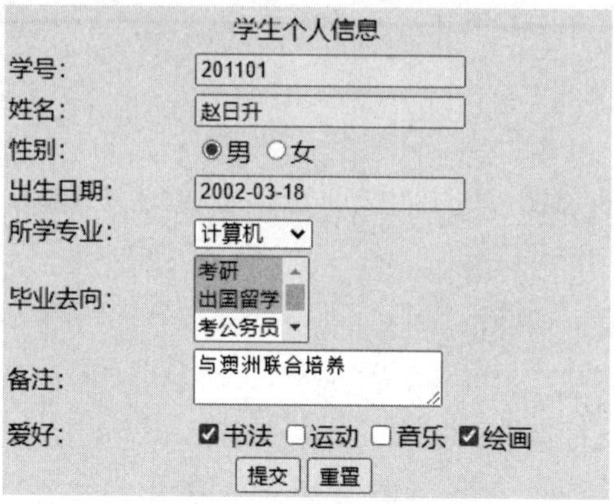

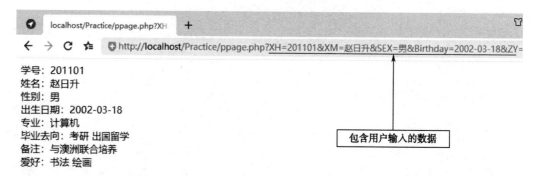

学生个人信息
学号：
201101
姓名：
赵日升
性别：
男 女
出生日期：
2002-03-18
所学专业：
计算机
毕业去向：
考研
出国留学
考公务员
备注：
与澳洲联合培养
爱好：
书法 运动 音乐 绘画
提交
重置

图 7.1　学生个人信息表单

localhost/Practice/ppage.php?XH
http://localhost/Practice/ppage.php?XH=201101&XM=赵日升&SEX=男&Birthday=2002-03-18&ZY=
学号：201101
姓名：赵日升
性别：男
出生日期：2002-03-18
专业：计算机
毕业去向：考研 出国留学
备注：与澳洲联合培养
爱好：书法 绘画
包含用户输入的数据

图 7.2　学生个人信息输出显示

说明：运行后观察图 7.2 中的地址栏，可以发现地址中包含了用户输入的数据，这就是使用 GET 方法与使用 POST 方法的区别。

## 7.2　URL 处理

以 GET 方法提交表单到某个页面时，该页面的 URL 中包含了表单数据的值，通过获取 URL 中的参数值即可获得需要的数据。

### 7.2.1　获取 URL 参数

URL 通常的格式为："url?参数 1=值 1&参数 2=值 2&参数 3=值 3…"。

在页面中使用"$_GET['参数']"可获得具体参数的值，例如：

```
<a href="?action=超链接&name=王林">单击</a>
<?php
    echo @$_GET['action'];                    //单击超链接后输出"超链接"
    echo @$_GET['name'];                      //单击超链接后输出"王林"
?>
```

说明：在超链接的 href 属性中的问号"?"之前是要访问的页面地址，省略则表示是当前页面的地址。

## 7.2.2　解析 URL

在 PHP 中可以使用 parse_url()函数解析一个 URL，语法格式如下：

```
mixed parse_url ( string $url [, int $component = -1 ] )
```

说明：$url 为要解析的 URL 地址字符串。本函数不是用于解析 URL 的合法性，不完整的 URL 也可接受。除对于严重不合格的 URL，该函数将返回 FALSE 并发出警告外，如果省略了 component 参数，函数将返回一个关联数组，包含 URL 中出现的各个组成部分。其组成部分如下（至少有一个）：

- scheme。如 http。
- host。如 www.php.net。
- port。端口号。
- user。用户名。
- pass。密码。
- path。路径。
- query。在问号 "?" 之后的内容。
- fragment。在散列符号#之后的内容。

例如：

```php
<?php
    $url='http://username:password@www.php.net/index.php?arg=value#anchor';
    print_r(parse_url($url));
    /*输出：Array ( [scheme] => http [host] => www.php.net [user] => username
                     [pass] => password [path] => /index.php [query] => arg=value
                     [fragment] => anchor )
    */
?>
```

参数 component 指定 PHP_URL_SCHEME、PHP_URL_HOST、PHP_URL_PORT、PHP_URL_USER、PHP_URL_PASS、PHP_URL_PATH、PHP_URL_QUERY 或 PHP_URL_FRAGMENT 的其中一个来获取 URL 中指定部分的 string（除了指定为 PHP_URL_PORT，将返回一个 integer 的值）。例如：

```php
<?php
    $url='http://username:password@hostname/path?arg=value#anchor';
    echo parse_url($url, PHP_URL_PATH);
?>
```

输出结果：/path。

另外，使用预定义变量$_SERVER 也可以获得 URL 中一些相关的内容，如使用$_SERVER ["QUERY_STRING"]可以获得 URL 中第一个问号"?"之后的内容，使用$_SERVER ["REQUEST_URL"]可以获得访问本页面所需的 URI，使用$_SERVER["PHP_SELF"]可以获得当前正在执行脚本的文件名。详细内容请见第 3 章。

## 7.2.3　URL 编解码

如果 URL 参数中含有中文参数，为了防止在传递过程中出现乱码，需要对 URL 进行编码。所谓的编码就是将字符串中除 "-"、"_" 和 "." 之外的所有非字母或数字字符都替换为一个以百分号 "%" 开头后跟 2 位十六进制数的 3 位字符串，空格被替换为加号 "+"。

在 PHP 中对 URL 编码使用 urlencode()函数，语法格式如下：

```
string urlencode(string $str)
```

说明：$str 为要编码的字符串，该函数返回一个编码后的字符串。例如：

```php
<?php
    $url="http://www.php.net";
    echo urlencode($url);                          //输出"http%3A%2F%2Fwww.php.net"
?>
```

URL 编码后需要使用 urldecode()函数进行解码，语法格式如下：

```
string urldecode(string $str)
```

该函数将对字符串$str 中所有以百分号"%"开头后跟 2 位十六进制数的 3 位字符串进行解码，并返回解码后的字符串。例如：

```php
<?php
    $urlenstr="http%3A%2F%2Fwww.php.net";         //上例刚刚编码的字符
    $new_url=urldecode($urlenstr);                //对$urlenstr 进行解码
    echo $new_url;                                //输出"http://www.php.net"
?>
```

# 7.3 页面跳转

常用的页面跳转方法有三种：使用 header()函数、使用 HTML 标记和使用客户端脚本。使用这些方法能够使页面直接跳转到目标页面。

## 7.3.1 使用 header()函数

在 5.1.5 节中曾介绍过 header()函数的作用，其中一个作用就是页面跳转，只要在 header()函数的参数中使用"Location: xxx"即可实现该功能。例如：

```php
<?php
    $var1="sa";
    $var2="sa";
    if($var1==$var2)
    {
        header("Location: http://www.baidu.com");
    }
    else
        echo "页面不能跳转";
?>
```

## 7.3.2 使用 HTML 标记

最常用的跳转页面的方法是提交表单，将<form>标记的 action 属性设置为要跳转到的页面，提交表单后就跳转到该页面。例如：

```html
<form method="post" action="index.php">
    <input type="text" name="text">
    <input type="submit" name="bt" value="提交">
</form>
```

说明：运行以上代码后单击"提交"按钮即可跳转到 index.php 页面。

使用 HTML 的超链接标记<a>也能够实现跳转页面的功能，例如：

```php
<?php
    echo "<a href='index.php?id=1&name=zhou'>单击超链接</>";
?>
```

说明：程序运行后单击页面中的超链接，页面将跳转至 index.php 页面，可以在 index.php 中获取 URL 的参数值。

使用按钮也可以进行页面跳转，只需要在按钮控件的 onclick 方法中设置执行的代码，例如：

```php
<?php
    echo '<input type="button" name="bt" value="页面跳转" onclick="location=\'index.php\'">';
?>
```

说明：执行以上代码后，单击页面中的"页面跳转"按钮即跳转到 index.php 页面。

使用 HTML 实现页面跳转的另外一种方法是使用<meta>标记，实例代码如下：

```
<meta http-equiv="refresh" content="5;url=index.php">
```

说明：以上代码的作用是，5s 之后跳转到 index.php 页面。content 属性中的数字 5 表示 5s 之后跳转，设置为 0 则表示立即跳转，url 选项可以指定要跳转到的页面。如果要刷新本页面，则可以省略 url 选项，代码如下：

```
<meta http-equiv="refresh" content="5">
```

### 7.3.3　使用客户端脚本

在 PHP 中还可以使用客户端脚本实现页面的跳转。例如，在 PHP 中使用 JavaScript 跳转到 index.php 页面的代码如下：

```php
<?php
    echo "<script>if(confirm('确认跳转页面?')) ";
    echo "window.location='index.php'</script>";
    //上面一句也可写成 echo "location.href='index.php'; </script>";
?>
```

说明：在 JavaScript 中，confirm()函数用于显示一个确认对话框，如果用户单击"确定"按钮则返回 TRUE，单击"取消"按钮则返回 FALSE。

# 7.4　会话管理

Web 应用是通过 HTTP 协议进行传输的，而根据 HTTP 协议的特点，客户端每次与服务器的对话都被当成一个单独的过程。例如，用户从浏览器上访问第二个网页时，第一个网页上的信息将不被保存。这可能对一些需要权限设置的安全页面的编写造成很大麻烦。

例如，用户登录后，用户在请求过一个页面后再请求另一个页面，该用户的请求将不会被 HTTP 所接受。这时就需要使用会话管理。会话管理的思想是指在网站中通过一个会话跟踪用户，记录下用户的信息，实现信息在页面间的传递。本节将具体介绍在 PHP 中如何实现会话管理的功能。

### 7.4.1　会话的工作原理

PHP 的会话也称为 Session。PHP 在操作 Session 时，在用户登录或访问一些初始页面时，服务器会为客户端分配一个 SessionID。SessionID 是一个加密的随机数字，在 Session 的生命周期中保存在客户端。它既可以保存在用户机器的 Cookie 中，也可以通过 URL 在网络中进行传播。

用户通过 SessionID 可以注册一些特殊的变量（称为会话变量），这些变量的数据保存在服务器端。在一次特定的网站连接中，如果客户端可以通过 Cookie 或 URL 找到 SessionID，那么服务器就可以根据客户端传来的 SessionID 访问会话保存在服务器端的会话变量中。

Session 的生命周期只在一次特定的网站连接中有效，当关闭浏览器后，Session 会自动失效，也不能再使用之前注册的会话变量。

### 7.4.2　实现会话

在 PHP 中实现会话的主要步骤如下。

### 1. 初始化会话

在实现会话功能之前必须初始化会话，初始化会话使用 session_start()函数。语法格式如下：

```
bool session_start(void)
```

该函数将检查 SessionID 是否存在，如果不存在则创建一个，并且能够使用预定义数组$_SESSION 进行访问。如果启动会话成功，则该函数返回 TRUE，否则返回 FALSE。会话启动后就可以载入该会话已经注册的会话变量以便使用。

### 2. 注册会话变量

因为会话变量保存在预定义数组$_SESSION 中，所以可以以直接定义数组单元的方式来定义一个会话变量。格式如下：

```
$_SESSION["键名"]="值";
```

定义后，该会话变量保存为$_SESSION 数组的一个单元。例如：

```php
<?php
    $name="zhou";
    session_start();
    $_SESSION["name"]=$name;
    echo $_SESSION["name"];                          //输出"zhou"
?>
```

以上代码运行后，定义的会话变量在$_SESSION 数组中的键名为"name"，值为"zhou"。会话变量定义后被记录在服务器中，并对该变量的值进行跟踪，直到会话结束或手动注销该变量为止。

### 3. 访问会话变量

若在一个脚本中访问会话变量，则首先要使用 session_start()函数启动一个会话。之后就可以使用$_SESSION 数组访问该变量了。例如：

```php
<?php
    session_start();
    if(isset($_SESSION["name"]))
    {
        echo $_SESSION["name"];
    }
    else
        echo "会话变量未注册";
?>
```

说明：可以使用 isset()函数或 empty()函数来判断会话变量是否存在。

### 4. 销毁会话变量

会话变量使用完后，销毁已经注册的会话变量以减少对服务器资源的占用。销毁会话变量使用 unset()函数，语法格式如下：

```
void unset(mixed $var [, mixed $var [, $... ]])
```

说明：$var 是要销毁的变量，可以销毁一个或多个变量。例如：

```php
<?php
    $var="hello";
    session_start();
    $_SESSION["var"]=$var;                          //注册会话变量
    unset($_SESSION["var"]);                        //销毁会话变量
    if(!isset($_SESSION["var"]))                    //判断是否存在会话变量
        echo "销毁成功";
?>
```

要一次销毁所有的会话变量，可以使用以下语句：

```
session_unset();
```

## 5. 销毁会话

使用完一个会话后，先要注销所有的会话变量，再调用 session_destroy()函数销毁会话。语法格式如下：

```
bool session_destroy(void)
```

该函数将删除会话的所有数据并清除 SessionID，关闭该会话。例如：

```php
<?php
    session_start();
    session_destroy();
?>
```

> 👀 **注意：**
>
> 注意：如果销毁会话前未启动会话，则会出现警告。

**【例 7.2】** 创建一个用户登录页面，设定的用户名和密码分别为 administrator 与 123456。表单提交到该页面，当用户名和密码输入正确时，启动 Session，将用户名和密码传到管理员页面。如果不先登录而访问管理员页面，则提示无权访问。

新建 session1.php 文件，输入以下代码：

```html
<!DOCTYPE html>
<html>
<head>
    <title>登录</title>
    <style type="text/css">
    table{
        margin:0 auto;
    }
    td{
        text-align:center;
    }
    </style>
</head>
<body>
<form action="session1.php" method="post">
    <table border="0">
        <tr>
            <td colspan="2">用户登录</td>
        </tr>
        <tr>
            <td>用户名<input name="username" type="text"></td>
        </tr>
        <tr>
            <td>密码<input name="password" type="password"></td>
        </tr>
        <tr>
            <td colspan="2">
                <input type="submit" name="Submit" value="登录">
                <input type="reset" name="Submit2" value="重置">
            </td>
        </tr>
    </table>
</form>
```

```
</body>
</html>
<?php
session_start();
if(isset($_POST['Submit']))
{
    $username=$_POST['username'];
    $password=$_POST['password'];
    if($username=="administrator"&&$password=="123456")
    {
        $_SESSION['username']=$username;
        $_SESSION['password']=$password;
        header("location: session2.php");
    }
    else
    {
        echo "<script>alert('登录失败');location.href='session1.php';</script>";
    }
}
?>
```

新建 session2.php 文件，输入以下代码：

```
<?php
    session_start();
    $username=@$_SESSION['username'];
    $password=@$_SESSION['password'];
    if($username)
        echo "欢迎管理员登录，您的密码为$password";
    else
        echo "对不起，您没有权限访问本页";
?>
```

运行 session1.php 文件，在用户登录页面中输入用户名和密码，如图 7.3 所示。单击"登录"按钮，显示管理员页面如图 7.4 所示。

图 7.3　用户登录页面　　　　　　　　　图 7.4　管理员页面

## 7.4.3　Cookie 技术

使用 Session 时，在关闭浏览器后，Session 会自动失效。若要使用 Session，则必须在每次重新开启浏览器窗口时创建新的 Session。使用 Cookie 可以解决这个问题，Cookie 是用户浏览网站时客户端存放在用户机器中的一个文本文件，其中保存了用户访问网站的私有信息。当用户下一次访问网站时，网站的脚本文件就可以读取这些信息。普通的 Session 在浏览器关闭后就失效了，而保存在 Cookie 中的 Session 允许在 Cookie 的有效期内保留。

值得注意的是，Cookie 技术有很多局限性，例如：

● 多人公用一台计算机，Cookie 数据容易泄露。

● 一个站点存储的 Cookie 信息有限。

● 有些浏览器不支持 Cookie。

● 用户可以通过设置浏览器选项来禁用 Cookie。

正是由于以上 Cookie 的一些局限性，所以在进行会话管理时，SessionID 通常会选择 Cookie 和 URL 两种方式来保存，而不是只保存在 Cookie 中。

下面介绍在 PHP 中实现 Cookie 的步骤。

### 1. 创建 Cookie

在 PHP 中创建 Cookie 使用 setcookie()函数，语法格式如下：

```
bool setcookie(string $name [, string $value [, int $expire [, string $path [, string $domain [, bool $secure [, bool $httponly ]]]]]])
```

说明：本函数将定义一个和其余的 HTTP 标头一起发送的 Cookie。setcookie()函数要遵守的规定和 header()函数类似。如果服务器的输出缓存没有开启，则在使用 setcookie()函数之前不能有任何脚本输出，否则将出现警告。本书中 php.ini 文件的 output_buffering 选项的值为 4096，表示服务器的缓存已经开启，将不会出现警告。如果 setcookie()函数运行成功则返回 TRUE。

本函数的参数如下。

● $name。表示 Cookie 的名字。

● $value。表示 Cookie 的值，因为该值保存在客户端，所以不要保存比较敏感的数据。

● $expire。表示 Cookie 过期的时间，这是一个 UNIX 时间戳，即从 UNIX 纪元开始的秒数。对于$expire 的设置一般通过当前时间戳加上相应的秒数来决定。例如，time()+1200 表示 Cookie 将在 20 min 后失效。如果不设置，则 Cookie 将在浏览器关闭之后失效。

● $path。表示 Cookie 在服务器上的有效路径。默认值为设定 Cookie 的当前目录。

● $domain。表示 Cookie 在服务器上的有效域名。例如，要使 Cookie 能在 example.com 域名下的所有子域都有效，该参数应设为".example.com"。

● $secure。表示 Cookie 是否仅允许通过安全的 HTTPS 协议传输。取值为 1 或 0，当设成 1 时，Cookie 仅允许通过 HTTPS 传输，设成 0 表示允许通过普通 HTTP 协议传输。默认值为 0。

例如：

```php
<?php
    setcookie("user", "administrator");                              //设置 Cookie 的名称和值
    setcookie("password", "123456", time()+3600);                    //设置一个 Cookie，1 小时后失效
    setcookie("name", "zhou", time()+3600, "\php7" );                //创建只在 php7 目录下有效的 Cookie
    setcookie("number", "001", time()+3600, "", ".example.com");     //创建在.example.com 有效的 Cookie
?>
```

### 2. 访问 Cookie

通过 setcookie()函数创建的 Cookie 是作为数组的单元、存放在预定义变量$_COOKIE 中的。也就是说，直接对$_COOKIE 数组单元进行赋值也可以创建 Cookie。但$_COOKIE 数组创建的 Cookie 在会话结束后就会失效。例如：

```php
<?php
    setcookie("name", "王林");
    $_COOKIE["number"]="221101";
    print_r($_COOKIE);
    //输出：Array ( [password] => 123456 [bdshare_firstime] => 1398408989078 [number] => 221101 )
?>
```

访问 Cookie 的方法与 Session 类似，例如：

```php
<?php
    setcookie("name","zhou");
    if(isset($_COOKIE["name"]))
        echo $name;
?>
```

### 3. 删除 Cookie

Cookie 在创建时指定了一个过期时间，如果到了过期时间，Cookie 将自动被删除。在 PHP 中没有专门删除 Cookie 的函数。如果从安全方面考虑，想在 Cookie 过期之前就删除 Cookie，则使用 setcookie() 函数或$_COOKIE 数组将已知 Cookie 的值设为空。例如：

```php
<?php
    $_COOKIE["user"]="administrator";
    setcookie("password","123456",time()+3600);
    $_COOKIE["user"]="";                          //使用$_COOKIE 数组删除 Cookie
    setcookie("password","");                     //使用 setcookie()函数删除 Cookie
    print_r($_COOKIE);
    //输出：Array ( [password] => 123456 [bdshare_firstime] => 1398408989078 [user] => )
?>
```

说明：使用 setcookie() 函数删除 Cookie 时，其$_COOKIE 数组里的对应单元也将被删除；而使用$_COOKIE 设置 Cookie 的值为空后，只是删除了 Cookie 的值，其在$_COOKIE 数组中的单元键名仍然存在。另外，使用 setcookie() 函数删除 Cookie 时，还可以将过期时间设为过去的时间，如"time()-3600"表示当前时间的前一天过期，即可立即将 Cookie 删除。

【例 7.3】 制作一个登录表单，将表单的值保存在 Cookie 中，并可以选择 Cookie 的有效时间。

新建 cookie1.php 文件，输入以下代码：

```html
<!DOCTYPE html>
<html>
<head>
    <title>登录</title>
    <style type="text/css">
    table
    {
        margin:0 auto;
    }
    td
    {
        text-align:center;
    }
    </style>
</head>
<body>
<form action=" cookie1.php" method="post">
<table border="0">
    <tr>
        <td>用户名<input name="username" type="text"></td>
    </tr>
    <tr>
        <td>密码<input name="password" type="password"></td>
    </tr>
    <tr>
        <td>
            Cookie 保存时间
```

```
            <select name="time">
                <option value="0" selected>不保存</option>
                <option value="1">保存 1 小时</option>
                <option value="2">保存 1 天</option>
                <option value="3">保存 1 星期</option>
            </select>
        </td>
    </tr>
    <tr>
        <td colspan="2">
            <input type="submit" name="Submit" value="登录">
            <input type="reset" name="Submit2" value="重置">
        </td>
    </tr>
</table>
</form>
</body>
</html>
<?php
setcookie("username");
if(isset($_POST['Submit']))
{
    $username=$_POST['username'];
    $password=$_POST['password'];
    $time=$_POST['time'];
    if($username=="administrator"&&$password=="123456")
    {
        $username=$_POST['username'];
        $password=$_POST['password'];
        $time=$_POST['time'];
        if($username=="administrator"&&$password=="123456")
        {
            switch($time)
            {
                case 0:                         //不保存
                    setcookie("username",$username);
                    break;
                case 1:                         //保存 1 小时
                    setcookie("username",$username,time()+60*60);
                    break;
                case 2:                         //保存 1 天
                    setcookie("username",$username,time()+24*60*60);
                    break;
                case 3:                         //保存 1 星期
                    setcookie("username",$username,time()+7*24*60*60);
                    break;
            }
            header("location: cookie2.php");        //自动跳转到 cookie2.php 页面
        }
        else
        {
            echo "<script>alert（'登录失败'）; location.href=' cookie1.php';</script>";
```

```
        }
      }
    }
    ?>
```

新建 cookie2.php 文件，输入以下代码：

```php
<?php
if($username=@$_COOKIE['username'])
{
      echo "欢迎管理员".$username."登录";
}
else
      echo "您没有权限访问本页面";
?>
```

运行 cookie1.php 文件，输入用户名 administrator 和密码 123456，Cookie 保存时间选择"保存 1 天"，如图 7.5 所示。单击"登录"按钮，显示管理员页面，如图 7.6 所示。

关闭当前浏览器，再直接运行 cookie2.php 文件，由于 Cookie 保存时间设置成保存 1 天，所以同样可以显示如图 7.6 所示的页面。如果不保存 Cookie，直接运行 cookie2.php 文件时会提示无权限访问。

图 7.5  管理员登录，保存 Cookie                图 7.6  管理员页面

# 7.5  实例——制作一个 PHP 互动网页

【例 7.4】  制作一个智能问答系统，该系统根据存储于文本文件中的用户信息判断用户是否为合法登录。用户登录后可以进行智力问答，回答完后，系统会计算其所得分数。

在项目（Practice）文件夹下新建一个 info.txt 文本文件，其中保存用户的信息，有用户名、密码两项，中间用"|"隔开，如输入以下几行数据：

```
user1|123456
user2|654321
user3|111111
```

新建 login.php 文件（用户登录页面），输入以下代码：

```php
<!DOCTYPE html>
<html>
<head>
<title>登录</title>
<style type="text/css">
table
{
      margin:0 auto;
```

```
}
td
{
    text-align:center;
}
</style>
</head>
<body>
<form action="main.php" method="get">
<table border="0">
    <tr>
        <td>用户名<input name="username" type="text"></td>
    </tr>
    <tr>
        <td>密码<input name="password" type="password"></td>
    </tr>
    <tr>
        <td colspan="2">
            <input type="submit" name="Submit" value="登录">
            <input type="reset" name="Submit2" value="重置">
        </td>
    </tr>
</table>
</form>
</body>
</html>
```

新建 main.php 文件（主页面），输入以下代码：

```php
<?php
session_start();
$username=@$_GET['username'];                       //获取用户名
$password=@$_GET['password'];                       //获取密码

//本函数用于获取文本文件中的用户数据
function loadinfo()
{
    $user_array=array();
    $filename='info.txt';                           //用户信息文件
    $fp=fopen($filename,"r");                        //打开文件
    $i=0;
    while($line=fgets($fp,1024))
    {
        list($user,$pwd)=explode('|',$line);        //读取每行数据
        $user=trim($user);                          //去掉首尾特殊符号
        $pwd=trim($pwd);
        $user_array[$i]=array($user,$pwd);          //将数组组成一个二维数组
        $i++;
    }
    fclose($fp);
    return $user_array;                             //返回一个数组
}
$user_array=loadinfo();
if($username)
```

```php
{
    //判断用户输入的用户名和密码是否正确
    if(!in_array(array($username,$password),$user_array))
        echo "<script>alert('用户名或密码错误!');location='login.php';</script>";
    else
    {
        foreach($user_array AS $value)                          //遍历数组
        {
            list($user,$pwd)=$value;
            if($user==$username&&$pwd==$password)
            {
                //使用 Session 将用户名和密码传到其他页面
                $_SESSION['username']=$username;
                $_SESSION['password']=$password;
                echo "<div>您的用户名为: ".$user."</div>";
                echo "<br/>";
                //得到 QA.php 中使用 Session 传来的值
                if($points=@$_SESSION['QA_points'])
                {
                    echo "您刚刚答题得到了".$points."分<br/>";
                    echo "<input type='button' value='继续答题'
                                onclick=window.location='QA.php'>";
                }
                else
                {
                    echo "您还没有答题记录<br/>";
                    echo "<input type='button' value='开始答题'
                                onclick=window.location='QA.php'>";
                }
            }
        }
    }
}
else
    echo "您尚未登录，无权访问本页";
?>
```

新建 QA.php 文件（答题页面），输入以下代码:

```php
<?php
session_start();
$username=@$_SESSION['username'];
$password=@$_SESSION['password'];
if($username)
{
    echo $username.",请回答以下题目: <br/>";
?>
    <form method="post" action="">
    <div>
        1. 农夫有 17 只羊，除了 9 只以外都病死了，农夫还剩几只羊? <br/>
        <input type="radio" name="q1" value="1">17
        <input type="radio" name="q1" value="2">9
        <input type="radio" name="q1" value="3">8
    </div>
```

```
    <br/>
    <div>
        2. 大月有 31 天，小月有 30 天，那么一年中几个月有 28 天？<br/>
        <input type="radio" name="q2" value="1">1 个
        <input type="radio" name="q2" value="2">4 年 1 个
        <input type="radio" name="q2" value="3">12 个
    </div>
    <br/>
    <div>
        3. 小明的妈妈有三个小孩，老大叫大毛，老二叫二毛，老三叫什么？<br/>
        <input type="radio" name="q3" value="1">三毛
        <input type="radio" name="q3" value="2">小明
        <input type="radio" name="q3" value="3">不知道
    </div>
    <br/>
    <div>
        4. 英国有没有七月四日（美国独立纪念日）？<br/>
        <input type="radio" name="q4" value="1">有
        <input type="radio" name="q4" value="2">没有
        <input type="radio" name="q4" value="3">不知道
    </div>
    <br/>
    <div>
        5. 医生给你 3 个药丸，要你每 30 分钟吃 1 个，这些药丸多久后会被吃完？<br/>
        <input type="radio" name="q5" value="1">90 分钟
        <input type="radio" name="q5" value="2">60 分钟
        <input type="radio" name="q5" value="3">30 分钟
    </div>
    <br/>
    <input type="submit" value="提交" name="submit">
    </form>
<?php
    if(isset($_POST['submit']))
    {
        $q1=@$_POST['q1'];
        $q2=@$_POST['q2'];
        $q3=@$_POST['q3'];
        $q4=@$_POST['q4'];
        $q5=@$_POST['q5'];
        $i=0;
        if($q1=="1")
            $i++;
        if($q2=="3")
            $i++;
        if($q3=="2")
            $i++;
        if($q4=="1")
            $i++;
        if($q5=="2")
            $i++;
        $_SESSION['QA_points']=$i*20;                //使用 Session 将答题所得分数传到其他页面
        echo "<script>alert('您一共答对".$i."道题，得到".($i*20)."分');";
```

```
            echo "if(confirm('返回继续答题？'))";
            echo "window.location='QA.php';";
            echo "else ";
            //使用 GET 方法提交本页面的用户信息
            echo "window.location='main.php?username=$username&password=$password';"; echo "</script>";
        }
    }
    else
        echo "您尚未登录，无权访问本页";
    ?>
```

运行 login.php 文件，显示如图 7.7 所示的用户登录页面，输入用户名 user1、密码 123456，单击"登录"按钮，进入如图 7.8 所示的主页面。

图 7.7　用户登录页面　　　　　　　图 7.8　主页面

单击"开始答题"按钮，进入答题页面，如图 7.9 所示。

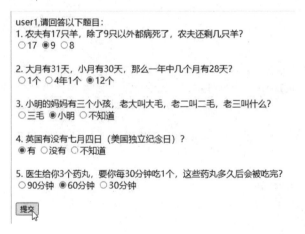

图 7.9　答题页面

在答题页面上进行答题，答完后单击"提交"按钮，系统会计算所得分数并显示，如图 7.10 所示。单击"确定"按钮后会弹出继续答题确认对话框，如图 7.11 所示。单击"确定"按钮则继续答题，单击"取消"按钮则返回主页面，在主页面中会有相应提示，如图 7.12 所示，用户还可以单击"继续答题"按钮开始新一轮答题。

图 7.10　计算得分　　　　　　　　图 7.11　继续答题确认对话框

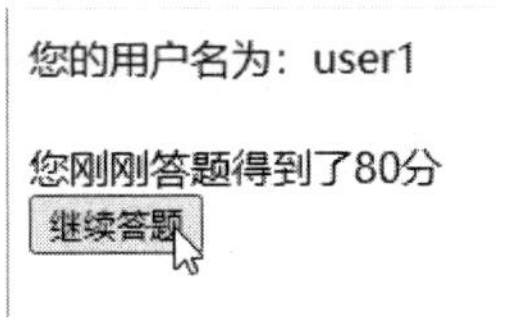

您的用户名为：user1

您刚刚答题得到了80分

继续答题

图 7.12　返回主页面

说明：一般用 PHP 制作 Web 页面时，经常要使用数据库来存储数据。由于本书至此尚未介绍数据库，所以本程序用文本文件存储数据。有关数据库的内容将在后面的章节中具体介绍。

# 习题 7

## 一、简答题

1．PHP 接收表单数据的常用方法有哪些？

2．常用的页面跳转方法有哪些？试各举一例。

3．简述会话的工作原理。

4．在 PHP 中实现会话的主要步骤有哪些？

5．如何定义和访问会话变量？

6．简述 Cookie 的工作原理。

7．在 PHP 中如何创建和访问 Cookie？

## 二、编程题

1．编写程序在 URL 中附加要提交的参数，使用$\_GET 变量获取参数的值。

2．制作一个登录表单，用户名要求为 20 位以下字符，密码为 6～20 位数字，使用 PHP 接收这个登录表单的数据并判断是否符合要求。

3．制作一个互动网页，要求使用 Session 在页面间传值。

# 第 *8* 章 数据库基础

每个企事业单位都需要对自己的数据进行处理，包括录入、修改、删除、查询、统计、汇总等，这时就需要使用数据库系统，而操作数据库正是 PHP 最基本和最主要的功能之一。

## 8.1 数据库系统和 SQL 语言

数据、数据库、数据库管理系统与操作数据库的应用程序，加上支撑它们的硬件平台、软件平台和与数据库有关的人员一起构成一个完整的数据库系统。数据库系统的构成如图 8.1 所示。

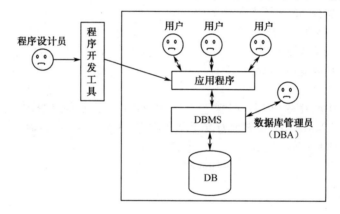

图 8.1 数据库系统的构成

### 1. DBMS

DBMS（DataBase Management System，数据库管理系统）是管理数据库的系统软件，它按一定的数据模型组织数据，采用的数据模型主要有层次模型、网状模型和关系模型。其中，关系模型以二维表格（关系表）的形式组织数据库中的数据，表达方式最为简洁、直观，插入、删除、修改操作方便，因此得到了广泛应用。RDBMS（Relational DataBase Management System，关系型数据库管理系统）就是建立在关系模型基础上的数据库，从当前国际 DBMS 排名中可看出，RDBMS 是 DBMS 的主流。目前，商品化的 DBMS 以关系型数据库为主导产品，技术比较成熟，其中使用最多的 RDBMS 分别是 MySQL、SQL Server 和 Oracle。

### 2. MySQL

MySQL 是目前最流行的开放源码的关系型数据库管理系统之一，常用于构建中小规模的数据库，市场上使用最多的版本为 MySQL 5.7 和 MySQL 8。

### 3. SQL

SQL（Structured Query Language，结构化查询语言）就是关系型数据库的查询语言，用于定义数据库及其对象、操作数据库对象数据和控制数据库操作的安全性等，所有厂商提供的数据库产品都支持 SQL 语言，但它们又各有其特点。1999 年，SQL 标准更新为 SQL 99 和 SQL 3。

# 8.2　数据库及其对象的创建

本章以 MySQL 为例，通过对一个数据库的创建和操作，介绍数据库的基础知识及综合应用，这也是后面 PHP 操作的实例数据库。

## 8.2.1　安装 MySQL

### 1. 安装 MySQL 服务器

MySQL 可以通过安装包方式或压缩包方式安装和配置。安装包和压缩包都可从 MySQL 官网（dev.mysql.com/downloads）免费下载。在安装 MySQL 之前，必须确保系统中已安装了最新的 Microsoft .NET Framework。安装步骤请参考有关文档。

### 2. 启动 MySQL 服务

安装后，打开"Windows 任务管理器"，在"进程"页中可以看到 MySQL 进程 mysqld.exe，在"服务"页中可以看到对应的 MySQL 服务已经启动了。

用户可以通过 Windows 命令行连接 MySQL 实例，在 mysql>下执行 SQL 语句。

### 3. 图形化界面工具

Navicat 是 MySQL 的图形化界面工具，目前流行 Navicat for MySQL 和 Navicat Premium 两个系列，可以从本地或远程创建到 MySQL 服务器的连接，且操作完全在可视化图形方式下进行，简便直观。Navicat for MySQL 专用于管理 MySQL；而 Navicat Premium 则是一套功能强大的数据库管理和开发工具，可从单一应用程序中同时连接 MySQL、SQL Server、Oracle 和 PostgreSQL 等各种类型的 DBMS，并且它还与云数据库兼容，用户可以用它快速轻松地创建、管理和维护不同种类的异构数据库。

读者可在 Navicat 界面中先创建与 MySQL 的连接，然后通过该连接操作 MySQL 数据库。

在 Navicat 界面的查询编辑窗口中输入 SQL 语句执行，执行后在界面下方查看结果或者根据需要通过界面修改数据。

## 8.2.2　创建数据库

数据库名称：pxscj。

字符集和相应的排序规则：utf8、utf8_general_ci。

SQL 语句如下：

```
CREATE DATABASE pxscj
    DEFAULT CHARACTER SET utf8
    DEFAULT COLLATE utf8_general_ci;
```

或者在 Navicat 中以界面方式创建 pxscj 数据库，"新建数据库"窗口如图 8.2 所示。

图 8.2　"新建数据库"窗口

## 8.2.3　创建表

本书将用到三个基本表：学生表、课程表和成绩表。

### 1. 学生表：xs 表

学生表（xs 表）结构如表 8.1 所示。

表 8.1　学生表（xs 表）结构

| 项 目 名 | 列 名 | 数 据 类 型 | 不 可 空 | 说 明 |
|---|---|---|---|---|
| 姓名 | xm | char(4) | ✓ | 主键 |
| 性别 | xb | tinyint | ✓ | 1 男 0 女 |
| 出生时间 | cssj | date | ✓ | |
| 总学分 | zxf | int | | 由成绩表（cj 表）触发器同步更新 |
| 备注 | bz | text | | |
| 照片 | zp | blob | | |

SQL 语句如下：

```
USE pxscj;
DROP TABLE IF EXISTS xs;                                        # （a）
CREATE TABLE xs
(
    xm    char(4)     NOT NULL PRIMARY KEY,                     # （b）
    xb    tinyint(1)  NOT NULL DEFAULT 1 CHECK(xb IN(1,0)),     # （c）
    cssj  date        NOT NULL,
    zxf   int(2)      NULL,
    bz    text        NULL,
    zp    blob        NULL
);
```

说明：

（a）为了防止原来 xs 表已经存在，若 xs 表存在先删除它，CREATE TABLE xs 才能执行。

（b）xm 列不能为空，设置为主键。

（c）xb 列默认值为 1（男），列数据完整性设置为只能输入 1 或者 0 值。

### 2. 课程表：kc 表

课程表（kc 表）结构如表 8.2 所示。

表 8.2　课程表（kc 表）结构

| 项 目 名 | 列 名 | 数 据 类 型 | 不 可 空 | 说 明 |
|---|---|---|---|---|
| 课程名 | kcm | varchar(10) | ✓ | 主键 |
| 学分 | xf | tinyint | ✓ | 范围：1~6 |
| 考试人数 | krs | int | | |
| 平均成绩 | pjcj | float(5.2) | | |

SQL 语句如下：

```
DROP TABLE IF EXISTS kc;
CREATE TABLE kc
(
    kcm          varchar(10)       NOT NULL PRIMARY KEY,
```

| | | |
|---|---|---|
| xf | tinyint(1) | NOT NULL CHECK(xf > 0 AND xf <= 6), |
| krs | int(2) | NULL, |
| pjcj | float(5.2) | NULL |

);

说明：因为课程名（kcm）列实际内容存储长度差别较大，所以选择 varchar(10)。

### 3. 成绩表：cj 表

成绩表（cj 表）结构如表 8.3 所示。

**表 8.3　成绩表（cj 表）结构**

| 项 目 名 | 列　　名 | 数 据 类 型 | 不 可 空 | 说　　明 |
|---|---|---|---|---|
| 姓名 | xm | char(4) | ✓ | 主键 |
| 课程名 | kcm | varchar(10) | ✓ | 主键 |
| 成绩 | cj | tinyint | | 范围：0~100 |

SQL 语句如下：

```
DROP TABLE IF EXISTS cj;
CREATE TABLE cj
(
    xm          char(4)         NOT NULL,
    kcm         varchar(10)     NOT NULL,
    cj          tinyint(1)      NULL,
    PRIMARY KEY(xm, kcm),                               # （a）
    CHECK(cj >= 0 AND cj <= 100)                        # （b）
);
```

说明：

（a）因为主键由（xm, kcm）列共同组成，所以只能在所有列定义后单独定义。

（b）仅涉及成绩列（cj 列）完整性也可以在所有列后单独定义。

## 8.2.4　创建表间记录完整性

记录完整性包括下列三个方面。

（1）在成绩表（cj 表）中插入一条记录，如果学生表（xs 表）中没有该姓名（xm）对应的记录，则不能插入。

（2）在成绩表（cj 表）中插入一条记录，如果课程表（kc 表）中没有该课程名（kcm）对应的记录，则不能插入。

因为成绩表（cj 表）已经创建，所以需要修改成绩表（cj 表）结构，添加完整性约束，SQL 语句如下：

```
USE pxscj;
ALTER TABLE cj
    ADD CONSTRAINT wzx_xm FOREIGN KEY(xm) REFERENCES xs(xm)
        ON UPDATE RESTRICT,
    ADD CONSTRAINT wzx_kcm FOREIGN KEY(kcm) REFERENCES kc(kcm)
        ON UPDATE RESTRICT
```

说明：

① 创建 cj 表与 xs 表和 kc 表记录完整性后，xs 表 xm 列和 kc 表 kcm 列的类型和长度不能修改，也不能删除表，否则需要先删除有关完整性约束。

② 因为学生表（xs 表）记录与成绩表（cj 表）记录之间存在关联，在学生表（xs 表）中删除指定姓名（xm）记录，同时也会删除成绩表（cj 表）中对应该姓名（xm）的所有记录。但实际应用开发

中不会创建这个完整性，而是判断成绩表（cj 表）中没有对应的学生记录时才能删。同理，要判断成绩表（cj 表）中没有对应的课程记录时，才能删除课程表（kc 表）中的记录。

## 8.2.5 创建触发器

在成绩表（cj 表）中创建下列三个触发器。

### 1. 在成绩表（cj 表）中插入触发器

在成绩表（cj 表）中插入一条记录，如果成绩大于等于 60，则在学生表（xs 表）中对应该学生记录的总学分（zxf）上加课程对应的学分数。

SQL 语句如下：

```
USE pxscj;
DELIMITER $$
DROP TRIGGER IF EXISTS cj_insert_zxf;
CREATE TRIGGER cj_insert_zxf AFTER INSERT
    ON cj FOR EACH ROW
BEGIN
    DECLARE vxf int DEFAULT 0;
    SELECT xf FROM kc WHERE NEW.kcm=kcm INTO vxf;                    # （a）
    UPDATE xs SET zxf=zxf+vxf WHERE NEW.xm=xm AND NEW.cj>=60;        # （b）
END$$
DELIMITER;
```

说明：

（a）查询插入成绩记录课程名（NEW.kcm）在课程表（kc 表）中对应该课程名（kcm）的学分，保存到 vxf 变量中。

（b）如果成绩大于等于 60 学分，对应学生总学分（zxf）加课程学分（vxf）。

### 2. 在成绩表（cj 表）中删除触发器

在成绩表（cj 表）中删除一条记录，如果原成绩大于等于 60，则在学生表（xs 表）中对应该学生记录的总学分（zxf）上减课程对应的学分数。

SQL 语句如下：

```
USE pxscj;
DELIMITER $$
DROP TRIGGER IF EXISTS cj_delete_zxf;
CREATE TRIGGER cj_delete_zxf AFTER DELETE
    ON cj FOR EACH ROW
BEGIN
    DECLARE vxf int DEFAULT 0;
    SELECT xf FROM kc WHERE kcm=OLD.kcm INTO vxf;
    UPDATE xs SET zxf=zxf-vxf WHERE xm=OLD.xm AND OLD.cj>=60;
END$$
DELIMITER;
```

### 3. 在成绩表（cj 表）中更新触发器

在成绩表（cj 表）中原成绩大于等于 60 修改后成绩小于 60，则学生表（xs 表）中对应该学生记录的总学分（zxf）减课程对应的学分数；如果原成绩小于 60 修改后成绩大于等于 60，对应该学生总学分（zxf）加课程对应的学分数。

```
USE pxscj;
DELIMITER $$
DROP TRIGGER IF EXISTS cj_update_zxf;
CREATE TRIGGER cj_update_zxf AFTER UPDATE
    ON cj FOR EACH ROW
```

```
BEGIN
    DECLARE vxf int DEFAULT 0;
    SELECT xf FROM kc WHERE kcm=OLD.kcm INTO vxf;
    IF (OLD.cj >= 60 AND NEW.cj < 60) THEN
        UPDATE xs SET zxf=zxf-vxf WHERE xm=OLD.xm;
    END IF;
    IF (OLD.cj < 60 AND NEW.cj >= 60) THEN
        UPDATE xs SET zxf=zxf+vxf WHERE xm=OLD.xm;
    END IF;
END$$
DELIMITER;
```

## 8.2.6　创建存储过程

在成绩表（cj 表）中按照课程名（kcm）统计考试人数（记录数）和平均成绩，保存到课程表（kc 表）对应课程的相应列中。

### 1. 存储过程的创建

SQL 语句如下：

```
USE pxscj;
DELIMITER $$
DROP PROCEDURE IF EXISTS cj_kAverage;
CREATE PROCEDURE cj_kAverage()
BEGIN
    DECLARE kcm1 varchar(10);                              # （a）
    DECLARE krs1 int(2);                                   # （a）
    DECLARE pjcj1 float(5.2);                              # （a）
    DECLARE myfound boolean DEFAULT true;                  # （c.1）
    DECLARE mykcj CURSOR
        FOR
        SELECT   kcm '课程名', count(kcm) AS '考试人数', avg(cj) AS '平均成绩'
            FROM cj
GROUP BY kcm
ORDER BY kcm;                                              # （b）
    DECLARE CONTINUE HANDLER FOR NOT FOUND
        SET myfound = false;                               # （c.2）
    OPEN mykcj;                                            # （c.3）
    mylabel:LOOP                                           # （d）
        FETCH   mykcj INTO kcm1, krs1, pjcj1;              # （c.4）
        IF NOT myfound THEN                                # （c.5）
            LEAVE mylabel;
        ELSE
            UPDATE kc SET krs=krs1, pjcj=pjcj1 WHERE kcm=kcm1;
        END IF;
    END LOOP mylabel;                                      # （d）
    CLOSE mykcj;                                           # （c.6）
END$$
DELIMITER;
```

说明：

（a）定义三个变量，分别用于临时保存课程名（kcm1）、考试人数（krs1）和平均成绩（pjcj1）。

（b）定义游标语句：

```
DECLARE mykcj CURSOR
FOR
```

```
SELECT   kcm '课程名', count(kcm) AS '考试人数', avg(cj) AS '平均成绩'
      FROM cj
      GROUP BY kcm
      ORDER BY kcm;
```

先按照课程名排序（ORDER BY kcm），相同课程排在一起；再按照课程名分组（GROUP BY kcm）；按照课程名统计（count(kcm)）改显示列名（AS '考试人数'）；按照课程名计算成绩的平均值并改显示列名（avg(cj) AS '平均成绩'）；查询输出课程名（kcm）、考试人数和平均成绩。

（c）与游标控制有关的语句。

（c.1）定义逻辑变量（myfound），初值为真（true）。

（c.2）根据定位游标结果，如果没有找到，则 myfound = false。

（c.3）打开游标。

（c.4）读取游标查询输出数据项（课程名、考试人数和平均成绩）对应到变量（kcm1, krs1, pjcj1）中。

（c.5）如果没有找到数据记录（NOT myfound），则退出循环语句（LEAVE）。否则更新（UPDATE）课程表（kc 表）对应课程名的考试人数（krs）和平均成绩（pjcj）列数据。

（c.6）关闭游标。

（d）循环开始和循环结束语句。

---

👀 **注意：**

　　由于存储过程是相对于数据库而不是某个表而言的，所以在存储过程创建后，在 pxscj 数据库的"函数"对象中就会出现 cj_kAverage 函数。

---

**2. 存储过程的执行**

存储过程定义后，通过下面语句执行：

```
CALL cj_kAverage( );
```

# ▽ 8.3　录入数据测试数据库对象关系

## 8.3.1　录入表记录

### 1. 插入学生表记录

（1）打开 pxscj 数据库：

```
USE pxscj;
```

（2）插入学生表样本记录：

```
INSERT INTO xs VALUES('周何骏', 1, '1998-09-25', 0, null, null);
INSERT INTO xs VALUES('徐鹤', DEFAULT, '1997-11-08', 0, null, null);
INSERT INTO xs VALUES('林雪', 0, '1997-10-19', 0, null, null);
INSERT INTO xs VALUES('王新平', 1, '1998-03-06', 0, null, null);
```

（3）修改学生表指定记录：

```
UPDATE xs SET bz='通信工程转入' WHERE xm='周何骏';
```

（4）查询学生表所有记录：

```
SELECT * FROM xs;
```

### 2. 插入课程表记录

```
INSERT INTO kc(kcm, xf) VALUES('计算机导论', 2), ('计算机网络', 4), ('Java', 5);
INSERT INTO kc(kcm, xf) VALUES('C++', 4);
INSERT INTO kc(kcm, xf) VALUES('大数据', 3);
```

说明：一个 INSERT 语句可以同时插入多条记录。

3. 插入成绩表记录

```
INSERT INTO cj(kcm, xm, cj) VALUES('Java', '周何骏', 70), ('Java', '徐鹤', 80), ('Java', '林雪', 50);    #（a）
INSERT INTO cj(kcm, xm, cj) VALUES('计算机导论', '周何骏', 82);
INSERT INTO cj(kcm, xm, cj) VALUES('计算机网络', '徐鹤', 85);
INSERT INTO cj(kcm, xm, cj) VALUES('C++', '周何骏', 82);
INSERT INTO cj(kcm, xm, cj) VALUES('计算机导论', '王新平', 65);
SELECT * FROM cj ORDER BY xm;                                                                       #（b）
```

说明：

（a）如果 VALUES 后面值的顺序与表结构定义列的前后顺序不同，则必须在表名后指定列的顺序（kcm, xm, cj）。

（b）因为查询按照 xm（姓名）列排序，所以同一个学生的成绩记录排在一起。

## 8.3.2 触发器功能测试

### 1. 插入触发器（cj_insert_zxf）

```
SELECT xm '姓名', zxf '总学分' FROM xs;
```

插入触发器累加学分如图 8.3 所示。

说明：在 cj 表插入记录前，xs 表的 zxf（总学分）都为 0，在 cj 表插入记录后，xs 表的 zxf（总学分）就会累加上所有成绩>=60 课程对应的学分。

### 2. 更新触发器（cj_update_zxf）

```
INSERT INTO cj(kcm, xm, cj) VALUES('大数据', '王新平', 50);
SELECT xm '姓名', zxf '总学分' FROM xs WHERE xm='王新平';
UPDATE cj SET cj=60 WHERE xm='王新平' AND kcm='大数据';
SELECT xm '姓名', zxf '总学分' FROM xs WHERE xm='王新平';
```

说明：将 cj 表中“王新平”的“大数据”课程成绩由 50 修改为 60，xs 表中“王新平”的 zxf 增加了 3（大数据课程学分）。

更新触发器修改学分如图 8.4 所示。

| 姓名 | 总学分 |
|---|---|
| 周何骏 | 11 |
| 徐鹤 | 9 |
| 林雪 | 0 |
| 王新平 | 2 |

图 8.3　插入触发器累加学分

信息　结果 1　结果 2　剖析　状态

| 姓名 | 总学分 |
|---|---|
| 王新平 | 2 |

信息　结果 1　结果 2　剖析　状态

| 姓名 | 总学分 |
|---|---|
| 王新平 | 5 |

图 8.4　更新触发器修改学分

### 3. 删除触发器（cj_delete_zxf）

```
DELETE FROM cj WHERE xm='王新平' AND kcm='大数据';
SELECT xm '姓名', zxf '总学分' FROM xs WHERE xm='王新平';
```

说明：在 cj 表中删除王新平的“大数据”课程成绩记录时，xs 表的 zxf（总学分）减去了 3。

## 8.3.3 表间记录完整性测试

（1）在 xs 表和 kc 表插入新记录时没有受到其他表记录的牵制，因为 xs 表、kc 表记录没有定义任何参照完整性。

（2）因 cj 表有与 xs 表和 kc 表记录更新（UPDATE）参照完整性（wzx_xm 和 wzx_kcm）约束，故下面两个 INSERT 语句不能执行成功：

```
INSERT INTO cj(kcm, xm, cj) VALUES('Java', '郭一方', 65);
INSERT INTO cj(kcm, xm, cj) VALUES('人工智能', '周何骏', 82);
```

说明：cj 表定义了与 xs 表和 kc 表记录参照完整性，由于 xs 表中没有"郭一方"记录，所以 kc 表中没有"人工智能"记录。

### 8.3.4 存储过程的功能测试

```
UPDATE kc SET krs=0, pjcj=0;
CALL cj_kAverage( );
SELECT * FROM kc;
```

说明：执行存储过程后显示课程表（kc 表）每门课的考试人数和平均成绩，如图 8.5 所示。

| kcm | xf | krs | pjcj |
| --- | --- | --- | --- |
| C++ | 4 | 1 | 82.00 |
| Java | 5 | 3 | 66.67 |
| 大数据 | 3 | 0 | 0.00 |
| 计算机导论 | 2 | 2 | 73.50 |
| 计算机网络 | 4 | 1 | 85.00 |

图 8.5 存储过程统计每门课的考试人数和平均成绩

# 习题 8

### 一、选择题

1. MySQL 是（    ）。

A. 数据库　　　　　B. DBA　　　　　　C. DBMS　　　　　　D. 数据库系统

2. MySQL 组织数据采用（    ）。

A. 层次模型　　　B. 网状模型　　　　C. 关系模型　　　　D. 数据模型

3. MySQL 普通用户通过（    ）操作数据库对象。

A. DBMS　　　　B. SQL　　　　　C. MySQL 的 SQL　　D. 应用程序

4. 以下（    ）不是 C/S 结构的数据库图形化界面工具。

A. Navicat for MySQL　　　B. Navicat Premium　　　C. phpMyAdmin

5. 下列说法中错误的是（    ）。

A. 数据库通过文件存放在计算机中　　B. 数据库中的数据具有一定的关系

C. 浏览器中的脚本可操作数据库　　　D. 浏览器中运行的文件存放在服务器中

### 二、简答题

1. 数据库系统由哪几部分构成？DBMS 在其中有怎样的地位？

2. 为什么选择 MySQL 作为 PHP 操作的实例数据库？它属于什么类型的 DBMS？简述使用 MySQL 的优势。

3. 根据本章创建的三个基本表：学生表（xs 表）、课程表（kc 表）和成绩表（cj 表），结合官方文档简述 MySQL 常用的数据类型及使用注意事项。

4. INSERT INTO 语句有哪几种书写形式？试采用不同形式的语句向 MySQL 中录入记录，并简述每种形式语句的适用场合。

### 三、操作题

1. 参考 MySQL 相关的书，了解 SELECT 语句及其 FROM、WHERE、GROUP BY、ORDER BY 等子句的作用。将学生表（xs 表）的记录先按出生年份分组，再将每组内的学生以出生时间（cssj）先后排序。

2．先在课程表（kc 表）中添加一门新课程，然后在成绩表（cj 表）中录入该课程的一些成绩记录（包括及格与不及格的），查看学生表（xs 表）总学分（zxf）列值的变化情况，以验证成绩表插入触发器是否起作用。

3．定义一个触发器，先在删除课程表（kc 表）中的一行记录的同时删除成绩表（cj 表）的相应记录；然后删除在题 2 中新添加的课程记录，查看成绩表的对应记录是否也删了及学生表的总学分是否变化；最后删除这个触发器。

4．参考 MySQL 相关的书深入学习存储过程的知识。创建一个存储过程，指定课程名（输入参数）执行后返回该课程的平均成绩（输出参数），并测试该存储过程。

# 第 *9* 章 使用 PHP 扩展函数库操作数据库

在实际应用中，无论是网站建设还是设计信息管理系统，都要将 PHP 与数据库相结合才能实现业务功能。PHP 支持绝大多数数据库，如 MySQL、SQL Server、Oracle、Access、DB 2 等。目前，PHP操作数据库有两种基本方式：一是使用扩展函数库，二是使用 PDO 通用接口。这两种方式各有特点，本章介绍第一种方式，第 10 章介绍第二种方式。

## 9.1  基本原理

为了能操作不同类型的数据库，PHP 针对每种 DBMS 都提供了其扩展函数库。有的扩展函数库是PHP 系统原生的，如 MySQL 的 Mysqli 库，在 PHP 的配置文件（php.ini）中打开就能用；而有的扩展函数库则由相应 DBMS 的厂商（第三方）开发，如 SQL Server、Oracle 等，需要安装驱动后才能使用。

### 9.1.1  使用扩展函数库操作数据库的流程

使用扩展函数库操作数据库，必须先让 PHP 程序先连接到数据库服务器，再选择一个数据库作为默认数据库，然后才能向 DBMS 发送 SQL 语句，其基本流程如图 9.1 所示。

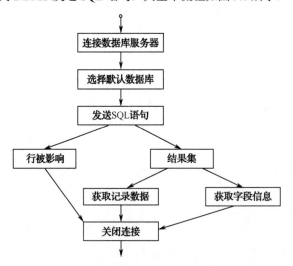

图 9.1  使用扩展函数库操作数据库的基本流程

如果发送的是类似 INSERT、UPDATE 或 DELETE 等的 SQL 语句，则执行后会对数据表的记录有影响，DBMS 返回受影响的行数表明执行成功；如果发送的是类似 SELECT 的 SQL 语句，DBMS会返回结果集，还需要 PHP 程序对结果集做进一步处理。处理结果集又分为获取记录数据和获取列信息两种操作（都可调用相应的扩展函数实现），而在多数情况下只需要获取记录数据。最后，脚本执行结束还需要关闭本次连接。

## 9.1.2　各种 DBMS 的扩展函数

PHP 为很多 DBMS 都提供了完备的扩展函数库，虽然各个库的函数不一样，但在构成上有着很多相似之处，尤其是用于操作数据库的主要函数，在名称和功能上存在着对应关系。PHP 操作各种 DBMS 的函数名称对比如表 9.1 所示。

表 9.1　PHP 操作各种 DBMS 的函数名称对比

| 函 数 功 能 | MySQL 函数 | SQL Server 函数 | Oracle 函数 |
|---|---|---|---|
| 连接数据库服务器 | mysqli_connect | sqlsrv_connect | oci_connect |
| 执行 SQL 语句 | mysqli_query | sqlsrv_query | oci_parse |
| 返回操作所影响的行数 | mysqli_affected_rows | sqlsrv_rows_affected | oci_num_rows |
| 获取查询结果集 | mysqli_fetch_array | sqlsrv_fetch_array | oci_fetch_array |

可见，PHP 针对不同 DBMS 的操作函数只是名称上的差异，在作用上是基本等同的。认识到这一点有助于读者举一反三地迅速掌握各类数据库的 PHP 操作。

由于 PHP 与 MySQL 的关系最为密切，下面先用 MySQL 作为示例，以上一章所创建的数据库为基础来演示扩展函数库操作数据库的编程。

# 9.2　操作 MySQL 数据库

操作 MySQL 数据库使用的是 PHP 原生的扩展函数库——Mysqli 库，首先需要在 PHP 的配置文件（php.ini）中打开其功能，如下：

```
extension=mysqli
```

## 9.2.1　连接数据库服务器

在 Mysqli 库中，用于连接 MySQL 服务器的函数是 mysqli_connect()，语法格式如下：

```
resource mysqli_connect(string $server, string $username, string $password)
```

说明：$server 指定 MySQL 服务器的域名，如 "127.0.0.1"、"localhost" 和 "php.com" 等，$server 中还可以包含端口号，如"localhost:3306"（MySQL 的默认端口为 3306，默认值为"localhost:3306"）；$username 指定连接的数据库用户名；$password 指定该用户名的密码，默认值为空。

【例 9.1】 测试能否连接 MySQL 数据库服务器。

新建 conn.php 文件，输入以下代码：

```php
<?php
    $conn = mysqli_connect('localhost', 'root', '123456');
    if($conn)
        echo "连接成功";
    else
        echo "连接失败";
?>
```

运行该文件，如果输出"连接成功"，则表示 PHP 能够正确连接 MySQL 数据库服务器；如果输出"连接失败"，则应确认服务器名、用户名和密码是否正确，并检查 MySQL 服务是否已经启动。

## 9.2.2　选择默认数据库

连接到服务器后，可以选择需要使用的数据库，使用 mysqli_select_db()函数，语法格式如下：

```
bool mysqli_select_db(resource $link_identifier, string $database_name)
```

说明：$link_identifier 为一个连接标识符，使用之前已经打开的连接。$database_name 参数为要选择的数据库名。若本函数运行成功则返回 TRUE，否则返回 FALSE。例如：

```php
<?php
    $link = mysqli_connect('localhost', 'root', '123456')
    or die('数据库服务器连接失败：'.mysqli_error($link));
    if(mysqli_select_db($link, "pxscj"))
    echo '选择数据库成功';
?>
```

说明：die()函数用于在操作失败时给出提示信息，mysqli_error()函数的作用是获取在数据库操作过程中的错误信息。

## 9.2.3 执行 SQL 语句

通常使用 mysqli_query()函数执行 MySQL 的 SQL 语句，语法格式如下：

```
resource mysqli_query (resource $link_identifier, string $query)
```

说明：$link_identifier 参数指定一个已经打开的连接标识符，如果没有指定则默认为上一个打开的连接。$query 参数为要执行的 SQL 语句，语句后面不需要加分号。本函数执行成功后将返回一个资源变量来存储 SQL 语句的执行结果。在执行 SQL 语句前，需要打开一个连接并选择相关的数据库。例如：

```php
<?php
    $conn = mysqli_connect('localhost', 'root', '123456') or die('连接失败');
    mysqli_select_db($conn, "pxscj") or die('选择数据库错误');
    $sql = "SELECT * FROM xs";
    $result = mysqli_query($conn, $sql);
    if($result)
        echo "SQL 语句执行成功！";
?>
```

除 SELECT 语句外，mysqli_query()函数还可以执行其他各种 SQL 语句。例如，下面的代码执行了一条 INSERT 语句：

```php
<?php
    $conn = mysqli_connect('localhost', 'root', '123456') or die('连接失败');
    mysqli_select_db($conn, "pxscj") or die('选择数据库错误');
    $sql = "INSERT INTO xs VALUES('王林', 1, '1998-02-10', 0, null, null)";
    $result = mysqli_query($conn, $sql) or die('数据插入失败：'.mysqli_error($conn));
?>
```

执行完以上代码后，打开 MySQL 客户端，使用 SELECT 语句查询 xs 表中的数据情况，可以看到，INSERT 语句中的一行记录已经插入 xs 表中。

## 9.2.4 处理结果集

在执行 SQL 语句后，有各种方式处理从数据库返回的结果。例如，执行 SELECT 语句后返回的是一个资源变量，其中包含了 SELECT 语句的结果集，需要使用特殊的函数从该资源变量中取得查询到的数据。

### 1. mysqli_fetch_row()函数

使用 mysqli_fetch_row()函数可以从返回的结果集中逐行获取记录，语法格式如下：

```
array mysqli_fetch_row(resource $result)
```

说明：参数$result 指定返回结果集的资源变量名，该函数从指定的结果集中取得一行数据并作为数组返回。每个结果的列存储在一个数组的单元中，数组的键名默认为以数字顺序分配，偏移量从 0 开始。依次调用 mysqli_fetch_row()函数将返回结果集中的下一行，如果没有更多行则返回 FALSE。例如：

```php
<?php
    $conn = mysqli_connect('localhost', 'root', '123456') or die('连接失败');
    mysqli_select_db($conn, "pxscj") or die('选择数据库错误');
    $sql = "SELECT * FROM xs WHERE xm='王林'";
    $result = mysqli_query($conn, $sql);
    if($row = mysqli_fetch_row($result))
        print_r($row);
    //输出：Array ( [0] => 王林 [1] => 1 [2] => 1998-02-10 [3] => 0 [4] => [5] => )
?>
```

如果结果集中返回的是多行记录，则可以使用循环的方式来依次获取记录。

【例 9.2】 获取学生表（xs 表）中男同学的总学分信息。

新建 zxf.php 文件，输入以下代码：

```php
<?php
    $conn = mysqli_connect('localhost', 'root', '123456') or die('连接失败');
    mysqli_select_db($conn, "pxscj") or die('选择数据库错误');
    $sql = "SELECT * FROM xs WHERE xb=1";
    $result = mysqli_query($conn, $sql);
    echo "<table border=1>";
    echo "<tr><td>姓名</td><td>总学分</td></tr>";
    while($row = mysqli_fetch_row($result))
    {
        list($xm, $xb, $cssj, $zxf, $bz, $zp) = $row;
        echo "<tr><td>$xm</td><td>$zxf</td></tr>";
    }
    echo "</table>";
?>
```

运行结果如图 9.2 所示。

| 姓名 | 总学分 |
|---|---|
| 周何骏 | 11 |
| 徐鹤 | 9 |
| 王新平 | 2 |
| 王林 | 0 |

图 9.2 查看男同学的总学分信息

### 2. mysqli_fetch_assoc()函数

mysqli_fetch_assoc()函数的作用也是获取结果集中的一行记录并保存到数组中，数组的键名为相应的列名。语法格式如下：

```
array mysqli_fetch_assoc(resource $result)
```

如果结果集中的两个或两个以上的列具有相同列名，则最后一列将优先被访问。要访问同名的其他列，必须用该列的数字索引或给该列起个别名。对有别名的列，不能再用原来的列名访问其内容。例如：

```php
<?php
    $conn = mysqli_connect('localhost', 'root', '123456');
    mysqli_select_db($conn, "pxscj");
    $sql = "SELECT xm As Name, cssj FROM xs WHERE xm='周何骏'";
    $result = mysqli_query($conn, $sql);
```

```php
$row = mysqli_fetch_assoc($result);
echo $row['Name']. "<br/>";                              //输出"周何骏"，这里输出项不能写$row['xm']
echo $row['cssj']. "<br/>";                              //输出"1998-09-25"
?>
```

### 3. mysqli_fetch_array()函数

mysqli_fetch_array()函数是 mysqli_fetch_row()函数的扩展。除将数据以数字作为键名存储在数组中外，还使用列名作为键名存储。语法格式如下：

```
array mysqli_fetch_array(resource $result[, int $result_type])
```

说明：可选的$result_type 参数是一个常量，可以是以下值：MYSQL_NUM、MYSQL_ASSOC 和 MYSQL_BOTH。用 MYSQL_NUM 将得到数字作为键名的数组（功能与 mysqli_fetch_row()函数相同）；用 MYSQL_ASSOC 将得到列名作为键名的数组（功能与 mysqli_fetch_assoc()函数相同）；用 MYSQL_BOTH 将得到一个同时包含数字和列名作为键名的数组，默认值为 MYSQL_BOTH。例如：

```php
<?php
$conn = mysqli_connect('localhost', 'root', '123456');
mysqli_select_db($conn, "pxscj");
$sql = "SELECT xm, xb, cssj FROM xs WHERE xm='周何骏'";
$result = mysqli_query($conn, $sql);
$row = mysqli_fetch_array($result);
print_r($row);
//输出：Array ( [0] => 周何骏 [xm] => 周何骏 [1] => 1 [xb] => 1 [2] => 1998-09-25 [cssj] => 1998-09-25 )
?>
```

在返回结果集中记录较多的情况下，可以编写 PHP 脚本将记录分页显示。

【例 9.3】 将成绩表（cj 表）中的记录分页显示。

新建 cj.php 文件，输入以下代码：

```php
<html>
<head>
<title>学生成绩查询</title>
</head>
<body bgcolor="D9DFAA">
<?php
$conn = mysqli_connect("localhost", "root", "123456") or die('连接失败');     //连接数据库服务器
mysqli_select_db($conn, "pxscj") or die('选择数据库错误');                    //选择默认数据库
$sql = "SELECT * FROM cj";
$result = mysqli_query($conn, $sql);
$total = mysqli_num_rows($result);
$page = isset($_GET['page'])?$_GET['page']:1;                   //获取地址栏中 page 的值，若不存在则设为 1
$num = 3;                                                        //每页显示 3 条记录
$url = 'cj.php';                                                 //本页的 URL
//页码计算
$pagenum = ceil($total/$num);                                   //获得总页数，也是最后一页
$page = min($pagenum, $page);                                   //获得首页
$prepg = $page - 1;                                             //上  页
$nextpg = ($page == $pagenum ? 0 : $page+1);                    //下一页
$new_sql=$sql." LIMIT ".($page-1) * $num.",".$num;              //查找$num 条记录的查询语句
$new_result = mysqli_query($conn, $new_sql);
if($new_row = mysqli_fetch_array($new_result))
{
    //若有查询结果，则以表格形式输出成绩信息
```

```
            echo "<br><center><font size=5 face=楷体_GB2312 color=#0000FF>
                成绩信息查询结果</font></center>";
        echo "<table width=500 border=1 align=center cellpadding=0 cellspacing=0>";
        echo "<tr bgcolor=#CCCCCC align=center><td>姓名</td>";
        echo "<td>课程名</td>";
        echo "<td>成绩</td></tr>";
        do
        {
            list($name, $course, $score) = $new_row;
                echo "<tr><td align=center>$name</td>";        //输出姓名
                echo "<td>$course</td>";                       //输出课程名
                echo "<td align=center>$score</td>";           //输出成绩
                echo "</tr>";
        } while($new_row = mysqli_fetch_array($new_result));
        echo "</table>";
        //实现分页导航的代码
        $pagenav = "";
        if($prepg)
            $pagenav.="<a href='$url?page=$prepg'>上一页</a> ";
        for($i = 1; $i <= $pagenum; $i++)
        {
            if($page == $i) $pagenav.=$i." ";
            else
                $pagenav.=" <a href='$url?page=$i'>$i</a> ";
        }
        if($nextpg)
            $pagenav.=" <a href='$url?page=$nextpg'>下一页</a>";
        $pagenav.="共(".$pagenum.")页";
        //输出分页导航
        echo "<br/><div align=center><b>".$pagenav."</b></div>";
    }
    else
        echo "<script>alert('无记录!');location.href='$url';</script>";
?>
</body>
</html>
```

运行结果如图 9.3 所示。

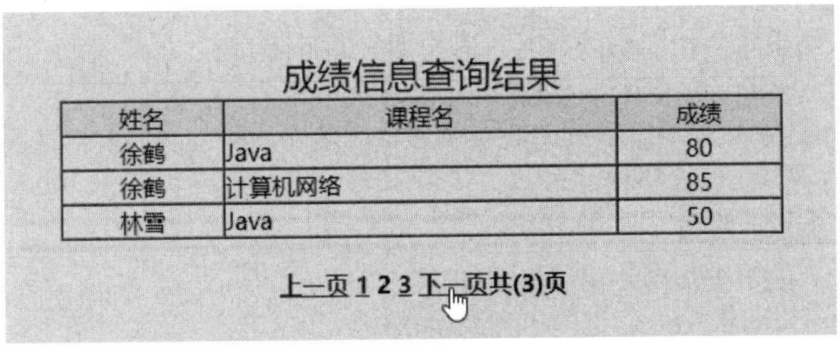

图 9.3　分页显示成绩信息

### 4. mysqli_fetch_object()函数

使用 mysqli_fetch_object()函数将从结果集中取出一行数据并保存为对象，使用列名可访问对象的属性。语法格式如下：

```
object mysqli_fetch_object(resource $result)
```
例如：
```php
<?php
    $conn = mysqli_connect('localhost', 'root', '123456');
    mysqli_select_db($conn, "pxscj");
    $sql = "SELECT * FROM xs WHERE xm='周何骏'";
    $result = mysqli_query($conn, $sql);
    $row = mysqli_fetch_object($result);
    echo "姓名: $row->xm<br/>";                //输出"姓名：周何骏"
    echo "出生时间: $row->cssj<br/>";           //输出"出生时间：1998-09-25"
?>
```

## 9.2.5  关闭连接

当不再需要一个已打开的连接时，可以使用 mysqli_close()函数将其关闭，语法格式如下：
```
bool mysqli_close(resource $link_identifier)
```
说明：参数$link_identifier 为指定的连接标识符。通常，在编程中可以不使用 mysqli_close()函数，因为已打开的连接会在脚本执行完毕后自动关闭。

## 9.2.6  其他 MySQL 扩展函数

### 1.  mysqli_num_rows()函数
本函数用于获取结果集中行的数目，语法格式如下：
```
int mysqli_num_rows(resource $result)
```

### 2.  mysqli_num_fields()函数
本函数用于获取结果集中列的数目，语法格式如下：
```
int mysqli_num_fields(resource $result)
```

### 3.  mysqli_affected_rows()函数
本函数用于获取 MySQL 最后执行的 INSERT、UPDATE 或 DELETE 语句所影响的行数，语法格式如下：
```
int mysqli_affected_rows(resource $link_identifier)
```
其中，$link_identifier 参数为已经建立的数据库连接标识符。若本函数执行成功则返回受影响的行的数目，否则返回-1。若最近一次执行的是没有 WHERE 子句的 DELETE 语句，则表中所有记录都被删除，在 PHP 4.1.2 之前，本函数将返回 0。注意，本函数只对改变 MySQL 数据库中记录的操作起作用，而对于 SELECT 语句则不会得到预期的行数。

### 4.  mysqli_field_name()函数
本函数用于获取结果集中指定列的列名，语法格式如下：
```
string mysqli_field_name(resource $result, int $field_index)
```
其中，$filed_index 参数为要获取列的数字偏移量，从 0 开始。例如，第三个列的索引值其实是 2，第四个列的索引值是 3，以此类推。

### 5.  mysqli_field_type()函数
本函数返回指定列的数据类型，语法格式如下：
```
string mysqli_field_type(resource $result, int $field_offset)
```
$field_offset 参数用于指定列所在的位置。

### 6.  mysqli_field_len()函数
本函数用于返回指定列的长度，语法格式如下：
```
int mysqli_field_len(resource $result, int $field_offset)
```
参数格式与 mysqli_field_type()函数类似。

---

### 7. mysqli_free_result()函数

本函数将释放所有与结果集标识符$result 所关联的内存。由于在脚本结束后所有关联的内存都会被自动释放，所以仅在考虑到返回很大的结果集会占用很多内存时才调用本函数。语法格式如下：

```
bool mysqli_free_result(resource $result)
```

### 8. mysqli_create_db()函数

本函数用于创建一个新的 MySQL 数据库，语法格式如下：

```
bool mysqli_create_db(string $database_name, resource $link_identifier)
```

$database_name 参数指定要创建的数据库名。

### 9. mysqli_drop_db()函数

本函数用于删除一个已经存在的 MySQL 数据库，语法格式如下：

```
bool mysqli_drop_db(string $database_name, resource $link_identifier)
```

### 10. mysqli_data_seek()函数

本函数用于将结果集中的内部指针移动到指定的行号，语法格式如下：

```
bool mysqli_data_seek(resource $result, int $row_number)
```

$row_number 参数用于指定要移动到的行号，例如，为 2 表示移动到第二行。

Mysqli 库中还有很多扩展函数，这里不再一一列出，可以参考 PHP 官方文档。

## 9.2.7 实例——操作课程表

【例 9.4】 使用 PHP 扩展函数库操作 MySQL 中的 pxscj 数据库，实现对课程信息的查询、添加、删除、修改的功能。在执行删除操作前要先判断成绩表（cj 表）中没有对应课程的成绩记录才能进行删除。

新建 kcupd.php 文件，输入以下代码：

```html
<html>
<meta http-equiv="Content-Type" content="text/html; charset=gb2312"/>
<head>
    <title>课程信息更新</title>
    <style type="text/css">
    .STYLE1 {font-size: 15px; font-family: "幼圆";}
    div{
        text-align:center;
        font-family:"幼圆";
        font-size:24px;
        font-weight:bold;
        color:"#008000";
    }
    table{
        width:300px;
    }
    </style>
</head>
<body>
<div>课程表操作</div>
<form name="frm1" method="post">
    <table align="center">
        <tr>
            <td width="120"><span class="STYLE1">根据课程名查询：</span></td>
            <td>
                <input name="kcm" id="kcm" type="text" size="10">
```

```
                    <input type="submit" name="search" class="STYLE1" value="查找">
                </td>
            </tr>
        </table>
    </form>
    <?php
        $conn = mysqli_connect("localhost", "root", "123456") or die('连接失败'); //连接数据库服务器
        mysqli_select_db($conn, "pxscj") or die('选择数据库错误');                //选择默认数据库
        $kcm = @$_POST['kcm'];                                              //获取课程名
        $sql = "SELECT * FROM kc WHERE kcm='$kcm'";                          //查找课程信息
        $result = mysqli_query($conn, $sql);
        $row = @mysqli_fetch_array($result);                                //取得查询结果
        if(($kcm !== NULL) && (!$row))                                      //判断课程是否存在
            echo "<script>alert('没有该课程信息！')</script>";
    ?>
    <form name="frm2" method="post">
        <table bgcolor="#CCCCCC" border="1" align="center" cellpadding="0" cellspacing="0">
            <tr>
                <td bgcolor="#CCCCCC" width="90"><span class="STYLE1">课程名： </span></td>
                <td>
                    <input name="KCName" type="text" class="STYLE1" value="<?php echo $row['kcm'];    ?>">
                    <input name="h_KCName" type="hidden" value="<?php echo $row['kcm'];?>">
                </td>
            </tr>
            <tr>
                <td bgcolor="#CCCCCC"><span class="STYLE1">学分： </span></td>
                <td><input name="KCCredit" type="text" class="STYLE1" value="<?php echo $row['xf']; ?>">
</td>
            </tr>
            <tr>
                <td bgcolor="#CCCCCC"><span class="STYLE1">考试人数： </span></td>
                <td><input name="KCCandidate" type="text" class="STYLE1" value="<?php echo $row['krs']; ?>"
disabled="true"></td>
            </tr>
            <tr>
                <td bgcolor="#CCCCCC"><span class="STYLE1">平均成绩： </span></td>
                <td><input name="KCAverage" type="text" class="STYLE1" value="<?php echo $row['pjcj']; ?>"
disabled="true"></td>
            </tr>
            <tr>
                <td align="center" colspan="2" bgcolor="#CCCCCC">
                    <input name="b" type="submit" value="修改" class="STYLE1"> 
                    <input name="b" type="submit" value="添加" class="STYLE1"/> 
                    <input name="b" type="submit" value="删除" class="STYLE1"> 
                </td>
            </tr>
        </table>
    </form>
    </body>
    </html>
    <?php
        $KCM = @$_POST['KCName'];                                //课程名
```

```php
$h_KCM = @$_POST['h_KCName'];                          //表单中原有的隐藏文本中的课程名
$XF = @$_POST['KCCredit'];                             //学分
//简单的验证函数，验证表单数据的合法性
function test($KCM, $XF)
{
    if(!$KCM)                                          //判断课程名是否为空
        echo "<script>alert('课程名不能为空！');location.href='kcupd.php';</script>";
    elseif(!is_numeric($XF))                           //判断学分是否为数字
        echo "<script>alert('学分必须为数字！');location.href='kcupd.php';</script>";
}
//单击"修改"按钮
if(@$_POST["b"] == '修改')
{
    test($KCM, $XF);                                   //检查输入信息合法性
    if($KCM != $h_KCM)                                 //判断用户是否修改了原来的课程名
        echo "<script>alert('课程名与原数据有异，无法修改！');</script>";
    else
    {
        $update_sql = "UPDATE kc SET xf=$XF WHERE kcm='$KCM'";
        $update_result = mysqli_query($conn, $update_sql);
        if(mysqli_affected_rows($conn) != 0)
            echo "<script>alert('修改成功！');</script>";
        else
            echo "<script>alert('信息未修改！');</script>";
    }
}
//单击"添加"按钮
if(@$_POST["b"] == '添加')
{
    test($KCM, $XF);
    $s_sql = "SELECT kcm FROM kc WHERE kcm='$KCM'";
    $s_result = mysqli_query($conn, $s_sql);
    $s_row = mysqli_fetch_array($s_result);
    if($s_row)                                         //若要添加的课程已存在则提示
        echo "<script>alert('课程已存在，无法添加！');</script>";
    else
    {
        $insert_sql = "INSERT INTO kc(kcm, xf) VALUES('$KCM', $XF)";
        $insert_result = mysqli_query($conn, $insert_sql) or die('添加失败！');
        if(mysqli_affected_rows($conn) != 0)
            echo "<script>alert('添加成功！');</script>";
    }
}
//单击"删除"按钮
if(@$_POST["b"] == '删除')
{
    if(!$KCM)
    {
        echo "<script>alert('请输入要删除的课程名！');</script>";
    }
    else
    {
```

```
$d_sql = "SELECT kcm FROM kc WHERE kcm='$KCM'";
$d_result = mysqli_query($conn, $d_sql);
$d_row = mysqli_fetch_array($d_result);
if(!$d_row)                                          //若要删除的课程不存在则提示
    echo "<script>alert('此课程不存在！');</script>";
else
{
    $s_sql = "SELECT kcm FROM cj WHERE kcm='$KCM'";
    $s_result = mysqli_query($conn, $s_sql);
    $s_row = mysqli_fetch_array($s_result);
    if($s_row)                                       //若要删除的课程有成绩记录则提示
        echo "<script>alert('此课程有选课记录，不能删！');</script>";
    else
    {
        $delete_sql = "DELETE FROM kc WHERE kcm='$KCM'";
        $delete_result = mysqli_query($conn, $delete_sql) or die('删除失败！');
        if(mysqli_affected_rows($conn) != 0)
            echo "<script>alert('删除课程 ".$KCM." 成功！');</script>";
    }
}
}
}
?>
```

课程表操作的运行结果如图 9.4 所示。在第一个文本框中输入课程名，单击【查找】按钮，如果课程表（kc 表）中有这个课程，则下方的表格中会显示各列的内容。在文本框中修改该课程的信息后单击【修改】按钮可对该课程进行修改，单击【添加】按钮可以添加新的课程，单击【删除】按钮可以删除某门课程。

图 9.4　课程表操作的运行结果

# 9.3　操作其他数据库

除了 MySQL，使用 PHP 扩展函数库同样也能操作其数据库。下面介绍以扩展函数库的方式操作当今两大主流的数据库系统（微软 SQL Server 和甲骨文 Oracle）的方法，为便于读者对照学习，所举例子演示的都是与【例 9.4】完全一样的操作课程表功能。

## 9.3.1　操作 SQL Server

【例 9.5】　使用 PHP 扩展函数库操作 SQL Server 中的 pxscj 数据库，实现对课程信息的查询、添加、删除、修改的功能。

**1. 建立数据库及表**

安装 SQL Server 2016，过程从略（可参考 SQL Server 相关的书），使用 SQL Server Management Studio 工具创建 pxscj 数据库，用户名为 sa，密码为 123456，在其中创建课程表（kc 表）和成绩表（cj 表）并录入表记录。

1）创建数据库

创建学生成绩管理数据库，包含两个基本表：课程表和成绩表。

数据库名称：pxscj。

SQL 语句如下：

```
CREATE DATABASE pxscj;
```

2）创建课程表（kc 表）

课程表（kc 表）结构如表 9.2 所示。

表 9.2　课程表（kc 表）结构

| 项 目 名 | 列 名 | 数据类型 | 不 可 空 | 说 明 |
|---|---|---|---|---|
| 课程名 | kcm | varchar(10) | ✓ | 主键 |
| 学分 | xf | tinyint | ✓ | 范围：1~6 |
| 考试人数 | krs | int | | |
| 平均成绩 | pjcj | float | | |

SQL 语句如下：

```
DROP TABLE IF EXISTS kc;
CREATE TABLE kc
(
    kcm     varchar(10)     NOT NULL PRIMARY KEY,
    xf      tinyint         NOT NULL CHECK(xf>0 AND xf<=6),
    krs     int             NULL,
    pjcj    float           NULL
);
```

说明：因为课程名（kcm）列实际内容存储长度差别较大，所以选择 varchar(10)。

3）创建成绩表（cj 表）

成绩表（cj 表）结构如表 9.3 所示。

表 9.3　成绩表（cj 表）结构

| 项 目 名 | 列 名 | 数据类型 | 不 可 空 | 说 明 |
|---|---|---|---|---|
| 姓名 | xm | char(6) | ✓ | 主键 |
| 课程名 | kcm | varchar(10) | ✓ | 主键 |
| 成绩 | cj | tinyint | | 范围：0~100 |

SQL 语句如下：

```
DROP TABLE IF EXISTS cj;
CREATE TABLE cj
(
    xm      char(6)         NOT NULL,
    kcm     varchar(10)     NOT NULL,
    cj      tinyint         NULL,
    PRIMARY KEY(xm, kcm),                       /* (1) */
```

```
        CHECK(cj>=0 AND cj<=100)                                    /* (2) */
);
```
说明：

（1）因为主键由（xm, kcm）列共同组成，所以只能在所有列定义后单独定义。

（2）仅涉及成绩（cj）列完整性也可以在所有列后单独定义。

4）插入课程表记录

```
INSERT INTO kc VALUES('C++', 4, 1, 82.00);
INSERT INTO kc VALUES('Java', 5, 3, 66.67);
INSERT INTO kc VALUES('大数据', 3, 0, 0.00);
INSERT INTO kc VALUES('计算机导论', 2, 2, 73.50);
INSERT INTO kc VALUES('计算机网络', 4, 1, 85.00);
```

5）插入成绩表记录

```
INSERT INTO cj(kcm, xm, cj) VALUES('Java', '周何骏', 70), ('Java', '徐鹤', 80), ('Java', '林雪', 50);
                                                                 /* (1) */
INSERT INTO cj(kcm, xm, cj) VALUES('计算机导论', '周何骏', 82);
INSERT INTO cj(kcm, xm, cj) VALUES('计算机网络', '徐鹤', 85);
INSERT INTO cj(kcm, xm, cj) VALUES('C++', '周何骏', 82);
INSERT INTO cj(kcm, xm, cj) VALUES('计算机导论', '王新平', 65);
SELECT * FROM cj ORDER BY xm;                                    /* (2) */
```
说明：

（1）如果 VALUES 后面值的顺序与表结构定义列的前后顺序不同，则必须在表名后指定列的顺序（kcm, xm, cj）。

（2）因为查询按照 xm（姓名）列排序，所以同一个学生的成绩记录排在一起。

### 2. 安装 SQL Server 驱动

从微软官网（地址为 https://learn.microsoft.com/zh-cn/sql/connect/php/release-notes-php-sql-driver）下载针对 PHP 的 SQL Server 驱动，得到 Windows 安装包 SQLSRV58.EXE，解压安装后将其中的驱动 DLL 文件 php_sqlsrv_74_ts_x64.dll 复制到 PHP 安装目录的 ext 子目录（笔者的为 C:\Program Files\Php\php7\ext）下，然后在 PHP 配置文件（php.ini）中添加配置扩展库功能：

```
extension=php_sqlsrv_74_ts_x64.dll
```
完成后重启 Apache。

### 3. 编程操作课程表

PHP 操作 SQL Server 使用的是名为 "SQLSRV" 的扩展函数库，其中主要函数与 MySQL 的对比参见表 9.1。为了清晰起见，将下面代码中与操作 SQL Server 直接相关的函数加黑醒目地标示出来。

新建 kcupd_sqlsrv.php 文件，输入以下代码：

```html
<html>
<meta http-equiv="Content-Type" content="text/html; charset=gb2312"/>
<head>
    <title>课程信息更新</title>
    <style type="text/css">
    .STYLE1 {font-size: 15px; font-family: "幼圆";}
    div{
        text-align:center;
        font-family:"幼圆";
        font-size:24px;
        font-weight:bold;
        color:"#008000";
    }
    table{
```

```
            width:300px;
        }
        </style>
</head>
<body>
<div>课程表操作</div>
<form name="frm1" method="post">
    <table align="center">
        <tr>
            <td width="120"><span class="STYLE1">根据课程名查询：</span></td>
            <td>
                <input name="kcm" id="kcm" type="text" size="10">
                <input type="submit" name="search" class="STYLE1" value="查找">
            </td>
        </tr>
    </table>
</form>
<?php
    $connectionInfo = array("Database"=>"pxscj","UID"=>"sa","PWD"=>"123456");    //配置连接参数
    $conn = sqlsrv_connect("localhost", $connectionInfo) or die('连接失败');     //连接数据库服务器
    $kcm = @$_POST['kcm'];                                                       //获取课程名
    $sql = "SELECT * FROM kc WHERE kcm='$kcm'";                                  //查找课程信息
    $result = sqlsrv_query($conn, $sql);
    $row = sqlsrv_fetch_array($result);                                         //取得查询结果
    if(($kcm !== NULL) && (!$row))                                              //判断课程是否存在
        echo "<script>alert('没有该课程信息！')</script>";
?>
<form name="frm2" method="post">
    <table bgcolor="#CCCCCC" border="1" align="center" cellpadding="0" cellspacing="0">
        <tr>
            <td bgcolor="#CCCCCC" width="90"><span class="STYLE1">课程名：</span></td>
            <td>
                <input name="KCName" type="text" class="STYLE1" value="<?php echo $row['kcm'];   ?>">
                <input name="h_KCName" type="hidden" value="<?php echo $row['kcm'];?>">
            </td>
        </tr>
        <tr>
            <td bgcolor="#CCCCCC"><span class="STYLE1">学分：</span></td>
            <td><input name="KCCredit" type="text" class="STYLE1" value="<?php echo $row['xf']; ?>">
</td>
        </tr>
        <tr>
            <td bgcolor="#CCCCCC"><span class="STYLE1">考试人数：</span></td>
            <td><input name="KCCandidate" type="text" class="STYLE1" value="<?php echo $row['krs']; ?>"
disabled="true"></td>
        </tr>
        <tr>
            <td bgcolor="#CCCCCC"><span class="STYLE1">平均成绩：</span></td>
            <td><input name="KCAverage" type="text" class="STYLE1" value="<?php echo $row['pjcj']; ?>"
disabled="true"></td>
        </tr>
        <tr>
```

```
                    <td align="center" colspan="2" bgcolor="#CCCCCC">
                        <input name="b" type="submit" value="修改" class="STYLE1"> 
                        <input name="b" type="submit" value="添加" class="STYLE1"/> 
                        <input name="b" type="submit" value="删除" class="STYLE1"> 
                    </td>
                </tr>
            </table>
        </form>
    </body>
    </html>
    <?php
    $KCM = @$_POST['KCName'];                                //课程名
    $h_KCM = @$_POST['h_KCName'];                            //表单中原有的隐藏文本中的课程名
    $XF = @$_POST['KCCredit'];                               //学分
    //简单的验证函数，验证表单数据的合法性
    function test($KCM, $XF)
    {
        if(!$KCM)                                            //判断课程名是否为空
            echo "<script>alert('课程名不能为空！');location.href='kcupd_sqlsrv.php';</script>";
        elseif(!is_numeric($XF))                             //判断学分是否为数字
            echo "<script>alert('学分必须为数字！');location.href='kcupd_sqlsrv.php';</script>";
    }
    //单击"修改"按钮
    if(@$_POST["b"] == '修改')
    {
        test($KCM, $XF);                                     //检查输入信息合法性
        if($KCM != $h_KCM)                                   //判断用户是否修改了原来的课程名
            echo "<script>alert('课程名与原数据有异，无法修改！');</script>";
        else
        {
            $update_sql = "UPDATE kc SET xf=$XF WHERE kcm='$KCM'";
            $update_result = sqlsrv_query($conn, $update_sql);
            if(sqlsrv_rows_affected($update_result) > 0)
                echo "<script>alert('修改成功！');</script>";
            else
                echo "<script>alert('信息未修改！');</script>";
        }
    }
    //单击"添加"按钮
    if(@$_POST["b"] == '添加')
    {
        test($KCM, $XF);
        $s_sql = "SELECT kcm FROM kc WHERE kcm='$KCM'";
        $s_result = sqlsrv_query($conn, $s_sql);
        $s_row = sqlsrv_fetch_array($s_result);
        if($s_row)                                           //若要添加的课程已存在则提示
            echo "<script>alert('课程已存在，无法添加！');</script>";
        else
        {
            $insert_sql = "INSERT INTO kc(kcm, xf) VALUES('$KCM', $XF)";
            $insert_result = sqlsrv_query($conn, $insert_sql) or die('添加失败！');
            if(sqlsrv_rows_affected($insert_result) > 0)
```

```
            echo "<script>alert('添加成功！');</script>";
        }
    }
    //单击"删除"按钮
    if(@$_POST["b"] == '删除')
    {
        if(!$KCM)
        {
            echo "<script>alert('请输入要删除的课程名！');</script>";
        }
        else
        {
            $d_sql = "SELECT kcm FROM kc WHERE kcm='$KCM'";
            $d_result = sqlsrv_query($conn, $d_sql);
            $d_row = sqlsrv_fetch_array($d_result);
            if(!$d_row)                                    //若要删除的课程不存在则提示
                echo "<script>alert('此课程不存在！');</script>";
            else
            {
                $s_sql = "SELECT kcm FROM cj WHERE kcm='$KCM'";
                $s_result = sqlsrv_query($conn, $s_sql);
                $s_row = sqlsrv_fetch_array($s_result);
                if($s_row)                                 //若要删除的课程有成绩记录则提示
                    echo "<script>alert('此课程有选课记录，不能删！');</script>";
                else
                {
                    $delete_sql = "DELETE FROM kc WHERE kcm='$KCM'";
                    $delete_result = sqlsrv_query($conn, $delete_sql) or die('删除失败！');
                    if(sqlsrv_rows_affected($delete_result) > 0)
                        echo "<script>alert('删除课程 ".$KCM." 成功！');</script>";
                }
            }
        }
    }
?>
```

运行程序，结果与【例 9.4】完全一样，见图 9.4。

## 9.3.2　操作 Oracle

【例 9.6】使用 PHP 扩展函数库操作 Oracle 12c 中的 pxscj 数据库，实现对课程信息的查询、添加、删除、修改的功能。

### 1. 建立数据库及表

安装 Oracle 12c，过程从略（请读者参考 Oracle 相关的书）。使用 Oracle 的 SQL Developer 图形化工具创建 pxscj 数据库，设置数据库连接 myorcl 的用户名为 SCOTT，密码为 Mm123456，默认端口为 1521，如图 9.5 所示。

在 Oracle 数据库 pxscj 中创建课程表（kc 表）和成绩表（cj 表）并录入表记录。

启动 SQL*Plus（通过 Oracle 程序组或 Windows 命令行），输入 SCOTT 用户口令连接上 pxscj 数据库，在 SQL*Plus 下运行 SQL 语句创建课程表（kc 表）和成绩表（cj 表）并录入表记录。

1）创建课程表（kc 表）

课程表（kc 表）结构如表 9.4 所示。

图 9.5　设置 Oracle 的连接参数

表 9.4　课程表（kc）结构

| 项 目 名 | 列 名 | 数 据 类 型 | 不 可 空 | 说 明 |
|---|---|---|---|---|
| 课程名 | kcm | varchar(10) | ✓ | 主键 |
| 学分 | xf | number(1) | ✓ | 范围：1～6 |
| 考试人数 | krs | number(2) | | |
| 平均成绩 | pjcj | number(2) | | |

SQL 语句如下：

```
DROP TABLE IF EXISTS kc;
CREATE TABLE kc
(
    kcm        varchar(10)        NOT NULL PRIMARY KEY,
    xf         number(1)          NOT NULL CHECK(xf>0 AND xf<=6),
    krs        number(2)          NULL,
    pjcj       number(2)          NULL
);
```

说明：因为课程名（kcm）列实际内容存储长度差别较大，所以选择 varchar(10)。

2）创建成绩表（cj 表）

成绩表（cj 表）结构如表 9.5 所示。

表 9.5　成绩表（cj 表）结构

| 项 目 名 | 列 名 | 数 据 类 型 | 不 可 空 | 说 明 |
|---|---|---|---|---|
| 姓名 | xm | char(6) | ✓ | 主键 |
| 课程名 | kcm | varchar(10) | ✓ | 主键 |
| 成绩 | cj | number(2) | | 范围：0～100 |

SQL 语句如下：

```
DROP TABLE IF EXISTS cj;
CREATE TABLE cj
(
    xm         char(6)            NOT NULL,
```

```
kcm          varchar(10)        NOT NULL,
cj           number(2)          NULL,
PRIMARY KEY(xm, kcm),                          /* (1) */
CHECK(cj>=0 AND cj<=100)                        /* (2) */
);
```

说明:

（1）因为主键由（xm, kcm）列共同组成，所以只能在所有列定义后单独定义。

（2）仅涉及成绩列（cj 表）完整性也可以在所有列后单独定义。

3）插入课程表记录

```
INSERT INTO kc VALUES('C++', 4, 1, 82.00);
INSERT INTO kc VALUES('Java', 5, 3, 66.67);
INSERT INTO kc VALUES('大数据', 3, 0, 0.00);
INSERT INTO kc VALUES('计算机导论', 2, 2, 73.50);
INSERT INTO kc VALUES('计算机网络', 4, 1, 85.00);
```

4）插入成绩表记录

```
INSERT INTO cj(kcm, xm, cj) VALUES('Java', '周何骏', 70);       /* (1) */
INSERT INTO cj(kcm, xm, cj) VALUES('Java', '徐鹤', 80);
INSERT INTO cj(kcm, xm, cj) VALUES('Java', '林雪', 50);
INSERT INTO cj(kcm, xm, cj) VALUES('计算机导论', '周何骏', 82);
INSERT INTO cj(kcm, xm, cj) VALUES('计算机网络', '徐鹤', 85);
INSERT INTO cj(kcm, xm, cj) VALUES('C++', '周何骏', 82);
INSERT INTO cj(kcm, xm, cj) VALUES('计算机导论', '王新平', 65);
SELECT * FROM cj ORDER BY xm;                                  /* (2) */
```

说明:

（1）如果 VALUES 后面值的顺序与表结构定义列的前后顺序不同，则必须在表名后指定列的顺序（kcm, xm, cj）。

（2）因为查询按照 xm（姓名）列排序，所以同一个学生的成绩记录排在一起。

### 2. 安装 Oracle 驱动

由于 PHP 的 OCI8 扩展模块需要调用 Oracle 的底层 API（包含在 oci.dll 文件中）来工作，所以必须首先安装 Oracle 的客户端函数库。Oracle 官方以 Oracle Instant Client 客户软件的形式提供该函数库，可以去官网下载，地址为 http://www.oracle.com/technetwork/topics/winsoft-085727.html，下载 Oracle 12 c 对应版本的客户端，得到压缩包 instantclient-basic-nt-12.1.0.2.0.zip，按以下步骤安装。

（1）解压该软件包，这里解压到 C:\instantclient_12_1。

（2）设置环境变量。

此处需要设置三个环境变量：TNS_ADMIN、NLS_LANG 和 Path。下面是具体的设置步骤。

① 打开"环境变量"对话框。

右击桌面"计算机"图标，选择"属性"选项，在弹出的"控制面板主页"中单击"高级系统设置"链接项，在弹出的"系统属性"对话框中单击"环境变量"按钮，弹出"环境变量"对话框，如图 9.6 所示。

② 新建系统变量（TNS_ADMIN、NLS_LANG）。

在"系统变量"列表下单击"新建"按钮，在弹出的对话框中输入变量名和变量值，如图 9.7 所示，单击"确定"按钮。

③ 设置 Path 变量。

在"系统变量"列表中找到名为"Path"的变量，单击"编辑"按钮，在"变量值"字符串中加入路径"C:\instantclient_12_1;"，如图 9.7 所示，单击"确定"按钮。

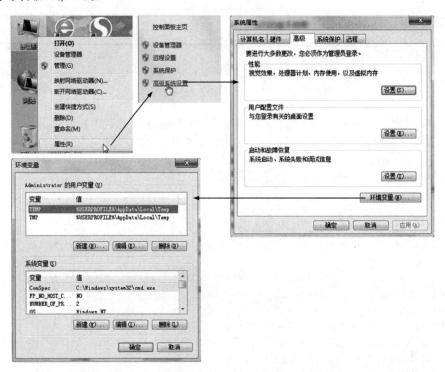

图 9.6  打开"环境变量"对话框

TNS_ADMIN变量　　　　　　　　　NLS_LANG变量

Path变量

图 9.7  设置环境变量

（3）重启 Windows。这一步很重要！必须重启。

重启计算机后，再打开 OCI8 驱动扩展功能。从 PHP 7 开始自带了 OCI8 扩展模块，用户打开就可使用，方法是在配置文件 php.ini 中找到这一行：

```
; extension=oci8_12c    ; Use with Oracle Database 12c Instant Client
```

将最前面的分号";"去掉就可以了，如图 9.8 所示。

完成后重启 Apache，在 Eclipse 环境中运行 PHP 版本信息页，若页面中包含如图 9.9 所示的内容，则表示 Oracle 12c 驱动安装成功。

### 3. 编程操作课程表

PHP 操作 Oracle 使用的是名为"OCI8"的扩展函数库，其中主要函数与 MySQL 的对比参见表 9.1。下面给出的代码中仍以加黑标示出操作 Oracle 的关键函数。

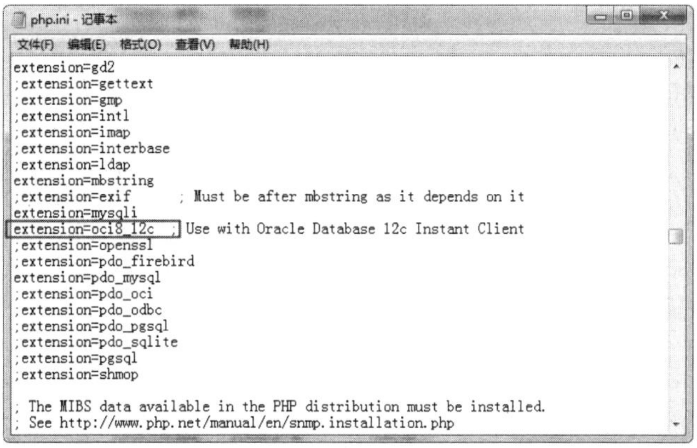

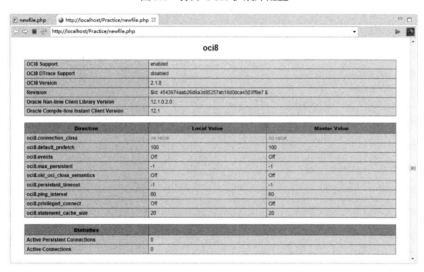

图 9.8 打开 OCI8 扩展库配置

| | |
|---|---|
| OCI8 Support | enabled |
| OCI8 DTrace Support | disabled |
| OCI8 Version | 2.1.8 |
| Revision | $Id: 4543974aab26d8a3d85257ab18d0dca4503ff9e7 $ |
| Oracle Run-time Client Library Version | 12.1.0.2.0 |
| Oracle Compile-time Instant Client Version | 12.1 |

| Directive | Local Value | Master Value |
|---|---|---|
| oci8.connection_class | no value | no value |
| oci8.default_prefetch | 100 | 100 |
| oci8.events | Off | Off |
| oci8.max_persistent | -1 | -1 |
| oci8.old_oci_close_semantics | Off | Off |
| oci8.persistent_timeout | -1 | -1 |
| oci8.ping_interval | 60 | 60 |
| oci8.privileged_connect | Off | Off |
| oci8.statement_cache_size | 20 | 20 |

| Statistics | |
|---|---|
| Active Persistent Connections | 0 |
| Active Connections | 0 |

图 9.9 Oracle 12c 驱动安装成功

新建 kcupd_orcl.php 文件，输入以下代码：

```
<html>
<meta http-equiv="Content-Type" content="text/html; charset=gb2312"/>
<head>
    <title>课程信息更新</title>
    <style type="text/css">
    .STYLE1 {font-size: 15px; font-family: "幼圆";}
    div{
        text-align:center;
        font-family:"幼圆";
        font-size:24px;
        font-weight:bold;
        color:"#008000";
    }
    table{
        width:300px;
    }
    </style>
</head>
```

```
<body>
<div>课程表操作</div>
<form name="frm1" method="post">
    <table align="center">
        <tr>
            <td width="120"><span class="STYLE1">根据课程名查询： </span></td>
            <td>
                <input name="kcm" id="kcm" type="text" size="10">
                <input type="submit" name="search" class="STYLE1" value="查找">
            </td>
        </tr>
    </table>
</form>
<?php
    $conn = oci_connect("SCOTT", "Mm123456", " localhost:1521/pxscj") or die('连接失败');
                                                                    //连接数据库服务器
    $kcm = @$_POST['kcm'];                                          //获取课程名
    $sql = "SELECT * FROM kc WHERE kcm='$kcm'";                     //查找课程信息
    $result = oci_parse($conn, $sql);
    oci_execute($result);
    $row = oci_fetch_array($result);                               //取得查询结果
    if(($kcm !== NULL) && (!$row))                                 //判断课程是否存在
        echo "<script>alert('没有该课程信息！')</script>";
?>
<form name="frm2" method="post">
    <table bgcolor="#CCCCCC" border="1" align="center" cellpadding="0" cellspacing="0">
        <tr>
            <td bgcolor="#CCCCCC" width="90"><span class="STYLE1">课程名： </span></td>
            <td>
                <input name="KCName" type="text" class="STYLE1" value="<?php echo $row['kcm'];   ?>">
                <input name="h_KCName" type="hidden" value="<?php echo $row['kcm'];?>">
            </td>
        </tr>
        <tr>
            <td bgcolor="#CCCCCC"><span class="STYLE1">学分： </span></td>
            <td><input name="KCCredit" type="text" class="STYLE1" value="<?php echo $row['xf']; ?>"></td>
        </tr>
        <tr>
            <td bgcolor="#CCCCCC"><span class="STYLE1">考试人数： </span></td>
            <td><input name="KCCandidate" type="text" class="STYLE1" value="<?php echo $row['krs']; ?>" disabled="true"></td>
        </tr>
        <tr>
            <td bgcolor="#CCCCCC"><span class="STYLE1">平均成绩： </span></td>
            <td><input name="KCAverage" type="text" class="STYLE1" value="<?php echo $row['pjcj']; ?>" disabled="true"></td>
        </tr>
        <tr>
            <td align="center" colspan="2" bgcolor="#CCCCCC">
                <input name="b" type="submit" value="修改" class="STYLE1"> 
                <input name="b" type="submit" value="添加" class="STYLE1"/> 
```

```php
                <input name="b" type="submit" value="删除" class="STYLE1"> 
            </td>
        </tr>
    </table>
</form>
</body>
</html>
<?php
$KCM = @$_POST['KCName'];                              //课程名
$h_KCM = @$_POST['h_KCName'];                          //表单中原有的隐藏文本中的课程名
$XF = @$_POST['KCCredit'];                             //学分
//简单的验证函数，验证表单数据的合法性
function test($KCM, $XF)
{
    if(!$KCM)                                          //判断课程名是否为空
        echo "<script>alert('课程名不能为空！');location.href='kcupd_orcl.php';</script>";
    elseif(!is_numeric($XF))                           //判断学分是否为数字
        echo "<script>alert('学分必须为数字！');location.href='kcupd_orcl.php';</script>";
}
//单击"修改"按钮
if(@$_POST["b"] == '修改')
{
    test($KCM, $XF);                                   //检查输入信息合法性
    if($KCM != $h_KCM)                                 //判断用户是否修改了原来的课程名
        echo "<script>alert('课程名与原数据有异，无法修改！');</script>";
    else
    {
        $update_sql = "UPDATE kc SET xf=$XF WHERE kcm='$KCM'";
        $update_result = oci_parse($conn, $update_sql);
        oci_execute($update_result);
        if(oci_num_rows($update_result) != 0)
            echo "<script>alert('修改成功！');</script>";
        else
            echo "<script>alert('信息未修改！');</script>";
    }
}
//单击"添加"按钮
if(@$_POST["b"] == '添加')
{
    test($KCM, $XF);
    $s_sql = "SELECT kcm FROM kc WHERE kcm='$KCM'";
    $s_result = oci_parse($conn, $s_sql);
    oci_execute($s_result);
    $s_row = oci_fetch_array($s_result);
    if($s_row)                                         //若要添加的课程已存在则提示
        echo "<script>alert('课程已存在，无法添加！');</script>";
    else
    {
        $insert_sql = "INSERT INTO kc(kcm, xf) VALUES('$KCM', $XF)";
        $insert_result = oci_parse($conn, $insert_sql) or die('添加失败！');
        oci_execute($insert_result);
        if(oci_num_rows($insert_result) != 0)
```

```
                    echo "<script>alert('添加成功！');</script>";
        }
    }
    //单击"删除"按钮
    if(@$_POST["b"] == '删除')
    {
        if(!$KCM)
        {
            echo "<script>alert('请输入要删除的课程名！');</script>";
        }
        else
        {
            $d_sql = "SELECT kcm FROM kc WHERE kcm='$KCM'";
            $d_result = oci_parse($conn, $d_sql);
            oci_execute($d_result);
            $d_row = oci_fetch_array($d_result);
            if(!$d_row)                                    //若要删除的课程不存在则提示
                echo "<script>alert('此课程不存在！');</script>";
            else
            {
                $s_sql = "SELECT kcm FROM cj WHERE kcm='$KCM'";
                $s_result = oci_parse($conn, $s_sql);
                oci_execute($s_result);
                $s_row = oci_fetch_array($s_result);
                if($s_row)                                 //若要删除的课程有成绩记录则提示
                    echo "<script>alert('此课程有选课记录，不能删！');</script>";
                else
                {
                    $delete_sql = "DELETE FROM kc WHERE kcm='$KCM'";
                    $delete_result = oci_parse($conn, $delete_sql) or die('删除失败！');
                    oci_execute($delete_result);
                    if(oci_num_rows($delete_result) != 0)
                        echo "<script>alert('删除课程 ".$KCM." 成功！');</script>";
                }
            }
        }
    }
}
?>
```

运行程序，结果与【例 9.4】完全一样，见图 9.4。

# ✓ 习题 9

## 一、简答题

1. 简述使用 PHP 扩展函数库操作数据库的流程。

2. 如何与 MySQL 数据库服务器建立连接？

3. PHP 提供了哪些操作 MySQL 的扩展函数库？它们各自的作用是什么？

4. PHP 提供了哪些操作 SQL Server、Oracle 的扩展函数库？它们与操作 MySQL 的扩展函数库在功能上存在怎样的对应关系？

**二、编程题**

1．用扩展函数库连接 MySQL 后选择 pxscj 数据库，读取 xs 表中的数据，并以表格形式输出到浏览器中。

2．改用 mysqli_fetch_assoc()和 mysqli_fetch_object()函数，分别以数组和对象的形式获取结果集中的数据，实现与【例 9.2】一样的功能。

3．编程获取学生表（xs 表）中所有学生的姓名和出生时间，分页输出到页面上，每页显示两条记录。

4．参考第 8 章内容，分别在 SQL Server、Oracle 中创建 xs 表，编写 PHP 程序来实现对其中学生信息的查询、添加、删除、修改的功能。

# 第 *10* 章　使用 PDO 通用接口操作数据库

本章介绍 PHP 操作数据库的第二种方式——使用 PDO 通用接口（简称 PDO）。PDO（PHP Data Objects，PHP 数据对象）为应用程序访问各种不同类型的数据库定义了一个轻量级、一致的接口，这样无论用户使用何种数据库（MySQL、SQL Server、Oracle 等），都可以通过同一套函数来执行查询和获取数据，这样就屏蔽了异构数据库之间的差异。使用 PDO 可以很方便地进行跨数据库程序的开发，是未来 PHP 数据库编程的主要发展方向！

## 10.1　基本原理

### 10.1.1　PDO 的基本概念

通过上一章的介绍可知，PHP 操作不同 DBMS 所使用的扩展函数库是不同的。例如，Mysqli 库只能用于操作 MySQL，而如果需要操作 Oracle 就必须改用 OCI80，同理，操作其他数据库也要使用各自对应的库，这导致了在更换数据库时不得不重新学习使用新的扩展函数。虽然不同库的扩展函数在名称和功能上存在对应关系，上手并不难，但毕竟它们在参数类型和使用方法的细节上还是有差异的，以致不可避免地要更改原程序中所有涉及数据操作的代码，使 PHP 应用程序在异构数据库系统间的移植比较麻烦。

为解决这个难题，迫切需要一个"数据库抽象层"来消除应用程序逻辑与数据库通信逻辑之间的耦合，通过这个通用接口传递所有与数据库相关的命令。PDO 正是这样一个"数据库抽象层"，它的作用是统一各种数据库的访问接口，能够轻松地在不同数据库之间切换，使得 PHP 程序在数据库间的移植更加容易实现。PDO 数据库抽象层的应用体系结构如图 10.1 所示。

PDO 与 PHP 以往支持的所有数据库扩展都非常相似，因为它借鉴了以往数据库扩展的最好特性。早在 PHP 5.1 就附带了 PDO，作为一个 PECL 扩展使用。

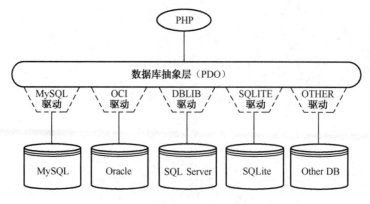

图 10.1　PDO 数据库抽象层的应用体系结构

对任何数据库的操作，并不是使用 PDO 扩展本身执行的，必须针对不同的数据库服务器使用特定的 PDO 驱动程序来访问。驱动程序扩展则为 PDO 和本地 RDBMS 客户机 API 库架起一座桥梁，以访问特定的数据库系统。这能大大提高 PDO 的灵活性，因为 PDO 在运行时才加载必需的数据库驱动程序，所以不需要在每次使用不同的数据库时重新配置和重新编译 PHP。

PDO 对各种数据库的支持及对应的驱动名称如表 10.1 所示。

表 10.1　PDO 对各种数据库的支持及对应的驱动名称

| 驱动名称 | 对应访问的数据库 |
| --- | --- |
| PDO_CUBRID | Cubrid |
| PDO_DBLIB | FreeTDS / Microsoft SQL Server 2005 / Sybase |
| PDO_FIREBIRD | Firebird/Interbase 6 |
| PDO_IBM | IBM DB2 |
| PDO_INFORMIX | IBM Informix Dynamic Server |
| PDO_MYSQL | MySQL 3.x/4.x/5.x |
| PDO_OCI | Oracle (OCI=Oracle Call Interface) |
| PDO_ODBC | ODBC v3 (IBM DB2, unixODBC and win32 ODBC) |
| PDO_PGSQL | PostgreSQL |
| PDO_SQLITE | SQLite 3 及 SQLite 2 |
| PDO_SQLSRV | Microsoft SQL Server 2008 及以上/ SQL Azure |
| PDO_4D | 4D |

例如，如果数据库服务器需要从 MySQL 切换到 SQL Server，则只需要重新加载 PDO_SQLSRV 驱动程序。

## 10.1.2　PDO 操作数据库的步骤

使用 PDO 操作数据库，一般包括如下通用的步骤。

安装 PDO 驱动→创建 PDO 对象→使用 PDO 对象。

### 1. 安装 PDO 驱动

PDO 随 PHP 7 发行，最早在 PHP 5 的 PECL 扩展中也可以使用。PDO 至少需要 PHP 5 及以上版本核心面向对象特性的支持，所以它无法运行于更早版本的 PHP 中。无论如何，在配置 PHP 时，仍需要显式地指定所要包括的驱动程序。在 Windows 环境下的 PHP 7 版本中，PDO 和主要数据库的驱动同 PHP 一起作为扩展发布，激活它们只需要简单地编辑 php.ini 文件，去掉相应数据库 PDO 驱动 dll 之前的注释符（;）即可。例如：

```
[PHP_PDO_MYSQL]
extension=php_pdo_mysql.dll          //激活 MySQL 的 PDO 驱动
[PHP_PDO_ODBC]
extension=php_pdo_odbc.dll           //激活 ODBC 的 PDO 驱动
[PHP_PGSQL]
extension=php_pgsql.dll              //激活 PostgreSQL 的 PDO 驱动
```

保存修改的 php.ini 文件变化，重启 Apache 服务器，查看 PHP 版本信息页，就可以看到系统中已经安装的 PDO 驱动。

### 2. 创建 PDO 对象

在使用 PDO 与数据库交互之前，首先要创建一个 PDO 对象，语句格式如下：

```
$db = new PDO(DSN, 用户名, 密码);
```

其中，DSN 是数据源名，不同 DBMS 的 DSN 是不同的，如表 10.2 所示。

表 10.2   不同 DBMS 的 DSN

| DBMS | DSN |
|---|---|
| SQL Server 2005 | mssql:host=localhost;dbname=testdb |
| Sybase | sybase:host=localhost;dbname=testdb |
| MySQL | mysql:host=localhost;dbname=testdb |
| SQL Server 2008 及以上 | sqlsrv:Server=localhost;Database=testdb |
| Oracle | oci:dbname=//localhost:1521/testdb |
| ODBC | odbc:testdb |
| PostgreSQL | pgsql:host=localhost;port=5432;dbname=testdb |

### 3. 使用 PDO 对象

创建好 PDO 对象后，就可以在编程中使用它来操作数据库了，对于 PDO 来说，访问不同数据库的接口是完全相同的。

当执行 INSERT、UPDATE 和 DELETE 等没有结果集的 SQL 语句时，使用 PDO 对象中的 exec() 方法去执行。该方法成功执行后将返回受影响的行数。

当执行返回结果集的 SELECT 查询，或者 SQL 语句所影响的行数无关紧要时，应当使用 PDO 对象中的 query()方法。如果该方法成功地执行指定的查询，则返回一个 PDOStatement 对象。如果使用了 query()方法又想要了解获取的数据行总数，则使用 PDOStatement 对象中的 rowCount()方法。

# 10.2   操作 MySQL 数据库

本节先通过一个操作 MySQL 的实例，演示有关 PDO 接口的具体使用细节。

## 10.2.1   创建 MySQL 的 PDO 对象

PHP 对 MySQL 提供了默认支持，无须额外安装其 PDO 驱动，只需要在 PHP 配置文件（php.ini）中打开扩展库功能：

```
extension=pdo_mysql
```

新建 fun.php 源文件，在其中创建 MySQL 的 PDO 对象，如下：

```php
<?php
    try {
        //创建 MySQL 的 PDO 对象
        $db = new PDO("mysql:host=localhost;dbname=pxscj", "root", "123456");
    } catch(PDOException $e) {
        echo "数据库连接失败："  .$e->getMessage();                //若失败则输出异常信息
    }
?>
```

## 10.2.2   实例——开发登录模块

【例 10.1】 为 pxscj 数据库开发一个简单的登录模块，实现用户注册、用户登录、用户注销、修改密码等基本功能。

### 1．创建数据库表

首先，设计一个用户信息表（userinfo 表），该表结构如表 10.3 所示。

表 10.3　用户信息表（userinfo 表）结构

| 项 目 名 | 列　名 | 数 据 类 型 | 不 可 空 | 默认值 | 说　　明 |
|---|---|---|---|---|---|
| 用户名 | username | varchar(20) | ✓ | 无 | 主键，由英文字母、下画线或数字组成 |
| 密码 | password | varchar(20) | ✓ | 无 | 6～20 位字符 |
| 性别 | sex | tinyint(1) | ✓ | 1 | 1 男 0 女 |
| 年龄 | age | int(2) | | 无 | |
| 邮箱 | email | char(30) | | 无 | |

然后，在 pxscj 数据库中创建 userinfo 表，语句如下：

```
USE pxscj;
DROP TABLE IF EXISTS userinfo;
CREATE TABLE userinfo
(
    username    varchar(20)     NOT NULL PRIMARY KEY,
    password    varchar(20)     NOT NULL,
    sex         tinyint(1)      NOT NULL DEFAULT 1 CHECK(sex IN(1,0)),
    age         int(2)          NULL,
    email       char(30)        NULL
);
```

完成表创建后，用户可以自行添加一些数据供测试用。

### 2．编程实现功能

（1）用户注册。

用户注册页面用 regist.php 实现，代码如下：

```
<html>
<head>
    <title>用户注册页面</title>
</head>
<body>
<form action="" method="post">
<div align="center"><font size="5" color="blue">新用户注册</font></div>
<table width="380" align="center" border="0">
    <tr>
        <td width="80" align="right">用户名：</td>
        <td><input type="text" name="userid"></td>
        <td><font color="red">*1-20 个字符</font></td>
    </tr>
    <tr>
        <td align="right">密码：</td>
        <td><input type="password" name="pwd1"></td>
        <td><font color="red">*6-20 个字符</font></td>
    </tr>
    <tr>
        <td align="right">确认密码：</td>
        <td><input type="password" name="pwd2"></td>
```

```
                    <td> </td>
                </tr>
                <tr>
                    <td align="right">性别：</td>
                    <td>
                        <input type="radio" name="sex" value="1">男
                        <input type="radio" name="sex" value="0">女
                    </td>
                    <td> </td>
                </tr>
                <tr>
                    <td align="right">年龄：</td>
                    <td><input type="text" name="age"></td>
                    <td> </td>
                </tr>
                <tr>
                    <td align="right">邮箱：</td>
                    <td><input type="text" name="email"></td>
                    <td> </td>
                </tr>
                <tr>
                    <td colspan="3" align="center">
                        <input type="submit" name="Submit" value="提交">
                        <input type="reset" name="Reset" value="重置">
                    </td>
                </tr>
        </table>
        </form>
        </body>
        </html>
        <?php
            if(isset($_POST['Submit']))
            {
                //获取表单提交的注册信息
                $userid = $_POST['userid'];                       //用户名
                $pwd1 = $_POST['pwd1'];                            //密码
                $pwd2 = $_POST['pwd2'];                            //确认密码
                $sex = @$_POST['sex'];                             //性别
                $age = $_POST['age'];                              //年龄
                $email = $_POST['email'];                          //邮箱
                //使用正则表达式检查用户名、密码及邮箱地址的合法性
                $checkid = preg_match('/^\w{1,20}$/', $userid);
                $checkpwd1 = preg_match('/^\w{6,20}$/', $pwd1);
                $checkemail = preg_match('/^[a-zA-Z0-9_\-]+@[a-zA-Z0-9\-]+\.[a-zA-Z0-9\-\.]+$/', $email);
                if(!$checkid)
                        echo "<script>alert('用户名填写错误！');</script>";
                elseif(!$checkpwd1)
                        echo "<script>alert('密码设置不符合要求！');</script>";
                elseif($pwd1 != $pwd2)
                        echo "<script>alert('两次输入的密码不一致！');</script>";
                elseif($sex == null)
                        echo "<script>alert('性别为必选项！');</script>";
```

```
            elseif($age && (!is_numeric($age)))
                echo "<script>alert('年龄必须为数值！');</script>";
            elseif($email && (!$checkemail))
                echo "<script>alert('邮箱地址格式不正确！');</script>";
            else
            {
                include "fun.php";                        //包含 PDO 对象的文件（连接 MySQL）
                $s_sql = "SELECT * FROM userinfo WHERE username='$userid'";
                $s_result = $db->query($s_sql);
                if($s_result->rowCount() != 0)
                    echo "<script>alert('用户名已存在！');</script>";
                else
                {
                    $in_sql = "INSERT INTO userinfo(username, password, sex, age, email)
VALUES(?, ?, ?, ?, ?)";
                                                          //SQL 语句中使用"？"占位符
                    $in_result = $db->prepare($in_sql);   //准备 SQL 语句
                    //绑定参数
                    $in_result->bindParam(1, $userid);    //用户名
                    $in_result->bindParam(2, $pwd1);      //密码
                    $in_result->bindParam(3, $sex);       //性别
                    $in_result->bindParam(4, $age);       //年龄
                    $in_result->bindParam(5, $email);     //邮箱
                    $in_result->execute();                //执行语句
                    if($in_result->rowCount() == 0)       //由被影响记录的行数判断操作是否成功
                        echo "<script>alert('注册失败！');</script>";
                    else                                  //注册成功后跳转到登录页面
                    {
                        echo "<script>alert('注册成功！');location.href='login.php';</script>";
                    }
                }
            }
        }
    ?>
```

说明：上面代码中的 PHP 脚本在 SQL 语句中使用了"？"占位符，通过 PDOStatement 对象中的 bindParam()方法，把参数变量绑定到对应的占位符上，当准备好 SQL 语句（位于数据库缓存区）并绑定了相应的参数后，就可以通过调用 PDOStatement 类对象的 execute()方法执行准备好的语句了。最后通过 PDOStatement 类对象的 rowCount()方法获取被影响记录的行数。

（2）用户登录。

用户登录页面用 login.php 实现，代码如下：

```html
<html>
<head>
    <title>用户登录页面</title>
</head>
<body>
<form action="" method="post">
<div align="center"><font size="5" color="blue">用户登录</font></div>
<table align="center">
    <tr>
        <td>用户名：</td>
        <td><input type="text" name="userid"></td>
```

```
        </tr>
        <tr>
            <td>密   码: </td>
            <td><input type="password" name="pwd"></td>
        </tr>
        <tr>
            <td colspan="2" align="center">
                <input type="submit" name="Submit" value="登录">
                <input type="reset" name="Reset" value="注册" onclick="window.location='regist.php'">
            </td>
        </tr>
    </table>
    </form>
    </body>
    </html>
    <?php
        include "fun.php";                                    //包含 PDO 对象的文件（连接 MySQL）
        if(isset($_POST['Submit']))
        {
            //获取表单提交的登录用户名和密码
            $userid = $_POST['userid'];                       //用户名
            $pwd = $_POST['pwd'];                             //密码
            $sql = "SELECT * FROM userinfo WHERE username='$userid'";
            $result = $db->query($sql);                       //查看用户名是否存在
            if(list($username, $password, $sex, $age, $email) = $result->fetch(PDO::FETCH_NUM))
            {
                if($password == $pwd)                         //验证密码是否正确
                {
                    session_start();
                    $_SESSION['userid'] = $userid;            //通过 SESSION（会话）传值
                    header("location:welcome.php");           //进入欢迎页面
                }
                else
                    echo "<script>alert('密码错! ');</script>";
            }
            else
                echo "<script>alert('用户名不存在! ');</script>";
        }
    ?>
```

说明：上面程序代码中的加黑部分为使用 PDO 对象的 query()方法执行 SELECT 查询，获取 userinfo 表中的用户信息，并返回$result（为 PDOStatement 对象）作为结果集。然后通过 fetch()方法获取数据，其中 PDO::FETCH_NUM 参数值表示从结果集中获取一个以列在行中的数值偏移为索引的值数组。

（3）欢迎页面。

用户登录成功后就进入欢迎页面，该页面由 welcome.php 实现，代码如下：

```
<?php
    session_start();
    $userid = @$_SESSION['userid'];                          //取得 SESSION 值
    if($userid)
    {
```

```
        echo "欢迎用户 ".$userid." 登录！<br/>";
        echo "<a href='select.php'>查看个人信息</a>   ";
        echo "<a href='update.php'>修改密码</a>   ";
        echo "<a href='delete.php'>注销账号</a>   ";
        echo "<a href='login.php'>退出</a><br/><br/>";
    }
    else
        echo "对不起，您没有权限访问本页面";
?>
```

欢迎页面上有三个超链接，分别指向"查看个人信息"、"修改密码"和"注销账号"功能。

① select.php 实现查看个人信息，代码如下：

```
<?php
    include "welcome.php";                        //个人信息直接显示在欢迎页面上
    $username = @$_SESSION['userid'];             //取得 SESSION 值
    if($username)
    {
        include "fun.php";                        //包含 PDO 对象的文件（连接 MySQL）
        $select_sql = "SELECT * FROM userinfo WHERE username='$username'";
        $select_result = $db->query($select_sql);
        while(list($username,$password,$sex,$age,$email)=$select_result->fetch(PDO::FETCH_NUM))
        {
            echo "用户名：".$username."<br/>";
            echo "性别：";
            if($sex == 1) echo "男<br/>";
            else echo "女<br/>";
            echo "年龄：".$age."<br/>";
            echo "邮箱：".$email."<br/>";
        }
    }
?>
```

② update.php 实现修改密码，代码如下：

```
<?php
    session_start();
    $username = @$_SESSION['userid'];
    if($username)
    {
?>
    <form action="" method="post">
    <div align="center"><font size="5" color="blue">密码修改</font></div>
    <table align="center">
        <tr>
            <td>原密码：</td>
            <td><input type="password" name="oldpwd"></td>
        </tr>
        <tr>
            <td>新密码：</td>
            <td><input type="password" name="newpwd"></td>
        </tr>
        <tr>
            <td colspan="2" align="center">
                <input type="submit" name="Submit" value="修改">
```

```php
                    <input type="reset" name="Reset" value="重置">
                </td>
            </tr>
        </table>
        </form>
<?php
        }
    if(isset($_POST['Submit']))
    {
        include "fun.php";                                  //包含 PDO 对象的文件（连接 MySQL）
        //获取表单提交的新旧密码
        $oldpwd = $_POST['oldpwd'];                         //原密码
        $newpwd = $_POST['newpwd'];                         //新密码
        $s_sql = "SELECT * FROM userinfo WHERE username='$username'";
        $s_result = $db->query($s_sql);
        list($username, $password, $sex, $age, $email) = $s_result->fetch(PDO::FETCH_NUM);
        if($password != $oldpwd)                            //先验证原密码是否正确
            echo "<script>alert('原密码错误！');</script>";
        else
        {
            $checkpwd = preg_match('/^\w{6,20}$/', $newpwd);
            if(!$checkpwd)
                echo "<script>alert('新密码设置不符合要求！');</script>";
            else
            {
                $update_sql = "UPDATE userinfo SET password='$newpwd' WHERE username='$username'";
                $affected = $db->exec($update_sql);
                if($affected)
                    echo "<script>alert('密码修改成功！');location.href='welcome.php';</script>";
                else
                    echo "<script>alert('密码修改失败！');</script>";
            }
        }
    }
?>
```

说明：当执行 INSERT、UPDATE 和 DELETE 等没有结果集的 SQL 语句时，一般使用 PDO 对象的 exec()方法。该方法成功执行后将返回受影响的行数，根据行数是否为 0 可判断执行是否成功（这里可知密码修改是否成功）。

③ delete.php 实现注销用户账号，代码如下：

```php
<?php
    include "fun.php";                                      //包含 PDO 对象的文件（连接 MySQL）
    session_start();
    $username = @$_SESSION['userid'];
    $delete_sql = "DELETE FROM userinfo WHERE username='$username'";
    $affected = $db->exec($delete_sql);
    if($affected)
        echo "<script>alert('已注销用户！');location.href='login.php';</script>";
    else
        echo "<script>alert('未能注销！');location.href='welcome.php';</script>";
?>
```

### 3. 运行演示

运行 login.php，启动用户登录页面，如图 10.2 所示。如果没有用户账号，则单击"注册"按钮，进入用户注册页面，如图 10.3 所示，填写新用户的各项信息后提交；如果有用户账号，则输入用户名、密码后单击"登录"按钮便可进入欢迎页面，如图 10.4 所示。

图 10.2　用户登录页面 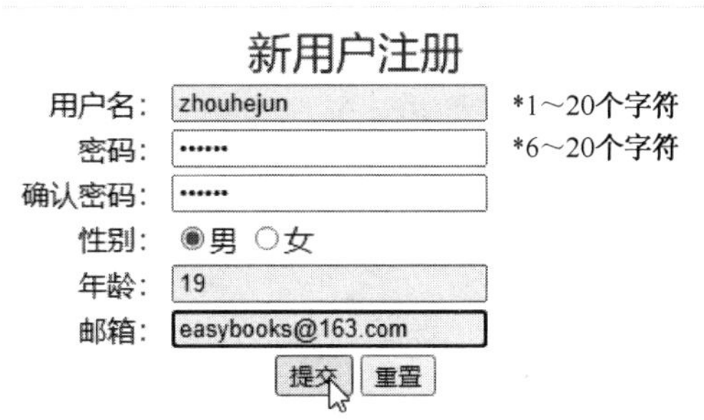 　　　　　　　　　　　图 10.3　用户注册页面

单击欢迎页面上的各个超链接可实现对应的功能。例如，可以查看当前登录用户的个人信息、修改密码、注销账号等。修改密码页面如图 10.5 所示。

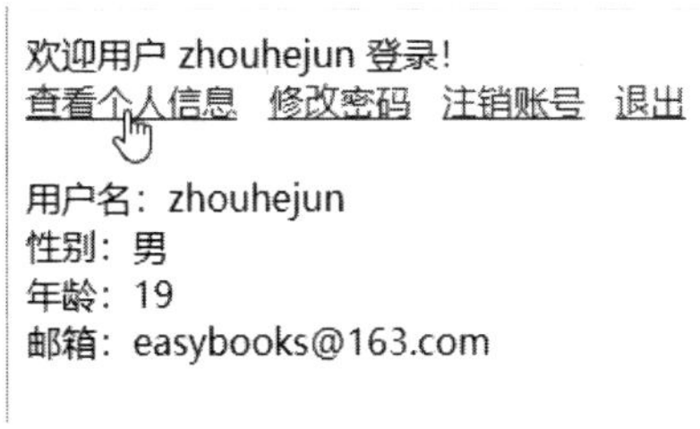

图 10.4　欢迎页面 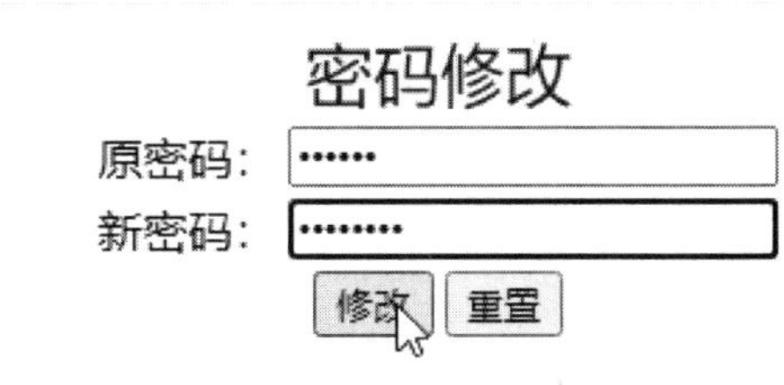 　　　　　　　　　　　图 10.5　修改密码页面

# 10.3　基于 PDO 的数据库移植

本节尝试将上一节开发的【例 10.1】登录模块整体移植到 SQL Server 数据库系统上运行，让读者看看 PDO 的神奇之处。

## 10.3.1　安装 SQL Server 的 PDO 驱动

SQL Server 的 PDO 驱动位于微软官方 PHP 驱动安装包 SQLSRV58.EXE 内，读者可从 https://learn.microsoft.com/zh-cn/sql/connect/php/release-notes-php-sql-driver 下载 PHP 驱动安装包，解压安装后将其中的 DLL 文件 php_pdo_sqlsrv_74_ts_x64.dll 复制到 PHP 安装目录的 ext 子目录（笔者的为 C:\Program Files\Php\php7\ext）下，然后在 PHP 配置文件（php.ini）中添加配置 PDO 接口的扩展库功能，如下：

```
extension=php_pdo_sqlsrv_74_ts_x64.dll
```

重启 Apache，运行 PHP 版本信息页，可以看到 SQL Server 的 PDO 驱动项（在图 10.6 中圈出），说明 SQL Server 的 PDO 已正常开启。

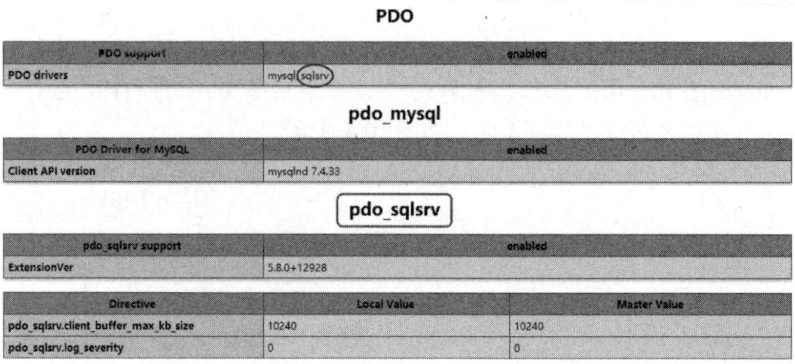

图 10.6　SQL Server 的 PDO 驱动项

## 10.3.2　更换 MySQL 为 SQL Server

### 1. 建立数据库及表

安装 SQL Server 2016，过程从略（请读者参考 SQL Server 相关的书），使用 SQL Server Management Studio 工具创建 pxscj 数据库，用户名为 sa，密码为 123456，在其中创建用户信息表（userinfo 表），语句如下：

```
DROP TABLE IF EXISTS userinfo;
CREATE TABLE userinfo
(
    username    varchar(20)    NOT NULL PRIMARY KEY,
    password    varchar(20)    NOT NULL,
    sex         bit            NOT NULL DEFAULT 1,
    age         tinyint        NULL,
    email       char(30)       NULL
);
```

> 👀 注意：
> SQL Server 的表中某些列（如 sex、age 列）的数据类型与 MySQL 存在差异。

### 2. 创建 PDO 对象

修改 fun.php 源文件，改为创建 SQL Server 的 PDO 对象，如下：

```php
<?php
    try {
        //创建 SQL Server 的 PDO 对象
        $db = new PDO("sqlsrv:Server=localhost;Database=pxscj", "sa", "123456");
    } catch(PDOException $e) {
        echo "数据库连接失败："".$e->getMessage();                    //若失败则输出异常信息
    }
?>
```

### 3. 运行测试

对程序的其他源文件代码不必进行任何修改，直接运行就可操作 SQL Server 的 userinfo 表实现一模一样的登录功能，运行结果同前。由此可见，基于 PDO 开发的 PHP 应用程序的可移植性是多么好！

# 习题 10

**一、简答题**

1. PDO 是什么？简述其基本思想。

2. 如何安装和使用 PDO？

**二、操作及编程题**

在 Oracle 中建立 pxscj 数据库及 userinfo 表，然后安装 Oracle 的 PDO 驱动并创建其 PDO 对象，实现同样的登录功能。请读者试着操作一下，从中可得到什么启示？

# 第 *11* 章 PHP 与 AJAX

现在的互联网应用普遍都使用 AJAX 技术，AJAX 的全称是"Asynchronous JavaScript and XML（异步 JavaScript 和 XML）"，是指一种创建交互式网页应用的网页开发技术。如其名称所示，AJAX 其实也是一种 JavaScript 编程语言。本章将简要介绍 PHP 中 AJAX 的一些应用。在学习本章内容之前，读者可以提前了解一些关于 JavaScript 的知识，以便于更好地理解本章的内容。

## 11.1 AJAX 基础

其实，AJAX 是多种技术的综合，它使用 HTML 和 CSS 标准化呈现，使用 DOM 进行动态显示和交互，使用 XML 和 XSTL 进行数据交换与处理，使用 XMLHttpRequest 对象进行异步数据读取，使用 JavaScript 绑定和处理所有数据。更重要的是，它打破了使用页面重载的惯例技术组合，可以说 AJAX 已成为 Web 开发的重要武器。

### 11.1.1 AJAX 的工作原理

传统 Web 应用允许用户填写表单，当提交表单时向服务器发送一个 HTTP 请求。服务器接收并处理传来的表单，然后返回一个新的网页到用户浏览器。传统 Web 应用工作原理如图 11.1 所示。使用传统 Web 应用时，若改变页面的一小部分数据，则需要重新加载整个页面，这是一种不友好的用户体验。而且，由于每次应用的交互都需要向服务器发送请求，应用的响应时间依赖于服务器的响应时间，所以可能导致用户花费较长的等待时间。

与传统 Web 应用不同的是，AJAX 采用异步交互过程。AJAX 可以仅向服务器发送并取回必需的数据，它使用 SOAP（Simple Object Access Protocol，简单对象访问协议）或其他一些基于 XML 的 Web Service 接口，并在客户端采用 JavaScript 处理来自服务器的响应。用户在页面上获得的数据是通过 AJAX 引擎提供的，由于页面不需要与服务器直接交互，所以客户端浏览器不需要刷新页面就能获得服务器的信息，提高了页面的友好度。AJAX 引擎的工作原理如图 11.2 所示。

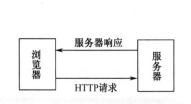

图 11.1 传统 Web 应用工作原理

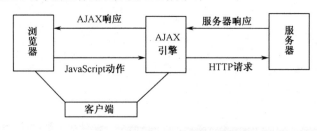

图 11.2 AJAX 引擎的工作原理

使用 AJAX 的最大优点是：能在不更新整个页面的前提下维护数据。这使 Web 应用程序更迅捷地回应用户动作，并避免在网络上发送那些没有改变过的信息。其劣势主要是：由于 AJAX 是在客户端执行的，所以编程时需要考虑浏览器的类型，不同的浏览器对 AJAX 的支持状况有所不同；AJAX 的脚本是保存在页面的 HTML 中的，不利于代码的保密；使用 AJAX 后通常会导致浏览器的"后退"按钮失效。

## 11.1.2　AJAX 初始化

要实现 AJAX 初始化，首先要建立一个 JavaScript 对象，对象的名称为 XMLHttpRequest。XMLHttpRequest 是由浏览器提供的一个组件，使用该组件，不必刷新页面就能实现与服务器的交互。目前主流的浏览器如 IE、NetScape 都提供了对该组件的支持。

不同的浏览器使用不同的方法来创建 XMLHttpRequest 对象。Internet Explorer 使用 ActiveXObject。其他浏览器使用名为 XMLHttpRequest 的 JavaScript 内建对象。例如，以下代码将创建一个 XMLHttpRequest 对象：

```
<?php
//实现 AJAX 引擎
?>
<script>
var XMLHttp=null                        //创建一个作为 XMLHttpRequest 对象使用的 XMLHttp 变量
if (window.XMLHttpRequest)              //判断 XMLHttpRequest 对象是否可用
{
    //如果可用则创建一个新的 XMLHttpRequest 对象
    XMLHttp=new XMLHttpRequest()
}
else if (window.ActiveXObject)          //判断 ActiveXObject 是否可用
{
    //如果可用则使用 Microsoft.XMLHTTP 组件来创建 XMLHttpRequest 对象
    XMLHttp=new ActiveXObject("Microsoft.XMLHTTP")
}
</script>
```

说明：AJAX 的编写方法与 JavaScript 类似，也是通过<script>标记来实现。

微软的 Msxml2.XMLHTTP 组件在 Internet Explorer 6 中可用。若使用它来创建 XMLHttpRequest 对象，则使用以下代码：

```
<script>
function GetXmlHttpObject()             //定义一个初始化函数
{
    var XMLHttp=null;                   //创建一个作为 XMLHttpRequest 对象使用的 XMLHttp 变量
    try
    {
        //尝试使用 XMLHttpRequest 创建对象
        XMLHttp=new XMLHttpRequest();
    }
    catch (e)
    {
        //如果捕获错误则尝试使用 "Msxml2.XMLHTTP" 创建对象
        try
        {
            XMLHttp=new ActiveXObject("Msxml2.XMLHTTP");
        }
        catch (e)
        {
            //如果捕获错误则尝试使用 "Microsoft.XMLHTTP" 创建对象
            XMLHttp=new ActiveXObject("Microsoft.XMLHTTP");
        }
```

```
        }
        return XMLHttp;
    }
    </script>
```

## 11.1.3　发送 HTTP 请求

AJAX 初始化后，就可以向服务器发送 HTTP 请求了。通过调用 XMLHttpRequest 对象的 open() 和 send()方法可实现这一功能。

open()方法的作用是建立对服务器的调用。语法格式如下：

```
XMLHttp.open("method","url"[,flag])
```

说明：method 参数可以是 GET 或 POST，对应表单的 GET 和 POST 方法。url 参数是页面要调用的地址，可以是相对 URL 或绝对 URL。flag 参数是一个标记位，如果为 TRUE 则表示在等待被调用页面响应的时间内可以继续执行页面代码，若为 FALSE 则相反，默认为 TRUE。

open()方法调用完后要调用 send()方法，send()方法的作用是向服务器发送请求，语法格式如下：

```
XMLHttp.send(content)
```

send()方法的参数如果是以 GET 方法发出，则可以是任何想要传送给服务器的内容。

## 11.1.4　指定响应处理函数

发送服务器请求后，需要指定当服务器返回信息时客户端的处理方式。这时，只要将相应的处理函数的名称赋给 XMLHttpRequest 对象的 onreadystatechange 属性即可。每当状态改变时都会触发这个事件处理器，通常会调用一个 JavaScript 函数。例如：

```
XMLHttp.onreadystatechange=函数名
```

XMLHttp 为创建的 XMLHttpRequest 对象。函数名不加括号，不指定参数。也可以使用 JavaScript 即时定义函数的方法来定义相应函数，例如：

```
XMLHttp.onreadystatechange=function()
{
    //代码
}
```

## 11.1.5　处理服务器返回的信息

在指定了响应处理函数之后，需要指定处理函数中要进行的操作。

在进行操作前，处理函数首先需要判断目前的请求状态。表示请求状态的是 XMLHttpRequest 对象的 readyState 属性。通过判断该属性的值就可以知道请求状态。有 5 个可取值："0"表示未初始化；"1"表示正在加载；"2"表示已加载；"3"表示交互中；"4"表示完成。

readyState 属性的值为 4 时，表示服务器已经传回了所有信息，可以开始处理信息并更新页面内容了。例如：

```
if(XMLHttp.readyState==4)
{
    //处理信息
}
else
{
    window.alert("请求还未成功");
}
```

服务器返回信息后需要判断服务器的 HTTP 状态码，确定返回的页面没有错误。通过判断 XMLHttpRequest 对象的 status 属性的值即可得到 HTTP 状态码。例如，200 表示 OK（成功），404 表示 Not Found（未找到）。例如：

```
if(XMLHttp. status==200)
{
    //页面正常
}
else
{
    window.alert("页面有问题");
}
```

XMLHttpRequest 对象的 statusTextHTTP 属性保存了 HTTP 状态码的相应文本，如 OK 或 Not Found 等。

XMLHttpRequest 对成功返回的信息有如下两种处理方式。

- responseText：将传回的信息当字符串使用。
- responseXML：将传回的信息当 XML 文档使用，可以用 DOM 处理。

# 11.2　PHP 与 AJAX 交互

初始化 AJAX 后，可进行 PHP 与 AJAX 的交互。PHP 中表单的提交方法有 GET 和 POST 两种，而在 AJAX 中提交请求也分为 GET 方法和 POST 方法。本节将通过一些实例来介绍如何使用 AJAX 实现与 PHP 的交互。

## 11.2.1　使用 GET 方法

使用 GET 方法发送请求时，在 open()方法的 url 参数中要包含需要传递的参数，url 的格式如下：

```
url="xxx.php?参数 1=值 1&参数 2=值 2&..."
```

请求发送后，服务器端将在 xxx.php 页面中进行数据处理，之后将该页面的输出结果返回到本页面中。在整个过程中，浏览器页面一直是本页面的内容，页面没有刷新。下面以一个具体的实例来介绍如何使用 GET 方法发送请求。

【例 11.1】　使用 GET 方法实现一个简单的服务器请求，通过输入姓名和课程名，查看学生的成绩（本例使用 MySQL 中 pxscj 数据库的 cj 表）。

新建 get_main.php 文件，输入以下代码：

```
<html>
<head>
<meta http-equiv="Content-Type" content="text/html; charset=gb2312" />
<title>AJAX Example</title>
<script>
//AJAX 初始化函数
function GetXmlHttpObject()
{
    var XMLHttp=null;
    try
    {
        XMLHttp=new XMLHttpRequest();
    }
    catch (e)
    {
        try
```

```
            {
                XMLHttp=new ActiveXObject("Msxml2.XMLHTTP");
            }
            catch (e)
            {
                XMLHttp=new ActiveXObject("Microsoft.XMLHTTP");
            }
        }
        return XMLHttp;
    }
    function cj_query()
    {
        XMLHttp=GetXmlHttpObject();                    //初始化一个 XMLHttpRequest 对象
        //得到"姓名"和"课程名"文本框中输入的值
        var XM=document.getElementById("XM").value;
        var KCM=document.getElementById("KCM").value;
        var url="get_process.php";                     //服务器端在 get_process.php 中处理
        url=url+"?xm="+XM+"&kcm="+KCM;                  //url 地址, 以 GET 方法传递
        url=url+"&sid="+Math.random();                 //添加一个随机数, 以防服务器使用缓存的文件
        XMLHttp.open("GET",url, true);                 //以 GET 方法通过给定的 url 打开 XMLHTTP 对象
        XMLHttp.send(null);                            //向服务器发送 HTTP 请求, 请求内容为空
        XMLHttp.onreadystatechange = function()        //定义响应处理函数
        {
            if (XMLHttp.readyState==4&&XMLHttp.status==200)
            {
                //如果请求成功则在"CJ"文本框中显示 get_process.php 传回的信息
                document.getElementById("CJ").value=XMLHttp.responseText;
            }
        }
    }
</script>
</head>
<body>
<form action="">
    姓名: <input type="text" name="XM" size="12">
    课程名: <input type="text" name="KCM" size="12">
    <input type="button" value="查询" onclick="cj_query();"><br>
    成绩: <input type="text" name="CJ" size="12">
</form>
</body>
</html>
```

新建 get_process.php 文件, 输入以下代码:

```php
<?php
    $XM=$_GET['XM'];                                   //取得姓名的值
    $KCM=$_GET['KCM'];                                 //取得课程名的值
    header('Content-Type:text/html;charset=gb2312');   //发送 header, 将编码设为 gb2312
    $conn=mysqli_connect("localhost","root","123456"); //连接 MySQL 服务器
    mysqli_select_db($conn, "pxscj");                  //选择 pxscj 数据库
    mysqli_query($conn, "SET NAMES gb2312");           //将字符集设为 gb2312
    //查询成绩的 SQL 语句
    $sql="SELECT cj FROM cj WHERE xm='$XM' AND kcm='$KCM'";
    $result=mysqli_query($conn, $sql);
```

```
        $row=mysqli_fetch_array($result);
        if($row)
            echo $row['cj'];                              //输出成绩
        else
            echo "无此成绩";
    ?>
```

运行 get_main.php 文件，在"姓名"文本框中输入"周何骏"，在"课程名"文本框中输入"Java"，单击"查询"按钮，在页面不刷新的情况下，"成绩"文本框中将显示该姓名学生相应课程的成绩，如图 11.3 所示。

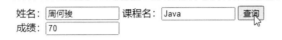

图 11.3　无刷新查询学生成绩

说明：

- 通过设置按钮的 onclick 方法。当用户单击"查询"按钮时，会触发 cj_query()函数的运行。
- 在程序中使用 document.getElementById()的 value 属性来获取文本框中的内容。
- 由于在使用 AJAX 时默认的返回字符编码是 utf-8，而后台处理时字符集为 gb2312，如果返回的数据是中文则会显示为乱码，所以在 get_process.php 中需要使用 header()函数将发送的字符编码指定为 gb2312。

## 11.2.2　使用 POST 方法

使用 POST 方法发送请求时，在 open()方法中发送的 url 中不包含参数。在上传文件或发送 POST 请求时，必须先调用 XMLHttpRequest 对象的 setRequestHeader()方法修改 HTTP 报头的相关信息，如下所示：

```
XMLHttp.setRequestHeader("Content-Type","application/x-www-form-urlencoded")
```

然后，在使用 send()方法发送请求时，send()方法的参数就是要发送的查询字符串，格式如下：

```
参数 1=值 1&参数 2=值 2&…
```

例如，下面的代码是使用 POST 方法发送请求的过程：

```
var XMLHttp=GetXmlHttpObject();                                      //初始化
var StuXM="周何骏";
var StuKC="计算机导论";
var url="xxx.php";                                                   //在 xxx.php 中处理
var postStr="StuXM="+StuXM+"&StuKC="+StuKC;                          //传送 StuXM 和 StuKC 两个值
XMLHttp.open("POST",url, true);                                      //用 POST 方法打开对象
XMLHttp.setRequestHeader("Content-Type","application/x-www-form-urlencoded");  //设置头信息
XMLHttp.send(postStr);                                               //发送请求
```

【例 11.2】　要添加一个学生的信息，用户输入姓名，使用无刷新技术判断姓名是否存在并给出提示。

新建 post_main.php 文件，输入以下代码：

```
<html>
<head>
<meta http-equiv="Content-Type" content="text/html; charset=gb2312" />
<title>AJAX Example2</title>
<script>
//初始化函数
function GetXmlHttpObject()
{
```

```
        var XMLHttp=null;
        try
        {
            XMLHttp=new XMLHttpRequest();
        }
        catch (e)
        {
            try
            {
                XMLHttp=new ActiveXObject("Msxml2.XMLHTTP");
            }
            catch (e)
            {
                XMLHttp=new ActiveXObject("Microsoft.XMLHTTP");
            }
        }
        return XMLHttp;
}
//单击"查询"按钮触发 run()函数
function run()
{
    XMLHttp=GetXmlHttpObject();
    var XM=document.getElementById("XM").value;                          //得到"姓名"文本框中输入的值
    var CSSJ=document.getElementById("CSSJ").value;                      //得到"出生日期"文本框中输入的值
    var url="post_process.php";                                          //服务器端在 post_process.php 中处理
    var poststr="xm="+XM+"&cssj="+CSSJ;                                  //url 地址，以 POST 方法传递
    XMLHttp.open("POST",url,true);                                       //以 POST 方法打开 XMLHTTP 对象
    XMLHttp.setRequestHeader("Content-Type","application/x-www-form-urlencoded");  //设置头信息
    XMLHttp.send(poststr);                                               //向服务器发送 HTTP 请求
    XMLHttp.onreadystatechange = function()                             //定义响应处理函数
    {
        if (XMLHttp.readyState==4&&XMLHttp.status==200)
        {
            //如果"姓名"文本框内容为空则提示"姓名未填"
            if(XM=="")
            {
                window.alert("姓名未填");
            }
            else
            {
                //如果接收到的字符串为"1"则表示姓名已存在
                if(XMLHttp.responseText=="1")
                {
                    //设置 id 为"txthimt"的标记要显示的信息
                    document.getElementById("txthint").innerHTML="姓名已存在";
                }
                //如果接收到的字符串为"0"则表示姓名不存在
                else if(XMLHttp.responseText=="0")
                {
                    document.getElementById("txthint").innerHTML="不存在同名";
                }
            }
        }
```

```
            }
        }
    }
</script>
</head>
<body>
<form>
<table bgcolor="#CCCCCC" width="260" border="1" align="center" cellpadding="0" cellspacing="0">
<tr>
    <td width="90">  姓       名:</td>
    <td>
        <input type="text" name="XM" size="10">
        <input type="button" name="select" value="检测" onclick="run();">
    </td>
</tr>
<tr>
    <td>  性       别:</td>
    <td>
        <input type="radio" name="XB" value="1">男
        <input type="radio" name="XB" value="0">女
    </td>
</tr>
<tr>
    <td bgcolor="#CCCCCC" width="90">  出生日期:</td>
    <td><input name="CSSJ" type="text" size="10"></td>
</tr>
<tr>
    <td align="center" colspan="2">
        <input type="submit" name="cmdINSERT" value="添加">
    </td>
</tr>
</table>
</form>
<!-- 设置 id 为"txthint"的 div 标记，用于显示返回信息 -->
<font color="red"><div id="txthint" align="center"></div></font>
</body>
</html>
```

新建 post_process.php 文件，输入以下代码：

```
<?php
    $XM=$_POST['XM'];
    $CSSJ=$_POST['CSSJ'];
    header('Content-Type:text/html;charset=gb2312');          //发送 header，将编码设为 gb2312
    $conn=mysqli_conncct("localhost","root","123456");        //连接 MySQL 服务器
    mysqli_select_db($conn, "pxscj");                         //选择 pxscj 数据库
    mysqli_query($conn,"SET NAMES gb2312");                   //将字符集设为 gb2312
    $sql="SELECT * FROM xs WHERE xm='$XM'";                   //查询语句
    $result=mysqli_query($conn,$sql);
    $row=mysqli_fetch_array($result);
    if($row)
        echo "1";
    else
        echo "0";
```

```
?>
```

运行 post_main.php 文件，在"姓名"文本框中输入要添加的新学生姓名，单击"检测"按钮，表格的下方将会给出相应的提示，如图 11.4 所示。

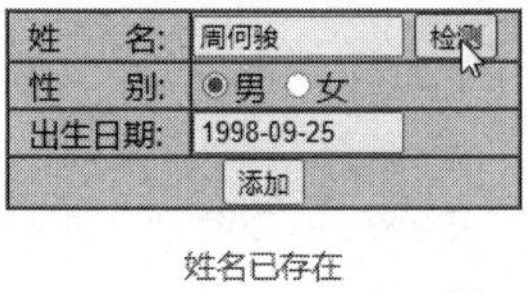

图 11.4　测试姓名是否存在

说明：这种方法经常用在用户注册系统中，为了保证用户名的唯一性，在注册时检查用户名是否已经存在。使用 AJAX 可以在不影响用户填写表单的前提下检测用户名的唯一性，增加了页面的友好度。

## 11.2.3　实例——AJAX 的应用

【例 11.3】 从 pxscj 数据库中取出所有课程名的列表，放入下拉框中，当选择某个课程时，下拉框下方将显示所有选修了该课程的学生姓名及成绩。

新建 ajax_main.php 文件，输入以下代码：

```
<html>
<head>
<meta http-equiv="Content-Type" content="text/html; charset=gb2312" />
<title>AJAX Example3</title>
<script>
//初始化函数
function GetXmlHttpObject()
{
    var XMLHttp=null;
    try
    {
        XMLHttp=new XMLHttpRequest();
    }
    catch (e)
    {
        try
        {
            XMLHttp=new ActiveXObject("Msxml2.XMLHTTP");
        }
        catch (e)
        {
            XMLHttp=new ActiveXObject("Microsoft.XMLHTTP");
        }
    }
    return XMLHttp;
}
//选择列表框中选项时触发 redirec()函数
function redirec()
{
    XMLHttp=GetXmlHttpObject();
    var ZY=document.getElementById("s").value;
    var url="ajax_process.php";                    //服务器端在 ajax_process.php 中处理
```

```
        url=url+"?kcm="+KCM;                                    //url 地址，以 GET 方法传递
        url=url+"&sid="+Math.random();                          //添加一个随机数，以防服务器使用缓存的文件
        XMLHttp.open("GET",url,true);                           //通过 GET 方法打开 XMLHTTP 对象
        XMLHttp.send(null);                                     //向服务器发送 HTTP 请求，请求内容为空
        XMLHttp.onreadystatechange = function()                 //定义响应处理函数
        {
            if (XMLHttp.readyState==4&&XMLHttp.status==200)
            {
                //在"txthint"上显示返回信息
                document.getElementById("txthint").innerHTML=XMLHttp.responseText;
            }
        }
    }
</script>
</head>
<body>
<form name="frm">
<select name="s" onChange="redirec()">
    <option selected>请选择</option>
    <?php
    $conn=mysqli_connect("localhost","root","123456");          //连接 MySQL 服务器
    mysqli_select_db($conn, "pxscj");                           //选择 pxscj 数据库
    $sql="SELECT DISTINCT kcm FROM kc";
    $result=mysqli_query($conn,$sql);
    while($row=mysqli_fetch_array($result))
    {
        $KCM=$row['kcm'];
        echo "<option value='$KCM'>$KCM</option>";
    }
    ?>
</select>
</form>
<!-- 设置 id 为"txthint"的 div 标记，用于显示返回信息 -->
<div id="txthint"></div>
</body>
</html>
```

新建 ajax_process.php 文件，输入以下代码：

```
<?php
    $KCM=$_GET['kcm'];
    $conn=mysqli_connect("localhost","root","123456");          //连接 MySQL 服务器
    mysqli_select_db($conn, "pxscj");                           //选择 pxscj 数据库
    $sql="SELECT xm,cj FROM cj WHERE kcm='$KCM'";
    $result=mysqli_query($conn ,$sql);
    while($row=mysqli_fetch_array($result))
    {
        echo $row['xm'].'    '. $row['cj'].'<br/>';              //输出所有选修该课程的学生姓名及成绩
    }
?>
```

运行 ajax_main.php 文件，选择"课程名"下拉框中的"Java"课程，下方将显示所有选修了该课程的学生姓名及成绩，如图 11.5 所示。

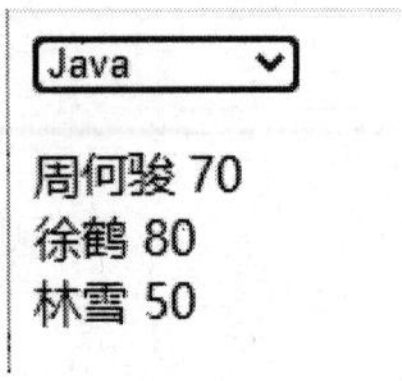

Java

周何骏 70
徐鹤 80
林雪 50

图 11.5　下拉框的 AJAX 技术

# 习题 11

## 一、简答题

1. 简述 AJAX 的工作原理。
2. 简述 AJAX 技术的优缺点。
3. 如何初始化 AJAX？不同的浏览器初始化的方法是否相同？
4. 使用 AJAX 如何发送 HTTP 请求？
5. AJAX 如何处理服务器返回的信息？

## 二、编程题

1. 编写程序，分别使用 GET 和 POST 方法测试 PHP 与 AJAX 的交互。
2. 编写程序，应用 AJAX 技术对学生表（xs 表）中的数据按姓名（xm）进行模糊查询。

# 第 2 部分　实　　训

## 实训 1　PHP、HTML+CSS 基础知识

### 实训 1.1　基本标记

1. 完成【例 1.1】，熟悉 HTML 文档的基本结构。
2. 完成【例 1.2】并修改页面。
(1) 将网页背景定义为蓝色。
(2) 在网页中插入一个图片，规定图片的大小。
(3) 将"标题标记 1"设计成滚动字幕。
3. 仿照【例 1.3】制作如图 T.1 所示的学院列表，要求将每个列表项都做成超链接指向南京师范大学对应学院的主页。

图 T.1　学院列表

4. 自己设计一个网页，该网页显示一篇新闻稿，要求尽可能多地使用 HTML 标记，设计完成后在浏览器中查看效果。

### 实训 1.2　表格

1. 完成【例 1.4】，创建一个学生成绩表并修改表格。
(1) 为通信工程专业增加一名学生"221204　马琳琳　87 75"。
(2) 增加一门"操作系统"课程，只有计算机专业的学生在这门课程上有成绩。
(3) 给"专业"列单元格加浅绿色背景，字体设为楷体，字号放大一号。
(4) 将"学号"列单元格内容居中显示。
2. 自己设计一个课程信息表，描述课程的学时、学分、开课学期等。

## 实训 1.3　表单

1. 完成【例 1.7】，制作一个学生个人信息的表单并修改。

（1）将表单"性别"栏的默认选项修改为"女"。

（2）将"学号"文本框中的内容设为不可更改。

（3）将表单中所有文本框的 size 属性设为 20。

（4）运用 CSS 样式将表单所有栏目的标记文字改为楷体 15 号，表单标题文字设为黑体 20 号。

2. 完成【例 1.9】，设计一个框架网页，并将在 1.中所做的表单放入框架中显示。

3. 自己设计一个登录表单，包括"登录名"、"密码"文本框和"提交"按钮，使用 PHP 获得用户输入的登录名和密码。当登录名为"user"、密码为"123456"时提示登录成功。

# 实训 2　PHP 环境与开发入门

## 实训 2.1　环境安装与简单开发

1. 参考教材有关内容，在自己的计算机上依次安装 Apache、PHP、MySQL 及 Eclipse。

2. 参考教材有关内容，创建一个 PHP 项目，用文中所述三种不同的操作方式运行项目显示 PHP 版本信息页。然后，对 PHP 环境配置进行以下修改。

（1）开放 oci8_12c 扩展库，使 PHP 能支持 Oracle 12c 数据库访问。

（2）将"display_errors"选项的值由"Off"改为"On"，这样当 PHP 代码产生错误时，错误信息将会被显示在浏览器上，有助于调试错误。

修改完配置后保存，重启 Apache 服务器。再次运行项目，从 PHP 版本信息页中查看以上配置是否生效。

3. 参考教材有关内容，运行三种简单 PHP 程序，测试搭建的环境能否正常工作，并熟悉 PHP 程序的几种基本结构。

## 实训 2.2　Smarty 模板开发

1. 参考教材有关内容，在自己的 PHP 项目中安装配置 Smarty 类库。

2. 完成【例 2.1】，用 Smarty 模板开发一个学生成绩录入页面。

## 实训 2.3　集成环境与项目迁移

1. 参考教材有关内容，安装 phpStudy 集成环境，运行三种简单 PHP 程序进行测试。

2. 参考教材有关内容，安装 WampServer 集成环境，运行三种简单 PHP 程序进行测试。。

3. 参考教材有关内容，理解项目迁移的原理并掌握操作方法，然后进行如下训练。

（1）将【例 2.1】开发的 Smarty 模板项目由本地计算机 Apache 服务器迁移进 WampServer 集成环境，运行后看效果如何。

（2）将 WampServer 集成环境下开发的项目移植到 phpStudy 环境看能否正常运行，想想为什么。

# 实训 3 PHP 基础语法

## 实训 3.1 变量及输出

1. 完成【例 3.1】，以几种不同的方式输出 PHP 变量。

2. 编程显示如图 T.2 所示的学生信息表格，要求学号列以变量赋值输出。然后对程序进行如下修改。

图 T.2 学生信息表格

（1）将"专业"列内容的字体改为黑体、颜色改为红色。

（2）将"学号"列内容改成字体为幼圆的超链接，单击后以 JavaScript 弹出框显示该学生的总学分（用变量在程序中赋值）。

（3）将"姓名"列内容改为在文本框中输出，所有文本框皆位于"姓名"列的单元格中。

3. 完成【例 3.2】，接收和显示由表单提交的$_GET、$_POST、$_REQUEST 变量。

## 实训 3.2 程序流程控制

1. 完成【例 3.4】，掌握条件控制语句的用法。

2. 参照【例 3.7】，用循环输出图 T.2 的学生信息表格。提示：学生信息以"键名-值"的形式存于数组中，再以循环遍历输出。

3. 计算从 1 开始到指定数字的累加和，指定数字由用户输入，运行结果如图 T.3 所示。

图 T.3 计算累加和

## 实训 3.3 函数应用

1. 完成【例 3.8】，学会用 count 函数取得数组中值的个数。

2. 参照【例 3.8】对【例 3.5】进行修改，将小王的兴趣爱好由下拉框单选改为复选框多选，提交后输出小王的各项爱好。

3. 完成【例 3.9】的计算器程序，掌握用户自定义函数的编程方法。

## ▽ 实训 4　PHP 数组与字符串

### 实训 4.1　数组处理

　　1．完成【例 4.1】，在页面上生成 5 个文本框，用户输入学生成绩，提交表单后输出其中分数低于 60 分的值，并计算平均成绩后输出。然后，对程序进行如下修改。

　　（1）将用户输入的成绩值按由高到低进行排序（用 PHP 的数组排序函数），提交表单后先按排序顺序输出所有学生成绩。

　　（2）将用户输入的成绩值按由低到高进行排序（编写一个自定义函数实现），提交表单后先按排序顺序输出所有学生成绩。

　　2．完成【例 4.2】，掌握二维数组及其排序方法。

### 实训 4.2　字符串操作

　　完成【例 4.3】，将各种字符串操作方法用于处理留言簿内容。然后，对程序进行如下修改。

　　（1）以逗号为分隔符将留言内容分隔后存入数组。

　　（2）对数组中的每段留言查找判断其中是否有"PHP"。

　　（3）输出显示含有"PHP"的留言，其中的"PHP"以 HTML 超链接形式呈现于页面上。

### 实训 4.3　正则表达式

　　完成【例 4.4】，用正则表达式验证注册页面表单。然后，对程序进行如下修改。

　　（1）进一步限定用户名为 6～10 个字符。

　　（2）在表单中增添一个"出生日期"注册项，用正则表达式检查用户填写的是否为有效的日期。

　　（3）使用正则表达式函数从邮箱地址中提取出域名。

## ▽ 实训 5　PHP 常用功能模块

### 实训 5.1　文件操作

　　1．完成【例 5.1】，通过表单向指定的目录上传图片。在界面上添加一个"下载图片"按钮，单击后弹出"新建下载任务"对话框，让用户选择路径，然后单击"下载"按钮再将上传的图片下载下来保存到该路径。

　　2．完成【例 5.2】，给当前最流行的 Web 开发语言投票。然后，修改程序，将得票数最多的语言及票数值写入另一个文件（以语言名为文件名）中单独保存。

### 实训 5.2　图形处理

　　1．到 PHP 配置文件（php.ini）中或 PHP 版本信息页上查看处理图形的 GD 2 库功能是否已开放。

　　2．完成【例 5.3】～【例 5.6】，掌握基本几何图形的绘制及简单文本输出。

　　3．按照 5.2.3 节的指导，编写程序绘制如图 T.4 所示的效果。

　　4．仿照【例 5.7】，开发程序实现如下绘图功能。

　　（1）绘制如图 T.5 所示的销售数据分析图。

北京——双奥之城！
2008—2022年

图 T.4　绘制效果

图 T.5　销售数据分析图

（2）已知某公司 1～6 月份的每月销售额，销售额由用户输入。请根据销售额画出 1～6 月份的销售情况走势图，横坐标为月份，纵坐标为销售额，每个节点之间由斜线连接。

（3）将（2）的程序修改为用柱形图表示。

5. 结合【例 5.1】和【例 5.9】的功能，在 D 盘上新建一个"load"目录，由表单选择一个图片文件，将其缩放为指定大小后上传到 load 目录下。

6. 完成【例 5.10】，随机生成验证码的图片。

## 实训 5.3　日期时间处理

完成【例 5.11】，显示日历。修改程序添加如下功能。

（1）让用户可以选择具体日期。

（2）计算出该日期是当年的第几天、星期几，并输出显示。

# 实训 6　PHP 面向对象程序设计

1. 完成【例 6.1】，设计一个学生管理类获取学生信息并显示，并对程序进行如下修改。

（1）进一步丰富学生类（student）的属性，增加出生日期、专业、备注和爱好等属性，设计相应的表单输入栏，提交后显示出来。

（2）使用户提交后即使页面被刷新，表单中仍能保留显示原先输入的值。

2. 设计一个简单的购物车类，类中包含的属性为购物车项目，包含的方法为向购物车添加项目和去除项目的方法。

3. 设计一个画图类，类中包含画直线、圆、矩形等基本图形的方法，并应用该类重新编写【例 5.3】～【例 5.6】程序实现相同的功能，比较看看代码结构有什么不同，哪种编程方式更佳？

# 实训 7　构建 PHP 互动网页

1. 完成【例 7.1】，制作一个学生个人信息表单，提交并验证数据正确性。然后，对程序进行如下修改。

（1）改用 POST 方法提交表单数据，运行程序，提交后观察地址栏 URL 与原程序有什么不一样，为什么？

（2）以面向对象方法将学生个人信息封装为一个类的属性，实现相同的功能。

2. 完成【例 7.4】，制作一个智能问答系统，并对系统进行如下修改和试验。

（1）支持多个用户同时登录在线答题，用 Session 分别保存不同用户的信息，答题结束后统计输出所有参与用户的得分及排名，以表格显示。

（2）改用 Cookie 保存登录用户的信息，已登录过的用户退出后关闭浏览器，再打开浏览器重新访问系统，会发生什么现象？为什么？

（3）给系统增加罚时功能，对提交答案得分低于 60 的用户限制其必须等待 10 分钟（min）后才能重新答题。

（4）限制用户的答题次数，同一个用户一个月内最多只能答题三次，以得分最高的那次成绩作为最终的成绩参与排名。

3．综合运用 PHP 互动网页开发技术，设计制作一个竞选班长投票统计系统，要求如下：

（1）必须先登录才能参与投票。

（2）候选人由用户提名，每个用户最多只能提名三个候选人。

（3）用户对每个候选人最多只能投一票，不允许重复投票。

（4）系统在线统计各候选人的得票数并更新排名，登录的用户可随时查看。

# 实训 8　数据库及对象创建与操作

## 实训 8.1　熟悉 MySQL

1．上网查资料，了解 MySQL 版本的变迁，看看 MySQL 5.7 和 MySQL 8 有什么不同，以及目前各自的市场占有情况和应用范围。

2．参照第 2 章内容，以安装包方式安装 MySQL 服务器。

3．从 MySQL 官网下载最新版本的压缩包，参考官方文档和网络资料，以压缩包方式安装和配置 MySQL。

4．用"Windows 任务管理器"查看 MySQL 进程，分别在"Windows 任务管理器"的"服务"页和操作系统"计算机管理"中查看与控制（启动、停止）MySQL 服务。

5．分别通过 Windows 命令行、MySQL 客户端（MySQL Command Line Client）和 Navicat 图形化界面工具等多种不同的方式连接 MySQL 实例。

## 实训 8.2　创建数据库和表

1．参考教材有关内容，创建学生成绩数据库及其中的表

（1）使用 CREATE DATABASE 语句创建学生成绩数据库 pxscj。

（2）使用 CREATE TABLE 语句在 pxscj 数据库中创建学生表（xs 表）、课程表（kc 表）和成绩表（cj 表）。

2．重复创建出错及处理

（1）在 pxscj 数据库已存在的情况下，再次使用 CREATE DATABASE 语句新建 pxscj 数据库，查看错误信息，再尝试加上 IF NOT EXISTS 关键词创建 pxscj 数据库，看看有什么变化。

（2）在数据库中已有学生表（xs 表）的情况下，再次使用 CREATE TABLE 语句创建学生表，查看错误信息，然后在创建表的语句前加上"DROP TABLE IF EXISTS xs;"，执行后看看有什么不同。

3．参考教材有关内容，分别向学生表（xs 表）、课程表（kc 表）和成绩表（cj 表）录入记录。

## 实训 8.3　创建和测试数据库对象

### 一、创建和测试完整性

1．参考教材有关内容，为成绩表（cj 表）创建完整性。

2. 尝试将课程表（kc 表）的"课程名"（kcm）列类型改为 char(10)，看看会发生什么，为什么？

3. 仿照 1.创建完整性：

（1）在学生表（xs 表）中删除一条记录，如果成绩表（cj 表）中存在该姓名（xm）对应的记录则不能删。

（2）在课程表（kc 表）中删除一条记录，如果成绩表（cj 表）中存在该课程名（kcm）对应的记录则不能删。

4. 参考教材有关内容，测试成绩表（cj 表）上的完整性。

5. 执行以下语句：

```
DELETE FROM xs WHERE xm='周何骏';
DELETE FROM kc WHERE kcm='Java';
```

看看能否执行成功，为什么？

**二、创建和测试触发器**

1. 先为触发器的创建和测试做准备，执行如下语句：

```
TRUNCATE TABLE cj;
UPDATE kc SET krs=0;
```

2. 参考教材有关内容，为成绩表（cj 表）创建插入、删除和更新触发器。

3. 仿照 2.创建触发器：

（1）在成绩表（cj 表）中插入一条记录，则在课程表（kc 表）中对应该课程记录的考试人数（krs）加 1。

（2）在成绩表（cj 表）中删除一条记录，则在课程表（kc 表）中对应该课程记录的考试人数（krs）减 1。

4. 对成绩表（cj 表）上的触发器进行测试。

（1）参考教材有关内容，插入成绩表（cj 表）记录，观察学生表（xs 表）中累加的总学分（zxf）值及统计的考试人数（krs）是否正确。

（2）参考教材有关内容，测试更新触发器和删除触发器的功能。

**三、创建和测试存储过程**

1. 参考教材有关内容，创建统计考试人数和平均成绩的存储过程。

2. 创建带参数的存储过程，比较某门课程（kcm 为输入参数 1）的两个学生（两者 xm 分别为输入参数 2 和 3）的成绩，若前者高于后者则输出 1，否则输出 0。

3. 创建存储过程，使用游标计算某门课程（kcm 为输入参数）的及格率（输出参数）。

4. 测试以上创建的三个存储过程。

# 实训 9　使用 PHP 扩展函数库操作数据库

1. 通过查阅官方文档和网络资料，了解 PHP 为哪些 DBMS 提供了扩展函数库，比较各个库的函数功能和对应关系，总结归纳并制作成一个表格以便系统地学习。

2. 完成并修改【例 9.1】程序，用 mysqli_error 函数输出错误信息的内容，然后故意在程序中写错误的用户名或密码，运行后观察输出信息。

3. 完成【例 9.2】和【例 9.3】，掌握结果集记录的获取及分页显示方法。

4. 设计一个页面，将学生表（xs 表）中的所有记录分页显示，并实现根据姓名、出生时间模糊查询学生信息的功能。

5. 完成【例 9.4】～【例 9.6】，请特别注意和比较本书代码中的加黑处，深刻理解 PHP 扩展函数库操作各种不同数据库的实质。

6. 仿照【例 9.4】编写程序对学生表操作，用于查找、修改、添加和删除学生信息。

# 实训 10　使用 PDO 通用接口操作数据库

1. 通过查阅官方文档和网络资料，了解 PHP 的 PDO 接口目前能支持哪些 DBMS，尝试从网上获取各种常用数据库的 PDO 驱动，并安装它们。

2. 完成【例 10.1】的登录模块，并按照书上的指导将程序移植到 SQL Server 上运行。

3. 将【例 9.4】操作课程表的程序改写为基于 PDO 来操作 MySQL，成功后再参照书上的方法将程序分别移植到 SQL Server 和 Oracle 系统上，看看需要对原程序的代码做怎样的改动，这说明了什么？

# 实训 11　PHP 与 AJAX

1. 完成【例 11.1】，使用 GET 方法发送请求与 AJAX 交互。

2. 完成【例 11.2】，使用 POST 方法发送请求与 AJAX 交互。

3. 完成【例 11.3】，程序界面提供一个"课程名"下拉框，选择某个课程时将显示所有选修了该课程的学生姓名及成绩。然后修改程序，实现如下功能。

（1）将姓名及成绩改为在一个表格中显示，其中"成绩"列单元格用文本框显示成绩。

（2）将整个表格置于一个表单中，文本框中的成绩可以修改，使用 AJAX 技术在页面无刷新的情况下对数据库中学生成绩进行修改并实时回显。

# 第3部分　综合应用实训
## ——PHP/MySQL 学生成绩管理系统

前面各章的实例基本都是单个 PHP（.php）源文件或直接在 HTML 页面中嵌入 PHP 脚本（<?php...?>），这种方式仅适用于初学者学习或编写简单的小程序，若想进行实际的大型应用系统开发则必须使用框架。所谓"框架"就是由第三方（通常是业内大公司）根据业界标准规范和通行的设计模式开发出来专为开发者提供基础架构功能的软件产品，它的作用类似于基础设施，与具体应用无关，由开发者依框架既定的模式来编写程序，实现具体的应用功能。市面上很多框架都是久经考验的成熟产品，而且开源，在实际开发中使用框架不仅可简化编程，使做出的系统结构更为清晰合理，易于扩展和维护，而且在运行性能、可靠性和安全性上也更有保障。

本部分基于当前 PHP 领域最为流行的框架——ThinkPHP，开发一个学生成绩管理系统，所用数据库是在第 8 章已建好的 MySQL 数据库（pxscj）。希望读者通过这个案例的学习和实战，能初步掌握 PHP 框架开发技术，对运用 PHP 解决实际问题及今后的工作有所裨益。

# P.1　ThinkPHP 入门

ThinkPHP 是一个免费开源的轻量级 PHP 开发框架，它自诞生以来就始终秉承"大道至简"的理念，在保持出色性能和至简代码的同时，更注重优雅和易用性。作为一个快速、简单的面向对象框架，ThinkPHP 一直在敏捷 Web 开发和简化企业应用开发方面发挥着举足轻重的作用。ThinkPHP 遵循 Apache 2 开源许可协议，任何人都可以免费使用，将自己基于它开发的应用开源或作为商业产品发布和销售。目前，ThinkPHP 在国内 PHP 市场占据主导地位，掌握它是从事 PHP 开发的必备技能之一。

ThinkPHP 官网地址为 https://www.thinkphp.cn/，当前最新版本是 ThinkPHP 6，它基于精简核心和统一用法两大原则在 5.1 版的基础上对底层架构做了进一步优化改进，使其更加规范。ThinkPHP 官方主页上提供从 ThinkPHP 3.2、5.0、5.1 至 6.0 各个版本的完全开发手册（文档），有兴趣的读者可自己深入学习。

## P.1.1　ThinkPHP 的安装

由于引入了一些新特性，ThinkPHP 6 运行环境要求 PHP 7.2 以上版本，本书使用的 PHP 7.4 完全满足要求。

### 1. 安装 Composer

Composer 是一个 PHP 依赖管理工具，无论是 ThinkPHP 本身还是框架所依赖的其他第三方库，全都要通过它来安装，其地位和作用类同于 Python 的 pip/pip3 工具或 Spring Boot 的 Maven。ThinkPHP 6 只能通过 Composer 来安装和配置，故首先要安装 Composer。

（1）从网上获取安装包 Composer-Setup.exe，双击出现界面后选择安装模式为"Install for all users(recommended)"启动安装向导，如图 P.1 所示。单击"Next"按钮。

（2）在"Settings Check"界面中单击"Browse..."按钮选择自己计算机上 PHP 的命令行可执行文件 php.exe 所在路径，并勾选"Add this PHP to your path?"复选框将该路径添加到系统 Path 环境变量中，如图 P.2 所示。单击"Next"按钮。

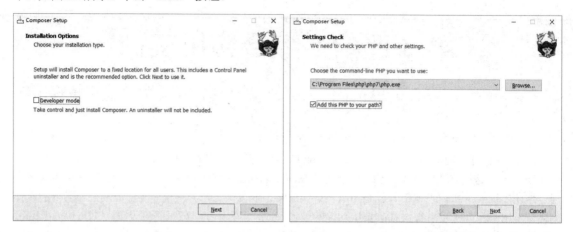

图 P.1　安装向导　　　　　　　图 P.2　添加 PHP 命令行执行路径到环境变量

（3）在"Proxy Settings"界面中直接单击"Next"按钮，进入"Ready to Install"界面，该界面列出用户计算机系统中 PHP 的版本、配置文件（php.ini）及修改后的备份路径等信息，确认无误后单击"Install"按钮开始安装 Composer。在安装过程中可能还会弹出"Information"对话框显示一些提示信息，直接单击"Next"按钮继续，最后在"Completing Composer Setup"界面中单击"Finish"按钮结束安装。

（4）重启计算机，以管理员身份打开 Windows 命令行，执行命令：

```
composer config -g repo.packagist composer https://mirrors.aliyun.com/composer/
```

Composer 安装完成。

### 2. 创建框架项目

基于 ThinkPHP 的程序都是在一个既定的框架项目中开发的，用 Composer 创建这个框架项目。

（1）进入自己计算机的 PHP 安装目录，以 Windows 记事本打开配置文件（php.ini），找到并设置开放（去掉行前分号）fileinfo 扩展，如下：

```
extension=fileinfo
```

（2）以管理员身份打开 Windows 命令行，进入 Web 根目录（计算机上 PHP 环境部署 Web 项目的目录，笔者是部署在 Apache 服务器的 htdocs 目录，读者可根据自己的实际情况进行操作）：

```
cd C:\Program Files\Php\Apache24\htdocs
```

然后在 Web 根目录下执行命令：

```
composer create-project topthink/think tp
```

该命令语句最后的"tp"是框架项目名称，可任意取名，只要在后面运行程序时确保访问 URL 路径中的项目名与之一致即可。

命令执行时，屏幕会输出一系列信息，显示正在逐一下载和安装 ThinkPHP 框架的各个组件包，如图 P.3 所示，直至最后显示"@php think service:discover Succeed!"和"@php think vendor:publish Succeed!"表示安装成功。

此时，在 Web 根目录下可看到生成的 ThinkPHP 框架项目（tp），如图 P.4 所示。

### 3. 运行框架

在 Windows 命令行状态下，进一步进入 ThinkPHP 框架项目目录，即应用根目录：

```
cd tp
```

接着运行框架，执行命令：

```
php think run
```

图 P.3　ThinkPHP 框架安装过程

图 P.4　生成的 ThinkPHP 框架项目（tp）

　　屏幕上输出一些信息，表明框架已经启动了，如图 P.5 所示。此时，打开浏览器访问 http://localhost:8000/，可看到 ThinkPHP 的欢迎页，如图 P.6 所示。

图 P.5　启动框架　　　　　　　　　　图 P.6　ThinkPHP 欢迎页

### 4. 安装模板引擎

　　用框架进行应用系统的前端（Web 页面）开发必须借助模板引擎，而 ThinkPHP 6 并未集成任何第三方的模板引擎，故需要由用户自己额外安装。ThinkPHP 开发主要使用的模板引擎是 think-template，其配套的驱动组件是 think-view，安装方法如下。

　　（1）以管理员身份打开 Windows 命令行，进入应用根目录（ThinkPHP 框架项目目录）：

```
cd C:\Program Files\Php\Apache24\htdocs\tp
```

> ◎◎注意：
> 一定要进入框架的项目目录中！而非外层的 Web 根目录。

（2）安装模板引擎驱动，执行命令：

```
composer require topthink/think-view
```

PHP 7 对应只能安装 1.0 版本的驱动，屏幕会输出一些信息对此加以说明。

（3）进入框架项目的 vendor/topthink 子目录下查看 ThinkPHP 所包含的第三方组件，看到其中有了 think-template 和 think-view 这两个文件夹就表示模板引擎已经成功地安装进框架中了，如图 P.7 所示。

图 P.7　模板引擎安装成功

至此，ThinkPHP 框架及其开发所需的基本组件就安装好了。

## P.1.2　ThinkPHP 项目结构

ThinkPHP 遵循 MVC 思想，因此其项目结构也与之相适应，以规范用户采用 MVC 模式来设计自己的 PHP 程序。

### 1. MVC 设计模式

MVC 是 Model（模型）、View（视图）、Controller（控制器）这三个英文单词的首字母缩写，其思想最早由 Trygve Reenskaug 于 1974 年提出，而作为一种软件设计模式，则是由 Xerox PARC 在 20 世纪 80 年代为 Smalltalk-80 语言发明的，后又被推荐为 Web 开发的标准模式，受到越来越多互联网应用开发者的欢迎，至今已被广泛使用。

MVC 强制性地要求把应用程序的数据操作、内容展示和响应控制分隔开来，将一个 Web 应用程序划分为模型、视图和控制器三大基本模块，分别担当不同的任务：

（1）模型：直接与数据库交换数据，在内存中暂存数据，并在数据有更新时通知控制器，当更新的数据需要持久化时及时写入数据库。在 ThinkPHP 项目中，模型是以实体对象的形式存在的，其所属的对象类均继承自框架的 think\Model 类（或其子类），模型会自动对应数据库的表，模型类的命名规则是除去表前缀的数据表名称，采用驼峰命名法且首字母大写，例如，学生表（xs 表）对应的模型类为 Xs，用户信息表（userinfo 表）对应的模型类为 UserInfo。

（2）视图：主要用来解析、处理和显示数据内容，对前端页面进行渲染。ThinkPHP 的视图功能由 think\facade\View 类配合模板引擎驱动（think-view）一起完成，在程序中可以直接使用 View 类操作视图，数据经由模板引擎的内置标记渲染到页面上。

（3）控制器：主要用来处理由视图发出的请求。控制器是 MVC 的核心，它决定了如何调用模型实体、如何对数据执行增删改查等操作，以及如何选择适当的视图返回呈现操作的结果。ThinkPHP 框架内部已实现好了一个最基础的控制器 app\BaseController 类，通常在开发中，用户自己编写的控制器要继承该类，在其中添加自定义的方法来响应请求，执行特定应用功能的业务处理。

ThinkPHP 框架中 MVC 各模块间的协作关系如图 P.8 所示。

这样划分模块的好处是显而易见的：将应用程序的用户界面和控制逻辑分离，使代码具备良好的可扩展性、可复用性、易维护性和灵活性。

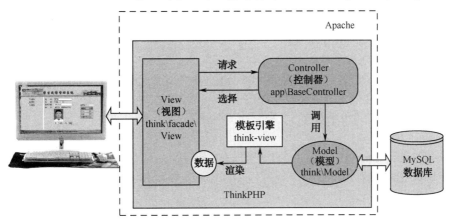

图 P.8　ThinkPHP 框架中 MVC 各模块间的协作关系

## 2. 框架项目结构

用 Eclipse 打开框架项目（tp）就可以进行 ThinkPHP 的应用开发，ThinkPHP 框架项目的整体目录结构如图 P.9 所示。

下面仅对实际开发中最常用到的几个目录进行简单介绍。

（1）app 目录。

ThinkPHP 项目是以应用（app）为单元构建的，其项目树的第一个节点就是 app 目录，其中存放用户所开发应用系统各主要功能模块的源代码。框架安装后，app 目录下默认会包含一个 controller 子目录及一些 PHP 源文件。controller 子目录放的是控制器代码，为便于以 MVC 模式设计和开发程序，通常还要由用户在 app 下再自己创建 model 和 view 两个子目录，分别存放模型和视图代码，这样最终形成的开发目录结构如图 P.10 所示。

图 P.9　ThinkPHP 框架项目的整体目录结构　　　　图 P.10　app 目录结构

其下的 PHP 源文件是框架为方便用户开发而提供的基础代码，如下。

① AppService.php：应用服务类，用于服务注册与启动。

② BaseController.php：默认基础控制器类，用户开发的控制器模块通常继承该类。

③ common.php：全局公共函数文件。

④ event.php：全局事件定义文件。

⑤ ExceptionHandle.php：应用异常定义文件。

⑥ middleware.php：全局中间件定义文件。

⑦ provider.php：服务提供定义文件。

⑧ Request.php：应用请求对象。

⑨ service.php：系统服务定义文件，服务在完成全局初始化后执行。

此外，ThinkPHP 6 还能支持包含多个应用的项目开发，有关多应用项目的 app 目录结构规划及其扩展配置，有兴趣的读者可以去看官方文档，这里不展开。

（2）config 目录。

该目录集中存放 ThinkPHP 项目的全局配置文件。

① app.php：应用配置。

② cache.php：缓存配置。

③ console.php：控制台配置。

④ cookie.php：Cookie 配置。

⑤ database.php：数据库配置。

⑥ filesystem.php：文件磁盘配置。

⑦ lang.php：多语言配置。

⑧ log.php：日志配置。

⑨ middleware.php：中间件配置。

⑩ route.php：URL 和路由配置。

⑪ session.php：Session 配置。

⑫ trace.php：Trace 配置。

⑬ view.php：视图配置。

（3）public 目录。

该目录是整个应用系统的 Web 目录，即对外访问目录，展开可看到结构如图 P.11 所示。

图 P.11 public 目录结构

其中的 index.php 是入口文件，应用系统开发部署好后，用户在客户端浏览器输入的 URL 都是由它进入再去访问系统各个不同路径下的页面和资源的，URL 普遍的形式为：

http://服务器主机名（域名）/框架项目名/public/index.php/控制器名/方法名

因本书所开发的应用运行在本地计算机，所创建 ThinkPHP 框架项目的名称为 tp，故程序访问的入口地址就是 http://localhost/tp/public/index.php。访问系统任何功能模块的 URL 都以这个入口地址作为前缀。

public 目录下的 static 子目录用来存放项目的资源文件，包括要在前端页面上显示的静态图片、整个系统公用的网页等。

（4）route 目录。

route 目录下的 app.php 文件用于配置路由。ThinkPHP 并不强制使用路由，但在一些需要规范（或简化）URL 访问地址、隐式传递参数（安全考虑）及对用户请求要进行拦截和检查权限的场合则要专门规划路由。本书开发的应用暂不涉及这方面。

（5）runtime 目录。

该目录是是应用的运行时目录，其中暂存系统运行时产生的日志文件（.log）、用户上传的图片及临时文件等。

（6）vendor 目录。

该目录是 Composer 类库目录，其下的 topthink 子目录里都是框架通过 Composer 安装的依赖或第三方扩展库（每个库对应一个文件夹），用户可通过它来查看当前 ThinkPHP 中集成了哪些扩展库及检查自己需要的扩展库是否安装成功。

## P.1.3　一个简单的 ThinkPHP 程序

下面通过编写一个简单的程序向读者演示 ThinkPHP 框架的最基本用法，读者可由这个例子入门，为接下来的实战开发"学生成绩管理系统"做准备和作为进一步深入学习 ThinkPHP 的起点。

制作一个课程信息录入页面，初始显示数据库课程表（kc 表）中的所有课程信息，用户在表单栏中录入课程名和学分，提交后就能在页面上看到新录入的课程信息，运行结果如图 P.12 所示。

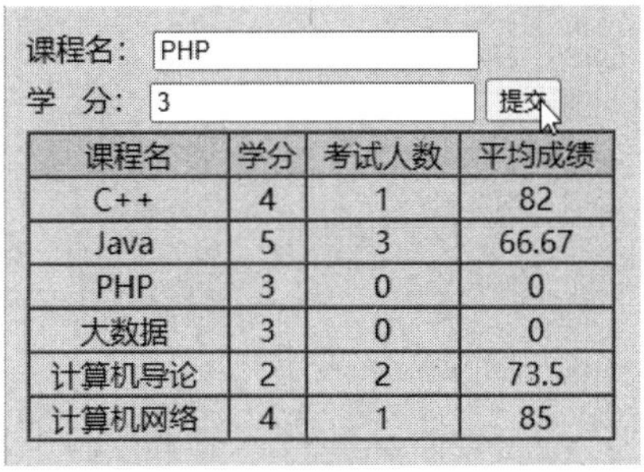

图 P.12　录入课程信息的运行结果

严格按照前面介绍的 MVC 模式来编写这个程序，过程如下。

### 1．配置数据库连接

项目 config 目录下的 database.php 专用于配置数据库连接，打开此文件修改配置参数使框架能连接 MySQL 数据库，如下（加黑处为修改的参数）：

```php
<?php

return [
    //默认使用的数据库连接配置
    'default'          => env('database.driver', 'mysql'),

    //自定义时间查询规则
    'time_query_rule' => [],

    //自动写入时间戳列
    //true 为自动识别类型 false 关闭
    //字符串则明确指定时间列类型 支持 int timestamp datetime date
    'auto_timestamp'   => true,

    //时间列取出后的默认时间格式
    'datetime_format' => 'Y-m-d H:i:s',

    //时间列配置 配置格式：create_time,update_time
    'datetime_field'   => '',

    //数据库连接配置信息
    'connections'        => [
        'mysql' => [
            //数据库类型
            'type'                 => env('database.type', 'mysql'),
```

```
                    //服务器地址
                    'hostname'          => env('database.hostname', '127.0.0.1'),
                    //数据库名
                    'database'          => env('database.database', 'pxscj'),
                    //用户名
                    'username'          => env('database.username', 'root'),
                    //密码
                    'password'          => env('database.password', '123456'),
                    //端口
                    'hostport'          => env('database.hostport', '3306'),
                    //数据库连接参数
                    'params'            => [],
                    //数据库编码默认采用 utf8
                    'charset'           => env('database.charset', 'utf8'),
                    //数据库表前缀
                    'prefix'            => env('database.prefix', ''),

                    //数据库部署方式：0 集中式（单一服务器），1 分布式（主从服务器）
                    'deploy'            => 0,
                    //数据库读写是否分离 主从式有效
                    'rw_separate'       => false,
                    //读写分离后 主服务器数量
                    'master_num'        => 1,
                    //指定从服务器序号
                    'slave_no'          => '',
                    //严格检查列是否存在
                    'fields_strict'     => true,
                    //是否需要断线重连
                    'break_reconnect'   => false,
                    //监听 SQL
                    'trigger_sql'       => env('app_debug', true),
                    //开启列缓存
                    'fields_cache'      => false,
                ],

                //更多的数据库配置信息
        ],
];
```

## 2．创建模型（Model）

在项目 app\model 子目录下创建 Kc.php，其中定义课程表（kc 表）的模型类，如下：

```php
<?php
namespace app\model;

use think\Model;

class Kc extends Model
{
}
```

### 3. 开发控制器（Controller）

在项目 app\controller 子目录下创建 Course.php，其中编写程序的控制器类，代码如下：

```php
<?php
namespace app\controller;

use app\BaseController;
use think\facade\Db;                                    //（1）
use app\model\Kc;                                       //（3）
use think\facade\View;                                  //（4）
use think\Exception;

class Course extends BaseController
{
    public function addAction()                         //当前控制器的方法
    {
        $cname = @$_POST['kcm'];                         //获取提交的课程名
        $credit = @$_POST['xf'];                         //获取提交的学分
        $courses = Db::table('kc')->select();            //（1）
        if ($cname == '') {                              //（2）
            $course['kcm'] = '';
            $course['xf'] = '';
        }
        if (@$_POST["btn"] == '提交') {                  //单击"提交"按钮
            //（3）添加新课程记录
            $kc = new Kc();
            $kc->kcm = $cname;                           //课程名
            $kc->xf = $credit;                           //学分
            $kc->krs = 0;                                //考试人数
            $kc->pjcj = 0;                               //平均成绩
            try {
                $kc->save();                             //（3）
                //（2）刷新数据
                $course['kcm'] = $cname;
                $course['xf'] = $credit;
                $courses = Db::table('kc')->select();    //（1）
            } catch (Exception $e) {
                echo "<script>alert('录入失败，请检查输入信息！');</script>";
            }
        }
        //（4）显示页面
        View::assign('kc', $course);                     //表单模板变量赋值
        View::assign('kcs', $courses);                   //表格模板变量赋值
        return View::fetch('kcAdd');                     //渲染页面
    }
}
```

说明：

（1）ThinkPHP 的数据库操作由内置 ThinkORM 库（安装框架时默认会自动安装）实现，它基于 PDO 和 PHP 强类型，其查询构造器简洁易用、功能强大。该库在程序中对应一个 Db 类，需要在程序

开头以"use think\facade\Db"引入，通常使用其 table 方法查询数据，既可以查询数据集也可查询单个记录，语句形式如下：

```
$变量 = Db::table('表名')->where('列名', 值)->where(...)...->select();        //查询数据集
$变量 = Db::table('表名')->where('列名', 值)->where(...)...->find();          //查询单个记录
```

其中，"->where(...)"指定查询条件，既可以有一个或多个，也可以没有（表示查询表中所有数据），框架底层据此生成形如下面的 SQL 语句：

```
SELECT * FROM 表名 WHERE 列名=值 [AND 列名=值...]
```

（2）think-template 模板引擎要求模板中的变量必须先赋值后使用，否则会出错无法显示页面，在 $cname 为空（初始进入页面或提交时未填写"课程名"栏）的情况下，为保证页面也能正常加载，要用代码给模板变量赋默认值（$course['kcm'] = ''、$course['xf'] = ''），而在用户提交课程后也要将新课程的信息及时地赋给模板（$course['kcm'] = $cname、$course['xf'] = $credit）以使页面刷新后仍能保留显示之前输入的表单信息。

（3）通过模型向数据库添加一条记录的最简单方式是实例化模型对象后赋值并保存，代码段形如：

```
$变量 = new 模型类();
$变量->列名 1 = 值 1;
$变量->列名 2 = 值 2;
......
$变量->列名 n = 值 n;
$变量->save();
```

也可以直接传入数据到 save 方法批量赋值，如下：

```
$变量 = new 模型类();
$变量->save([
    '列名 1' => 值 1,
    '列名 2' => 值 2,
    ......
    '列名 n' => 值 n
]);
```

模型默认只会写入数据表已有的列。

（4）框架的视图功能以"use think\facade\View"引入，在程序中就可以直接使用 View 类来操作视图。

使用 assign 方法对前端页面上的模板变量赋值以传递要显示的数据内容：

```
View::assign('变量名', 值);
```

注意这里的"变量名"一定要与前端页面代码中标记所嵌入的变量名完全一致。

最后用 fetch 方法渲染页面，形如：

```
return View::fetch('页面名');
```

表示选择当前控制器所属的指定名称页面来渲染显示，此页面位于视图目录（app\view）下与控制器类同名（小写）的文件夹中。

如果需要显示其他控制器所属的页面，则语句写为：

```
return View::fetch('控制器名/页面名');
```

fetch 方法也可以不带任何参数：

```
return View::fetch();
```

在这种情况下，系统会默认选择与当前控制器的方法同名的页面，在本例中就会去寻找一个名为 addAction.html 的页面。

**4. 设计视图（View）**

按照 ThinkPHP 框架的设计规范，视图通常放在与使用它的控制器类同名（但名称全为小写）的文件夹下。

在项目 app\view 子目录下创建一个名为 course 的文件夹，在其中创建 kcAdd.html 文件，并编写前端页面的代码，如下：

```html
<html>
<head>
        <title>课程信息录入</title>
</head>
<body bgcolor="D9DFAA">
<form method="post" action="/tp/public/index.php/course/addAction">
                        <!-- 提交到"入口地址/控制器名/方法名" -->
        <table>
            <tr>
                <td>
                    课程名：
                    <input type="text" name="kcm" value={$kc.kcm}>
                                            <!-- 模板变量$kc.kcm 显示课程名 -->
                </td>
            </tr>
            <tr>
                <td>
                    学   分：
                    <input type="text" name="xf" value={$kc.xf}>
                                        <!-- 模板变量$kc.xf 显示学分 -->
                    <input name="btn" type="submit" value="提交">
                </td>
            </tr>
            <tr>
                <td width="400">
                    <table border=1 cellpadding="0" cellspacing="0" width="320">
                        <tr bgcolor=#CCCCC0>
                            <td align="center">课程名</td>
                            <td align="center">学分</td>
                            <td align="center">考试人数</td>
                            <td align="center">平均成绩</td>
                        </tr>
                        {foreach $kcs as $kc}            <!-- 模板变量$kcs 内含全部课程信息 -->
                        <tr>
                            <td align=center>{$kc.kcm} </td>
                            <td align=center>{$kc.xf}</td>
                            <td align=center>{$kc.krs}</td>
                            <td align=center>{$kc.pjcj}</td>
                        </tr>
                        {/foreach}
                    </table>
                </td>
            </tr>
        </table>
</form>
</body>
</html>
```

说明：前端页面上使用了 ThinkPHP 的 foreach 标记遍历模板变量$kcs，从中逐条提取出课程记录显示在表格中。

### 5．运行测试

因基于 ThinkPHP 的应用程序的访问 URL 一般都是"入口地址/控制器名/方法名"的形式，故运行本程序打开浏览器输入 http://localhost/tp/public/index.php/course/addAction 就能看到课程信息录入页面，运行结果见图 P.12。

# P.2 ThinkPHP 应用系统开发

下面开始正式进入学生成绩管理系统的开发。

## P.2.1 系统架构

学生成绩管理系统的入口由一个 main 控制器（Main.php）定位到启动页面（index.html），其上有个框架页（main_frame.html），框架内包含一个功能导航页（main.php）和一个默认填充页（body.html）。系统运行时，用户通过单击导航页（main.php）上的不同按钮来向不同功能模块的控制器发出请求，再由各个控制器分别往框架中加载和显示对应管理页面，提供具体的功能操作界面。其项目的 app 开发目录结构如图 P.13 所示。

可见，本系统的总体架构完全是遵循经典 MVC 模式进行设计的，各模块如下。

（1）控制器。

所有控制器类的定义文件都位于 controller 子目录，包括系统入口控制器（Main.php）、课程管理控制器（Course.php）、成绩管理控制器（Score.php）、学生管理控制器（Student.php）。

（2）模型。

模型文件位于 model 子目录，对应 pxscj 数据库的三个表分别有成绩表模型（Cj.php）、课程表模型（Kc.php）、学生表模型（Xs.php）。

（3）视图。

在 view 子目录下有 4 个文件夹，其名称与 controller 子目录中的控制器同名（但全为小写），分别放置每个控制器各自所使用的视图页面：启动页面（index.html）、课程管理页面（courseManage.html）、成绩管理页面（scoreManage.html）、学生管理页面（studentManage.html）。

而系统公用的页面（默认填充页 body.html、框架页 main_frame.html、导航页 main.php）及前端要显示的静态图片则置于项目 public 目录的 static 子目录中，如图 P.14 所示。

图 P.13　app 开发目录结构　　　　　　　图 P.14　公共页面及图片资源置于 public 目录

## P.2.2　主页设计

本系统主界面采用框架网页实现，下面先给出各前端页面的 HTML 源码。

### 1．启动页面

启动页面是项目 app\view\main 下的 index.html，代码如下：

```html
<html>
<head>
        <title>学生成绩管理系统</title>
</head>
<body topMargin="0" leftMargin="0" bottomMargin="0" rightMargin="0">
 <table width="675" border="0" align="center"
   cellpadding="0" cellspacing="0" style="width: 778px; ">
        <tr>
            <td>
                <img src="/tp/public/static/images/学生成绩管理系统.gif'
                 width="790" height="97">
            </td>
        </tr>
        <tr>
            <td>
                <iframe src="/tp/public/static/main_frame.html"
                 width="790" height="313"></iframe>
            </td>
        </tr>
        <tr>
            <td>
                <img src="/tp/public/static/images/底端图片.gif'
                 width="790" height="32">
            </td>
        </tr>
    </table>
</body>
</html>
```

该页面分为上、中、下三个部分，其中上、下两部分都只是一个图片，中间部分为一框架页（加黑代码为源文件的路径文件名），运行时往框架页中加载具体的导航页和相应功能界面。

### 2．框架页和默认填充页

框架页为 main_frame.html，代码如下：

```html
<html>
<head>
        <meta http-equiv="Content-type" content="text/html; charset=GB2312"/>
        <title>学生成绩管理系统</title>
</head>
<frameset cols="217,*">
        <frame frameborder=0 src="main.php" name="frmleft" scrolling="no" noresize>
        <frame frameborder=0 src="body.html" name="frmmain" scrolling="no" noresize>
</frameset>
</html>
```

其中，"main.php"就是系统功能导航页，由于它与框架页同处于项目的 public\static 子目录中，故在代码中引用时无须写完整的路径文件名，导航页装载后位于框架左区。

框架右区则用于显示各个管理模块的功能界面，初始显示默认填充页 body.html，其源码如下：

```
<html>
<head>
      <title>内容网页</title>
</head>
<body topMargin="0" leftMargin="0" bottomMargin="0" rightMargin="0">
      <img src="images/主页.gif" width="678" height="500">
</body>
</html>
```

这只是一个填充了背景图片的空白页，在运行时，系统会根据用户操作，往框架右区中动态地加载不同功能的页面来替换该页。

### 3. 功能导航

本系统的导航页上有三个按钮，单击后可以分别进入"学生管理"、"课程管理"和"成绩管理"三个不同功能的界面。

源文件 main.php 实现功能导航页，代码如下：

```
<html>
<head>
      <title>功能选择</title>
</head>
<body bgcolor="D9DFAA">
      <table bgcolor="D9DFAA" width="200" height="85">
            <tr>
                  <td align="center"><input type="button" value="学生管理"
                  onclick=parent.frmmain.location="/tp/public/index.php/student/studentAction"></td>
            </tr>
            <tr>
                  <td align="center"><input type="button" value="课程管理"
                  onclick=parent.frmmain.location="/tp/public/index.php/course/courseAction"></td>
            </tr>
            <tr>
                  <td align="center"><input type="button" value="成绩管理"
                  onclick=parent.frmmain.location="/tp/public/index.php/score/scoreAction"></td>
            </tr>
      </table>
</body>
</html>
```

其中，加黑处是三个导航按钮分别要定位到的控制器及其中的方法，它们皆以系统的入口地址作为前缀写出完整路径，这样当用户单击按钮时，所发出的请求传入控制器，再由控制器输出其对应的视图页面，前端就会显示相应的管理界面。

### 4. 入口控制器

为了能够首先访问到启动页面 index.html，需要一个入口控制器。在项目 app\controller 子目录下创建 Main.php，其中编写整个系统的入口控制器类，如下：

```
<?php
namespace app\controller;

use app\BaseController;
use think\facade\View;

class Main extends BaseController
```

```
    {
        public function index()
        {
            return View::fetch();
        }
    }
```

控制器的 index()方法内执行了一个不带参数的 fetch，框架默认就会去视图目录的当前控制器（main）文件夹下寻找与控制器方法（index()）同名的页面（index.html），也就是启动页面。

打开浏览器，在地址栏中输入 http://localhost/tp/public/index.php/main/index，显示如图 P.15 所示的启动页面。

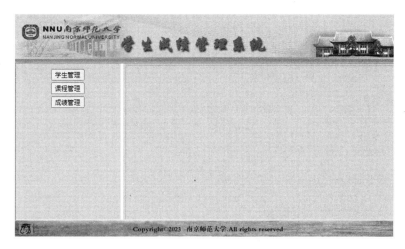

图 P.15　"学生成绩管理系统"启动页面

## P.2.3　学生管理

"学生管理"功能界面如图 P.16 所示。

图 P.16　"学生管理"功能界面

按照前述的 MVC 设计模式来开发"学生管理"功能，如下。

### 1. 创建模型（Model）

在项目 app\model 子目录下创建 Xs.php，其中定义学生表（xs 表）的模型类，如下：

```php
<?php
namespace app\model;

use think\Model;

class Xs extends Model
{
}
```

## 2. 开发控制器（Controller）

在项目 app\controller 子目录下创建 Student.php，其中编写学生管理模块的控制器类，代码如下：

```php
<?php
namespace app\controller;

use app\BaseController;
use think\facade\Db;
use app\model\Xs;
use think\facade\View;
use think\Exception;

class Student extends BaseController
{
    public function studentAction()
    {
        //获取界面表单提交的学生信息
        $name = @$_POST['xm'];                          //姓名
        $sex = @$_POST['xb'];                           //性别
        $birthday = @$_POST['cssj'];                    //出生日期
        $tmp_file = @$_FILES["photo"]["tmp_name"];      //照片文件
        $handle = @fopen($tmp_file, 'r');               //打开文件
        $picture = @fread($handle, filesize($tmp_file));  //读取照片数据

        if ($name == '') {   //在初始进入或"姓名"栏未填写时为了页面正常加载，给模板变量赋默认值
            $student['xm'] = '';
            $student['xb'] = 0;
            $student['cssj'] = '';
            $student['zxf'] = 0;
            View::assign('xs', $student);                //模板变量 xs 显示学生基本信息
            $scores = Db::table('cj')->where('xm', '')->select();
            View::assign('cjs', $scores);                //模板变量 cjs 显示该学生"课程名-成绩"信息
            return View::fetch('studentManage');         //定位到"学生管理"功能界面
        }
        //初始先根据用户提交的姓名查询出对应的学生及其成绩信息
        $student = Db::table('xs')->where('xm', $name)->find();
        $scores = Db::table('cj')->where('xm', $name)->select();
        /**以下为各学生管理操作按钮的功能代码*/
        /**录入功能*/
        if (@$_POST["btn"] == '录入') {                   //单击"录入"按钮
            if ($student) {                              //要录入的学生已经存在时提示
                echo "<script>alert('该学生已经存在！');</script>";
            } else {                                     //不存在才可录入
                $xs = new Xs();
```

```
            $xs->xm = $name;
            $xs->xb = $sex;
            $xs->cssj = $birthday;
            $xs->zxf = 0;
            if ($tmp_file) $xs->zp = $picture;        //若上传了照片，则还要加入照片数据
            try {
                $xs->save();                           //通过学生模型保存记录
                echo "<script>alert('添加成功！');</script>";
            } catch (Exception $e) {
                echo "<script>alert('添加失败，请检查输入信息！');</script>";
            }
            //保存值最后赋给模板变量 xs 以保留页面上输入的学生信息
            $student['xm'] = $name;
            $student['xb'] = $sex;
            $student['cssj'] = $birthday;
            $student['zxf'] = 0;
        }
    }
/**删除功能*/
if (@$_POST["btn"] == '删除') {                        //单击"删除"按钮
    if (!$student) {                                  //要删除的学生不存在时提示
        echo "<script>alert('该学生不存在！');</script>";
        $student['xm'] = $name;
        $student['xb'] = 0;
        $student['cssj'] = '';
        $student['zxf'] = 0;
    } elseif (Db::table('cj')->where('xm', $name)->find()) {
                                                      //学生有修课记录时提示
        echo "<script>alert('该学生有修课记录，不能删！');</script>";
    } else {                                          //可以删除
        $delete_affected = Db::table('xs')->where('xm', $name)->delete();
                                                      //执行删除操作
        if ($delete_affected) {                       //返回值不为 0 表示操作成功
            echo "<script>alert('删除成功！');</script>";
            //设置默认值最后赋给模板变量以重置页面上的学生信息表单
            $student['xm'] = '';
            $student['xb'] = 0;
            $student['cssj'] = '';
            $student['zxf'] = 0;
            $scores = Db::table('cj')->where('xm', $name)->select();
        } else "<script>alert('删除失败！');</script>";
    }
}
/**修改功能*/
if (@$_POST["btn"] == '修改') {                        //单击"修改"按钮
    if ($tmp_file) {                                  //上传了新照片要更新
        $update_affected = Db::table('xs')->where('xm', $name)
        ->update(['xb'=>$sex, 'cssj'=>$birthday, 'zp'=>$picture]);
    } else {                                          //若没有上传文件则不更新照片列
        $update_affected = Db::table('xs')->where('xm', $name)
        ->update(['xb'=>$sex, 'cssj'=>$birthday]);
    }
```

```
            if ($update_affected) {                              //返回值不为 0 表示操作成功
                echo "<script>alert('修改成功！');</script>";
                //查询修改后的学生信息以回显
                $student = Db::table('xs')->where('xm', $name)->find();
            } else {
                echo "<script>alert('修改失败，请检查输入信息！');</script>";
                $student['xm'] = $name;
                $student['xb'] = $sex;
                $student['cssj'] = $birthday;
                $student['zxf'] = 0;
            }
        }
        /**查询功能*/
        if (@$_POST["btn"] == '查询') {                           //单击"查询"按钮
            if (!$student) {                                     //未查到该学生的记录时提示
                echo "<script>alert('该学生不存在！');</script>";
                $student['xm'] = $name;
                $student['xb'] = 0;
                $student['cssj'] = '';
                $student['zxf'] = 0;
            }
        }

        View::assign('xs', $student);                            //给模板变量 xs 赋值显示学生基本信息
        View::assign('cjs', $scores);                            //给模板变量 cjs 赋值显示该学生"课程名-成绩"
        return View::fetch('studentManage');                     //渲染"学生管理"功能界面
    }

    public function showpicture()
    {
        $name = $_GET['name'];                                   //从前端 img 控件 src 属性中获取当前学生姓名
        $student = Db::table('xs')->where('xm', $name)->find();
        $image = $student['zp'];                                 //根据姓名查找学生记录，获取其照片数据
        echo $image;                                             //返回前端显示照片
    }
}
```

说明：在程序初始就先根据用户提交的姓名查询出对应的学生及其成绩信息，是考虑到在接下来的操作如录入、删除前都需要先判断学生是否存在，这么做可避免反复执行相同的查询，减少代码冗余，且查询功能也无须再次执行操作，但要注意的是，当操作改变了数据时也要及时地更新$student、$scores 的内容以正确同步到视图。

3. 设计视图（View）

在项目 app\view 子目录下创建一个名为 student 的文件夹，在其中创建 studentManage.html 文件，实现"学生管理"功能界面的代码，如下：

```
<html>
<head>
    <title>学生管理</title>
</head>
<body bgcolor="D9DFAA">
<form method="post" action="/tp/public/index.php/student/studentAction"
 enctype="multipart/form-data">
    <table>
```

```
        <tr>
    <td>
        <table>
            <tr>
                <td>姓       名：</td>
                <td><input type="text" name="xm" value={$xs.xm}></td>
            </tr>
            <tr>
                <td>性       别：</td>
                {if $xs.xb}
                <td>
                    <input type="radio" name="xb" value="1" checked="checked">男
                       
                    <input type="radio" name="xb" value="0">女
                </td>
                {else/}
                <td>
                    <input type="radio" name="xb" value="1">男
                       
                    <input type="radio" name="xb" value="0" checked="checked">女
                </td>
                {/if}
            </tr>
            <tr>
                <td>出生日期：</td>
                <td><input type="text" name="cssj" value={$xs.cssj}></td>
            </tr>
            <tr>
                <td>照       片：</td>
                <td><input name="photo" type="file"></td>
            </tr>
            <tr>
                <td></td>
                <td>
                    <img src="/tp/public/index.php/student/showpicture?name={$xs.xm}"
                    width=90 height=120/>         <!-- 向后台请求获取照片数据 -->
                </td>
            </tr>
            <tr>
                <td></td>
                <td>
                    <input name="btn" type="submit" value="录入">
                    <input name="btn" type="submit" value="删除">
                    <input name="btn" type="submit" value="修改">
                    <input name="btn" type="submit" value="查询">
                </td>
            </tr>
        </table>
    </td>
    <td>
        <table>
            <tr>
                <td>
                    总学分：
                    <input type="text" name="zxf" size="4" value={$xs.zxf} disabled/>
                </td>
```

```
                                    </tr>
                                    <tr>
                                        <td align="left">
                                            <table border=1>
                                                <tr bgcolor=#CCCCC0>
                                                    <td>课程名</td>
                                                    <td>成绩</td>
                                                </tr>
                                                {volist name="cjs" id="cj"}
                                                <tr>
                                                    <td>{$cj.kcm}</td>
                                                    <td>{$cj.cj}</td>
                                                </tr>
                                                {/volist}
                                            </table>
                                        </td>
                                    </tr>
                                </table>
                            </td>
                        </tr>
                    </table>
                </form>
            </body>
        </html>
```

说明：

（1）页面上使用了 ThinkPHP 的 if 和 else 标记根据模板变量$xs.xb 的值设置"性别"栏单选按钮的选中状态；用 volist 标记循环输出模板变量$cjs 中的"课程名-成绩"信息，当然改用 foreach 标记也可实现同样的功能。

（2）用模板变量$xs.xm 作为参数向后台控制器的 showpicture 方法发起请求，获取照片数据。

## P.2.4　成绩管理

"成绩管理"功能界面如图 P.17 所示。

图 P.17　"成绩管理"功能界面

该功能界面上使用 HTML 的<select>标签记 think-template 模板引擎的 foreach 标记，在初始时就从数据库课程表（kc 表）中查询出所有课程的名称加载到下拉列表，方便用户选择，运行结果如图 P.18 所示。

图 P.18 查询出所有课程的名称加载到下拉列表

按 MVC 设计模式来开发"成绩管理"功能，如下。

## 1. 创建模型（Model）

在项目 app\model 子目录下创建 Cj.php，其中定义成绩表（cj 表）的模型类，如下：

```php
<?php
namespace app\model;

use think\Model;

class Cj extends Model
{
}
```

## 2. 开发控制器（Controller）

在项目 app\controller 子目录下创建 Score.php，在其中编写成绩管理模块的控制器类，代码如下：

```php
<?php
namespace app\controller;

use app\BaseController;
use think\facade\Db;
use app\model\Cj;
use think\facade\View;
use think\Exception;

class Score extends BaseController
{
    public function scoreAction()
    {
        //获取界面表单提交的成绩信息
        $cname = @$_POST['kcm'];                   //课程名
        $sname = @$_POST['xm'];                    //姓名
        $score = @$_POST['cj'];                    //成绩
        //查询出课程表（kc 表）中所有课程信息以便向前端下拉列表中加载课程名
        $courses = Db::table('kc')->select();

        $nscores = Db::table('cj')->where('kcm', $cname)->select();
        if ($sname != '') {                        //若姓名不为空，则查询出该学生该门课的成绩
            $scj = Db::table('cj')
            ->where('kcm', $cname)->where('xm', $sname)->find();
        }
        /**以下为各成绩管理操作按钮的功能代码*/
        /**查询功能*/
        if (@$_POST["btn"] == '查询') {            //单击"查询"按钮
            $nscores = Db::table('cj')->where('kcm', $cname)->select();
```

```
        }
        /**录入功能*/
        if (@$_POST["btn"] == '录入') {                         //单击"录入"按钮
            if ($scj) {                                        //成绩记录已存在不可重复录入
                echo "<script>alert('该记录已经存在！');</script>";
            } else {                                           //不存在才可以添加
                $cj = new Cj();
                $cj->kcm = $cname;
                $cj->xm = $sname;
                $cj->cj = $score;
                try {
                    $cj->save();                               //通过成绩模型保存记录
                    echo "<script>alert('添加成功！');</script>";
                    $nscores = Db::table('cj')
                    ->where('kcm', $cname)->select();          //查询录入后的该课程成绩信息以回显变化
                } catch (Exception $e) {
                    echo "<script>alert('添加失败，请确保有此学生！');</script>";
                }
            }
        }
        /**删除功能*/
        if (@$_POST["btn"] == '删除') {                         //单击"删除"按钮
            if ($scj) {                                        //成绩记录存在可删除
                $delete_affected = Db::table('cj')
                ->where('xm', $sname)->where('kcm', $cname)->delete();
                                                               //执行删除操作
                if ($delete_affected) {                        //返回值不为 0 表示操作成功
                    echo "<script>alert('删除成功！');</script>";
                    $nscores = Db::table('cj')
                    ->where('kcm', $cname)->select();          //查询删除后的该课程成绩信息以回显变化
                } else "<script>alert('删除失败，请检查操作权限！');</script>";
            } else echo "<script>alert('该记录不存在！');</script>";
        }

        View::assign('kcs', $courses);                         //给模板变量 kcs 赋值显示"课程名"下拉列表
        View::assign('xmcjs', $nscores);                       //给模板变量 xmcjs 赋值显示"姓名-成绩"
        return View::fetch('scoreManage');                     //渲染"成绩管理"功能界面
    }
}
```

### 3. 设计视图（View）

在项目 app\view 子目录下创建一个名为 score 的文件夹，在其中创建 scoreManage.html 文件，实现"成绩管理"功能界面的代码，如下：

```
<html>
<head>
    <title>成绩管理</title>
</head>
<body bgcolor="D9DFAA">
<form method="post" action="/tp/public/index.php/score/scoreAction">
    <table>
        <tr>
            <td>
```

```
                      课程名：
                      <select name="kcm">
                            <option>请选择</option>
                            {foreach $kcs as $kc}
                            <option>{$kc.kcm}</option>
                            {/foreach}
                      </select>
                      <input name="btn" type="submit" value="查询">
                </td>
           </tr>
           <tr>
                <td>
                      姓   名：
                      <input type="text" name="xm" size="8">
                </td>
           </tr>
           <tr>
                <td>
                      成   绩：
                      <input type="text" name="cj" size="8">
                      <input name="btn" type="submit" value="录入">
                      <input name="btn" type="submit" value="删除">
                </td>
           </tr>
           <tr>
                <td align="left" width="400">
                      <table border=1 cellpadding="0" cellspacing="0" width="260">
                            <tr bgcolor=#CCCCC0>
                                  <td align="center">姓名</td>
                                  <td align="center">成绩</td>
                            </tr>
                            {foreach $xmcjs as $xmcj}
                            <tr>
                                  <td align=center>{$xmcj.xm} </td>
                                  <td align=center>{$xmcj.cj}</td>
                            </tr>
                            {/foreach}
                      </table>
                </td>
                <td></td>
           </tr>
     </table>
</form>
</body>
</html>
```

其中，在功能界面上加载"课程名"下拉列表的代码可以改用 volist 标记实现，也可以写成如下代码：

```
<select name="kcm">
     <option>请选择</option>
     {volist name="kcs" id="kc"}
     <option>{$kc.kcm}</option>
```

```
        {/volist}
</select>
```

## P.2.5　课程管理

"课程管理"功能界面如图 P.19 所示。

图 P.19　"课程管理"功能界面

　　该功能界面提供对课程信息的录入、删除和查询功能，其上有个"计算统计"按钮，单击它可调用存储过程统计每门课的考试人数和平均成绩。按 MVC 设计模式来开发"课程管理"功能，如下。

### 1. 创建模型（Model）

　　在 P.1.3 节中做课程信息录入程序时已经在项目 app\model 子目录下创建了课程表（kc 表）的模型 Kc.php，该模型同样也用于"课程管理"功能，代码略。

### 2. 开发控制器（Controller）

　　在做 P.1.3 节的程序时已在项目 app\controller 子目录下创建了 Course.php，此处开发课程管理模块仍然复用这个控制器类，往其中添加一个 courseAction()方法，代码如下：

```php
<?php
namespace app\controller;

use app\BaseController;
use think\facade\Db;
use app\model\Kc;
use think\facade\View;
use think\Exception;

class Course extends BaseController
{
    public function addAction()
    {
        ......
    }

    public function courseAction()
    {
        $cname = @$_POST['kcm'];
        $credit = @$_POST['xf'];
```

```
        $courses = Db::table('kc')->select();                //初始查询所有的课程信息
        if (@$_POST["btn"] == '录入') {
            ......
        }
        if (@$_POST["btn"] == '删除') {
            ......
        }
        if (@$_POST["btn"] == '查询') {
            ......
        }
        if (@$_POST["btn"] == '计算统计') {                //单击"计算统计"按钮
            Db::table('kc')->where('kcm', 'like', '%')
            ->update(['krs'=>0, 'pjcj'=>0]);                 //初始化两个统计信息列
            Db::query('CALL cj_kAverage');                   //调用存储过程
            $courses = Db::table('kc')->select();
        }
        View::assign('kcs', $courses);                       //给模板变量 kcs 赋值显示所有的课程信息
        return View::fetch('courseManage');                  //渲染"课程管理"功能界面
    }
}
```

课程信息的录入、删除和查询功能的实现与前面成绩管理的相应功能类同，留给读者作为练习自己去做。

### 3. 设计视图（View）

在做 P.1.3 节的程序时已在项目 app\view 子目录下创建了 course 文件夹，课程管理模块的视图就存放于此文件夹，在其中创建一个 courseManage.html 文件，实现"课程管理"功能界面的代码，如下：

```html
<html>
<head>
        <title>课程管理</title>
</head>
<body bgcolor="D9DFAA">
<form method="post" action="/tp/public/index.php/course/courseAction">
    <table>
        <tr>
            <td>
                课程名：
                <input type="text" name="kcm" size="10">
            </td>
        </tr>
        <tr>
            <td>
                学   分：
                <input type="text" name="xf" size="10">
            </td>
        </tr>
        <tr>
            <td>
                <input name="btn" type="submit" value="录入">
                 
                <input name="btn" type="submit" value="删除">
                 
                <input name="btn" type="submit" value="查询">
```

```
                                   
                                  
                          <input name="btn" type="submit" value="计算统计">
                    </td>
              </tr>
              <tr>
                    <td width="400">
                          <table border=1 cellpadding="0" cellspacing="0" width="320">
                                <tr bgcolor=#CCCCC0>
                                      <td align="center">课程名</td>
                                      <td align="center">学分</td>
                                      <td align="center">考试人数</td>
                                      <td align="center">平均成绩</td>
                                </tr>
                                {foreach $kcs as $kc}
                                <tr>
                                      <td align=center>{$kc.kcm} </td>
                                      <td align=center>{$kc.xf}</td>
                                      <td align=center>{$kc.krs}</td>
                                      <td align=center>{$kc.pjcj}</td>
                                </tr>
                                {/foreach}
                          </table>
                    </td>
                    <td></td>
              </tr>
        </table>
  </form>
  </body>
  </html>
```

至此，这个基于 ThinkPHP 的学生成绩管理系统开发完成，读者还可以根据需要自行扩展和完善本系统的其他功能。

# P.3　自己设计实践

## P.3.1　课程记录操作和查询计算统计

参考如图 P.20 所示的界面设计调试程序，其中在课程表中增加一个"学时"列，学时要求大于 0 小于 120。

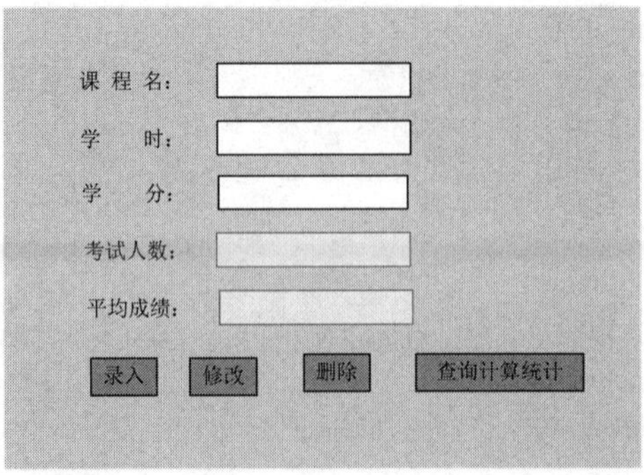

图 P.20　课程记录操作和查询计算统计界面

## P.3.2　学生课程成绩信息查询

参考如图 P.21 所示的界面设计调试程序，其中分页功能可参考第 9 章程序开发。

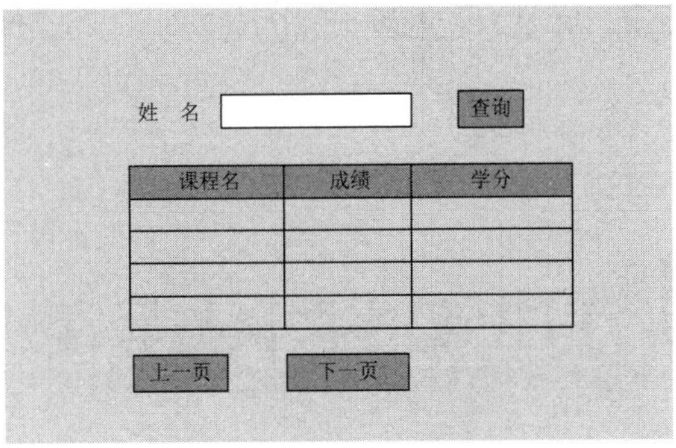

图 P.21　学生课程成绩信息查询界面

# 第 4 部分　附　　录

# 附录 $A$　PHP 程序调试与异常处理

在 PHP 的程序编写过程中，经常会遇到各种不同的错误。当代码出现错误时，需要开发人员对其进行调试。这些错误通常是实际编程中由程序员的失误造成的。在实际运行过程中，往往还存在一些环境错误。例如，文件无法找到或数据库无法打开等。这时，PHP 还提供了异常处理的方法。本附录将主要介绍 PHP 程序调试和异常处理的方法。

## A.1　程序调试

在实际开发中，因为程序出现错误是不可避免的，所以程序调试也是开发过程中必须经历的一步。能够有效地调试错误并修复错误是程序员必备的能力。在程序出现错误时，PHP 会提供详细的错误信息，而且还可以通过与 Eclipse 工具的结合使用来进行程序调试。

### A.1.1　常见的编程错误

在 PHP 中常见的编程错误主要有以下几种。

**1. 语法错误**

语法错误是常见的一种错误。编程语言都有自己的语法要求，错误地使用了 PHP 语法，如少写了引号、分号等会导致语法错误。语法错误通常在 PHP 解释器分析程序代码时发生。当解释器遇到不符合 PHP 语法的语句时会提示语法错误，并显示出现错误的代码所在的行号。例如：

```php
<?php
echo "hello"
echo "world";
?>
```

以上这段代码将提示如下错误：

Parse error: parse error, expecting "," or ";" in C:\Program Files\Php\Apache24\htdocs\1.php on line 3

由于在第二行语句末尾遗漏了分号 "；"，所以 PHP 解释器在解析第三行语句时遇到了错误。

**2. 语义错误**

语义错误是指程序员使用了错误的代码，没有得到预期的结果，而这些错误代码又不存在语法上的错误。例如：

```php
<?php
    $a="hello";
    $b="world";
```

```
    echo $a+$b;
?>
```

以上这段代码虽然不会产生错误信息，但结果并不是程序员预期的"helloworld"，而是"0"。因为 PHP 中的字符串连接符是"."，而不是"+"。

### 3. 运行时错误

运行时错误与程序的代码无关，PHP 解释器一般不会检测到运行时错误。只有在程序运行过程中，错误才会发生。例如：

```
<?php
    $fp=fopen("1.txt","r");
?>
```

以上这段代码运行时将提示如下错误：

Warning: fopen(1.txt) [function.fopen]: failed to open stream: No such file or directory in C:\Program Files\Php\Apache24\htdocs\1.php on line 2

由于工作目录中并不存在 1.txt 文件，所以在使用 fopen()函数打开该文件时就会发生错误。

## A.1.2　PHP 错误报告管理

### 1. PHP 错误级别

PHP 错误报告根据错误级别主要分为 4 类：语法错误、致命错误、警告和通知。

（1）语法错误通常是在 PHP 解释器对 PHP 代码进行解析时产生的。例如：

Parse error: parse error, expecting "," or ";" in C:\Program Files\Php\Apache24\htdocs\1.php on line 3

（2）致命错误是在运行 PHP 代码的过程中遇到环境或资源不可用时产生的。致命错误通常会导致脚本终止。例如：

Fatal error: Call to undefined function hello() in C:\Program Files\Php\Apache24\htdocs\1.php on line 2

（3）警告提示在 PHP 代码运行过程中遇到的一些异常。例如，需要打开的文件不存在，将提示如下信息：

Warning: fopen(1.txt) [function.fopen]: failed to open stream: No such file or directory in C:\Program Files\Php\Apache24\htdocs\1.php on line 2

（4）通知一般用于比较小的错误。例如，在使用变量之前没有初始化，将提示如下信息：

Notice: Undefined variable: i in C:\Program Files\Php\Apache24\htdocs\1.php on line 2

与警告信息一样，通知级别的错误不会影响代码的整体运行。

### 2. 打开错误报告

PHP 配置文件 php.ini 中的 display_errors 选项表示是否显示错误信息，默认值为"Off"，表示错误报告默认是关闭的。在程序开发时建议打开错误报告，这样有利于程序的调试，找到产生错误的原因。但在用户使用阶段，应该关闭此选项，这出于美观和安全方面的考虑。如果错误报告被非法用户利用，对于系统是不安全的。

PHP 配置文件还有另外一个选项 error_reporting，这个选项用于设置要显示的 PHP 错误的级别，默认为"E_ALL"，表示将显示所有的 PHP 错误信息。如果要显示特定的错误信息，则修改该选项的值。例如，如果不想显示通知级别的错误，则将选项值修改为"E_ALL &~E_NOTICE"。

## A.1.3　PHP 错误调试方法

PHP 错误调试方法有很多。在使用 Eclipse 进行 PHP 开发时，Eclipse 可以及时地显示 PHP 代码中的语法错误，这是一个很简便的方法。

如果在程序运行时发生错误，则一般根据页面上产生的错误信息定位到代码中产生错误的一行，观察代码是否存在问题，如变量是否已经初始化、函数能否使用等。在必要时将产生的中间结果输出，查看是否为想要得到的中间结果。如果不是，则说明程序在运行过程中出现了与程序员预想的不相同的状况，这时需要分析产生中间结果的代码部分是否正确。最后找出原因所在。

一般的错误很容易被发现，但是有些错误很难被发现。有些程序通常能够产生正确的输出和结果，只有在特定的运行状况下才会产生错误。这时，程序调试起来就比较困难。调试程序是一件复杂而艰巨的工作，需要程序开发人员具有足够的耐心和细心。当然，拥有良好的编程习惯可以有效地减少错误代码的产生，减少程序调试的工作。

# A.2　异常处理

在程序运行过程中，通常会遇到一些环境错误，如数据库无法连接等。这时，PHP 提供了异常处理的方法，可以有效地解决因这种环境错误而带来的异常。

## A.2.1　异常处理类

Exception 类是 PHP 的内建异常处理类，该类的定义如下：

```php
<?php
    class Exception
    {
        protected $message = 'Unknown exception';    //用户自定义异常信息
        protected $code = 0;                         //用户自定义异常代码
        protected $file;                             //发生异常的文件名
        protected $line;                             //发生异常的代码行号
        //用于传递用户自定义异常信息和异常代码的构造函数
        function __construct($message = null, $code = 0);
        final function getMessage();                 //返回用户自定义异常信息
        final function getCode();                     //返回用户自定义异常代码
        final function getFile();                     //返回发生异常的文件名
        final function getLine();                     //返回发生异常的代码行号
        final function getTrace();                    //backtrace()数组
        final function getTraceAsString();            //把异常追踪信息以字符串形式返回
        /*可重载的方法*/
        function __toString();                        //一个可重载的方法，用于返回可输出的字符串
    }
?>
```

Exception 类用于在脚本发生异常时创建异常对象，该对象用于存储异常信息并用于抛出和捕获异常。创建异常对象的语法格式如下：

```php
$e=new Exception(string $errmsg [, int $errcode])
```

参数$errmsg 表示用户自定义的异常信息，可选的参数$errcode 表示用户自定义的异常代码。例如：

```php
<?php
    $e=new Exception("发生异常",2);
    echo $e->getMessage();                            //输出"发生异常"
?>
```

当然，用户还可以创建一个自定义的异常处理类，例如：

```php
<?php
    /*自定义一个异常处理类，继承 Exception 类*/
    class MyException extends Exception
    {
        //重定义构造函数使 message 变为必须被指定的属性
        public function __construct($message, $code = 0)
```

```
    {
        //自定义的代码，确保所有变量都被正确地赋值
        parent::__construct($message, $code);
    }
    //自定义字符串输出的样式
    public function __toString()
    {
        return __CLASS__ . ": [{$this->code}]: {$this->message}\n";
    }
    public function customFunction()
    {
        echo "A Custom function for this type of exception\n";
    }
}
```

## A.2.2　PHP 的异常处理方法

与其他语言类似，在 PHP 中也使用关键字 try、catch 和 throw 来实现异常处理。使用的格式如下：

```
try
{
    …
    throw new Exception($error);
    …
}
catch(Exception $e)
{
    …
}
```

说明：程序首先使用 try 关键字对可能产生异常的代码块进行检测，如果被检测的代码使用了 throw 关键字抛出了异常，则与 try 关键字对应的 catch 会根据异常的类型捕获异常。

每个 try 至少要有一个与之对应的 catch。使用多个 catch 可以捕获不同的类所产生的异常。当 try 代码块不再抛出异常或者找不到 catch 能匹配所抛出的异常时，PHP 代码就会跳转到最后一个 catch 的后面继续执行。

当一个异常被抛出时，抛出异常时所在的代码块的代码将不会继续执行，而 PHP 会尝试查找第一个能与之匹配的 catch。如果一个异常也没有被捕获，而且又没使用 set_exception_handler()函数做相应的处理，那么 PHP 将会产生一个严重的错误，并且输出 Uncaught Exception...（未捕获异常）的提示信息。

下面具体介绍在 PHP 中进行异常处理的方法。

### 1．抛出异常

抛出异常使用 throw 关键字，语法格式如下：

```
throw new Exception(string $errmsg [, int $errcode]);
```

这个语句在抛出异常的同时建立了一个异常对象。throw 语句运行后，脚本将终止运行，其抛出的异常将被捕获。如果抛出的异常没有被捕获，则导致一个致命错误。例如：

```
<?php
    $file="1.txt";
    if(!file_exists($file))
    {
        throw new Exception("文件不存在",1);
    }
```

```
        echo "文件不存在";
    ?>
```

程序运行结果如下：

Fatal error: Uncaught exception 'Exception' with message '文件不存在' in C:\Program Files\Php\Apache24\htdocs\1.php:5 Stack trace: #0 {main} thrown in C:\Program Files\Php\Apache24\htdocs\1.php on line 5

可以看出异常已经被抛出，但是由于没有任何捕获异常的行为，PHP 产生了一个错误。

**2. 捕获异常**

使用 try-catch 语句可以实现对异常的捕获，try 用于检测代码，当被检测的代码块中抛出异常时，catch 捕获异常。例如：

```php
<?php
    $file="1.txt";
    function open_file($file)
    {
        if(!file_exists($file))
        {
            throw new Exception("文件不存在",1);
        }
    }
    try
    {
        open_file($file);
    }
    catch(Exception $e)
    {
        echo $e->getMessage();
    }
?>
```

以上代码的运行结果为："文件不存在"。

本附录简单介绍了 PHP 的错误调试和异常处理机制。在实际开发中，完成错误调试和异常处理非常重要。错误调试能够使程序正常运行，异常处理机制可以将程序的错误处理都集中到 catch 语句中，提高了代码的可读性，而且一旦异常被抛出，代码将终止执行。

# 附录 *B* PHP+HTML 混合非框架学生成绩管理系统

本系统是在 Windows 平台上，基于 PHP 脚本语言实现的学生成绩管理系统，采用集成的 WAMP 环境（PHP 5.6.25+Apache 2.4.23+MySQL 5.7.14）和 Eclipse for PHP Developers（基于 Eclipse Oxygen.2）开发而成的。本系统包含学生信息录入、学生信息查询、成绩信息录入、学生成绩查询等功能。读者可以在此基础上进行相应的扩展，如增加课程信息录入、课程信息查询、课程成绩排序等相关功能。开发环境的安装已经在第 1 部分"实用教程"中介绍过，这里不再赘述。

**本系统开发的详细过程请参考本书网络文档，可在华信教育资源网（http://www.hxedu.com.cn）搜索本书获取。**

# 反侵权盗版声明